装备科技译著出版基金

雷达与探测前沿技术译丛

电磁系统中的极化

（第2版）

Polarization in Electromagnetic Systems

(Second Edition)

［美］　沃伦·斯塔兹曼（Warren Stutzman）　著

伍捍东　任宇辉　王洪迅　译

董士伟　审校

U0223200

国防工业出版社

·北京·

著作权合同登记　图字:军-2021-030号

图书在版编目(CIP)数据

电磁系统中的极化:第2版/(美)沃伦·斯塔兹曼
(Warren Stutzman)著;伍捍东,任宇辉,王洪迅译
.—北京:国防工业出版社,2022.8
书名原文:Polarization in Electromagnetic
Systems(Second Edition)
ISBN 978-7-118-12517-7

Ⅰ.①电…　Ⅱ.①沃…　②伍…　③任…　④王…　Ⅲ.
①电磁系统—磁极化子　Ⅳ.①TM503

中国版本图书馆 CIP 数据核字(2022)第 118042 号

Translation from the English language edition:
Polarization in Electromagnetic Systems(Second Edition)by Warren Stutzman
ISBN 978-1-63081-107-5
Copyright ⓒ 2018 by ARTECH HOUSE
685 Canton Street
Norwood,MA 02062

※

国防工业出版社出版发行

(北京市海淀区紫竹院南路 23 号　邮政编码 100048)
北京虎彩文化传播有限公司
新华书店经售

*

开本 710×1000　1/16　印张 15½　字数 274 千字
2022 年 8 月第 1 版第 1 次印刷　印数 1—1100 册　定价 132.00 元

(本书如有印装错误,我社负责调换)

国防书店:(010)88540777　　书店传真:(010)88540776
发行业务:(010)88540717　　发行传真:(010)88540762

译者序

  1808 年,法国物理学家马吕斯在解释光在晶体中的折射现象过程中,定义了电磁波极化的概念,其在光波频段也称为偏振现象。随后二百多年来,极化特性广泛应用于多种电磁系统的研究与设计中。例如,在无线通信系统中,采用双极化的信道可以实现频率复用;采用极化分集接收技术,可以有效地抵制非视距链路上传播过程中的多径衰落。在无线感知系统中,研究目标对电磁波极化特性的改变,可以获得目标更多维度上的细节信息。在地面微波传输链路和星-地传输链路的设计中,计及介质对电磁波的去极化效应,可以使设计更加可靠、有效。现在,极化经常称为电磁波除频率、强度和传播方向之外的"第四维度",这不仅是一个新奇的物理现象,而且具有重要的现实意义。

  然而,在电磁波的 4 个特征中,极化往往容易被忽视,这可能会严重影响系统性能,甚至使设计失败。被忽视的原因有两个:一是因为前 3 个特征对任何类型的波动都是通用的,但极化却是电磁波特有的;二是因为国内的电磁场与电磁波理论教材中虽然都涉及了极化,但大多理论性较强,读者对象主要是大学生和研究生。而对电磁波极化在电磁系统中的行为描述和实际应用的介绍并不多,相关专著更是尚未见到。译者在研发和教学工作的实践中,也发现许多已经走上工作岗位的研究生和设计师对电磁极化知识的不完整理解或缺失,严重影响了技术研发的速度和质量。

  Polarization in Electromagnetic Systems(Second Edition)由 IEEE-AP 学会前主席 Warren Stutzman 教授撰写。书中第一部分主要介绍电磁波极化的基本原理和数学公式,第二部分主要介绍这些基本原理在多种电磁系统中的应用。与 1993 年的第 1 版相比,第 2 版中新增了许多应用方面的专题内容,包括无线通信、自适应系统、雷达和辐射计测量等。本书内容涵盖更加丰富,契合实际更加紧密。本书的出版得到装备科技译著出版基金资助与国防工业出版社的大力支持,译

者们协力完成原著的中文翻译工作,希望本书的出版能为天线、电波传播、通信、雷达、辐射计等领域的工程师,以及相关专业本科生和研究生提供帮助。

本书由西安恒达微波技术开发公司伍捍东研究员、西北大学任宇辉副教授、空军工程大学王洪迅副教授共同翻译完成。其中,伍捍东负责全书的统筹工作,且翻译第 1~3 章;任宇辉翻译第 4~7 章,前言和附录;王洪迅翻译第 8~10 章;中国空间技术研究院西安分院董士伟研究员对全书进行审校。

译者虽然尽心尽力,但因为水平有限,经验不足,书中不妥之处在所难免,恳请读者不吝指正。

译 者
2022 年 1 月

前言

极化是电磁波的"第四维度",其他 3 个分别是频率、强度和传播方向。在电磁系统的 4 个维度中,极化往往是最容易被误解和忽视的。如果在系统设计阶段没有考虑极化因素,就有可能会严重影响系统性能,甚至使系统设计失败。此外,在通信系统中利用极化特征可以提高可靠性并增加容量;在电磁感知应用中,采用多重极化可以获得目标和场景的更多信息。

本书源于作者 1977 年发表的技术报告,该报告已提交给研究资助者——美国国家航空航天局(NASA)。相关研究涉及 10~30GHz 频率范围内电磁波的地-空传播特性。在此频段内,传播路径上的降雨会造成电磁波严重的衰减和去极化,因此这个频段在当时没有得到应用。美国弗吉尼亚理工大学是世界上最早研究这种影响的少数几家单位之一,同时研究如何使用双极化技术来配置系统,从而使卫星的通信容量翻倍。我们通过大量的测试研究了通信链路上降雨的去极化效应,包括测量陆地链路和 ATS-6、CTSCOMSTAR、SIRIO、INTELSAT、OLYMPUS 等卫星链路。最终得到了极化的数学模型和天气引发传输损耗的预测模型,并且通过实测数据进行了验证。这些模型被政府和工业界用来设计实现卫星链路上的双极化系统,在当前的应用系统中已经得到广泛使用。此后,使用了这份报告的业内同事和工程师鼓励我将这份报告转化成本书。

本书是对 1993 年第 1 版的扩充和重组,全书共分两部分:第一部分阐述电磁波极化的基础理论和数学公式;第二部分阐述这些基本原理在多种电磁系统中的应用,包括天线极化、天线和电磁波相互作用、双极化系统和去极化介质等内容。本书增加了应用方面的一些专题内容,包括无线通信、自适应系统、雷达和辐射计测量。其中,关于无线通信系统的第 9 章内容是全新的,第 10 章中扩充了关于极化测量的许多内容。

本书适用于天线、电波传播、通信、雷达或辐射计测量等领域的工程师,章节编排便于帮助他们快速地理解原理,并易于找到计算所需的素材。此外,本书还可用于相关专业的教学,尤其是作为专业课的一部分面向无线系统专业开设,用于研究完整的传播信道。书中还有几个完整的算例,用于强化重要的概念;许多章节的思考题都可以用于自学和课堂教学。

本书要求读者对电磁理论有一定了解,但不需要达到全面掌握的程度。本书中不涉及麦克斯韦方程组及其求解,重点放在理解系统计算所需的概念和数学基础上。第 2 章给出电磁波极化计算所需的公式;第 3 章介绍电磁波极化状态的表示;第 4 章介绍部分极化波处理的技术。

本书第二部分从第 5 章开始,这一章通过许多具体天线实例(包括线极化、圆极化和双极化)来诠释天线极化,且这部分内容比第 1 版有了很大扩充。第 6 章介绍当任意极化的电磁波入射到接收天线时,接收功率计算的关键问题。第 7 章介绍双极化的无线电系统,包括实现双极化的系统评估方法和硬件部件;第 8 章涵盖介质影响电磁波极化的各方面,包括介质透射和反射,也包括这些影响在通信、雷达和辐射计测量中的应用;第 9 章讨论无线通信中与极化相关的许多主题,如双极化频率复用和极化分集;第 10 章介绍天线和电磁波极化测量的原理与技术。

致谢

我要感谢在美国弗吉尼亚理工大学与我合作的许多人,我们一起研究的项目包括降雨对毫米波无线链路传播的影响,以及反射面天线的设计。我的同事们和研究生对本书的贡献颇多,Charles Bostian、Tim Pratt 和 Gary Brown 等几位同事都提供了许多宝贵的建议;Hal Schrank 鼓励我撰写本书,并慷慨地和我分享了他关于极化的笔记。许多研究生开展了和本书相关领域的研究,他们的劳动成果在这里是显而易见的。我特别要感谢 Randy Persinger、Bill Overstreet、Steve Lane、Keith Dishman、Don Runyon、Kerry Yon 和 Koichiro Takamizawa。Neill Kefauver 提供了关于近场测量的有价值的素材。

作者简介

Warren L. Stutzman，1964 年在伊利诺伊大学获得电气工程和数学双学士学位。1965 年和 1969 年在俄亥俄州立大学分别获得电气工程硕士和博士学位。自 1969 年以来，Stutzman 博士一直在弗吉尼亚理工大学电气和计算机工程系工作，目前是名誉教授。他创立了弗吉尼亚理工大学天线团队，并两次担任电气和计算机工程系的临时主任。

他的研究领域包括无线系统天线、极化理论、反射面天线、阵列天线设计，以及大气对地球−空间通信链路的影响。除了撰写《电磁系统中的极化》，他还和 Gary A. Thiele 共同创作了《天线理论与设计》，并于 1981 年、1998 年和 2013 年在 John Wiley 出版集团 3 次出版发行。

他是电气与电子工程师协会（IEEE）终身会员，并曾于 1992 年担任 IEEE 天线与传播学会（IEEE-AP）的主席。Stutzman 博士曾两次在 *IEEE Transactions on Antennas and Propagation* 期刊上获得 Wheeler 最佳应用论文，并于 2000 年获得 IEEE 颁发的第三届千禧年奖章。他也是伊利诺伊大学电子与计算机工程系的杰出校友。

目录

第一部分 极化基本原理

第一部分
极化基本原理

第1章
绪论

1.1　极化的基本概念和研究简史

电磁波具有以下特征：振荡频率、传播方向、波的强度、极化。

其中，前3个参数对任何类型的波动都是通用的，但是极化特征却是电磁波所特有的，如声波就没有极化。本书讨论的主题是电磁系统中的极化，我们要认识到极化不仅是物理学的一个新奇现象，而且具有重要的现实意义。然而，工程师们往往不能很好地理解极化特征，这可能会导致系统的性能低于最优，在某些情况下，甚至会使系统完全瘫痪。事实上，极化是可以利用的，如利用正交极化可以使通信容量倍增。本书的目标就是加深理解极化的概念，并使其作为有用的工具来改进电磁系统的设计。

在系统设计时，考虑极化特征有几个好处。

（1）可以改善通信系统的性能或提高容量。例如，通信系统中使用极化分集技术来对抗非视距链路上的多径衰落。在相同的频率和路径上，采用正交极化信道可以提高视距通信链路的性能，信息承载能力在理论上可以翻倍，这在实际中已经实现。

（2）在遥感领域的应用中，与单极化系统相比，使用多极化可以增加收集到的目标或图像的信息量。

极化，在光学中也称为偏振，由马吕斯（Etienne Louis Malus）在1808年为解释光在晶体中的折射现象而定义[1]。他利用光学实验来研究与折射和反射有关的偏振效应，这可以和绳子上的机械波作类比：假设有一根绳子穿过了一段篱笆墙，如果在绳子上激励了垂直运动的波（垂直极化波），波就可以通过篱笆间的垂直狭缝。但如果绳子的振荡是水平的，波就不能通过。1821年，菲涅耳（Augustine Jean Fresnel）提出某一极化的电磁波可以分解为两个相互正交的分量，且每个分量都垂直于传播方向[2]。1864年，麦克斯韦（James Clerk Maxwell）奠定了电磁学的理论基础——麦克斯韦方程组，从而将电、磁和光学这些以前被认为独立的领域联系了起来。在麦克斯韦研究电磁波之前，人们对光特性的认知已有数百年的历史。而麦克斯韦的研究表明，可见光也是电磁波谱的一部分，光波和无线电波都服从麦克斯韦方程。

因为电磁波的电场和磁场均垂直于电磁波的传播方向,所以它称为横波。与之相比,声波是纵波,所以没有极化特征。与绳子上的机械波作类比,同样有助于理解波动和极化:绳子的实际运动是垂直方向(横向),而波动沿着绳子的轴向传播。电磁波的电场方向携带着它的极化信息,也就是说极化反映了电场随时间变化的规律。如果一个波的电场矢量在传播路径上的某点处沿直线来回振荡,就称为线极化波。在数学上,电磁波是矢量波,而声波是标量波,不携带任何方向信息。

极化意味着方向敏感性,可以使用偏光太阳镜进行简单演示:使用两副太阳镜,每副背对背形成一个透镜。当旋转其中一个透镜时,透射光强度将减小,直至与透镜的极化状态正交时减小为零,显示为黑色。另一个简单的演示是戴上偏光太阳镜观看数字设备的显示屏(如 LCD 显示屏),在某些角度下看起来是暗淡的。暗淡的原因是由光学现象引起的:光线是有极化的,当与太阳镜的极化呈交叉极化状态时,光线就变暗了。类似地,在通信系统中忽略传播线路上的各种损耗,当接收天线与发射天线极化相同时,能接收到最大的信号。当它们的极化正交时,就接收不到任何信号了。

1887—1888 年,赫兹(Heinrich Hertz)通过一系列的实验证实了麦克斯韦方程组,包括电磁波的激励、传播和探测。此外,赫兹还演示了电磁波的反射、折射及极化现象[3]。随后到了 20 世纪,许多电磁学的应用趋于成熟,包括电力输送、广播和电视等。雷达在第二次世界大战中崭露头角,通信领域中的卫星通信出现于 20 世纪 60 年代,光纤通信在 20 世纪 80 年代开始普及,随后就是当前的无线通信革命。辐射计用于无源探测自然界的电磁辐射,主要应用包括射电天文和无源成像。电磁波典型的应用还包括材料处理、工业干燥、微波炉烹饪等。

来自太阳等天体的自然辐射,往往是随机极化的。也就是说,电场方向随时间完全随机变化。偏光太阳镜正是利用了这一点,只使垂直极化的光通过透镜,从而减少眩光。眩光主要是由水平偏振光引起的,就像水平偏振光在平静的湖面上会有明显的反射一样。

当与介质相互作用时,电磁现象有时可以通过粒子(或量子)特性来理解,这个概念是解释光电效应的关键。然而,本书中只用到电磁的波动特性。虽然没有办法直接观察波动,但可以间接观测。例如,波的波长就是通过激励驻波来实验测定:将探针沿着波的传播方向移动,测量相邻零点之间的距离,即可得到半波长。麦克斯韦把他的方程表示成定律,物理学定律不能被证明,但却总是与物理观测结果相一致。

极化在电磁系统中的作用日益重要。对于模拟系统,在利用极化特征构建电磁系统时,通常有几个实现难点,主要是需要昂贵且笨重的硬件组件。然而随着数字化设备在电磁系统中的普及,软件处理将取代硬件功能,电磁波的第四维度(极化)将得到更充分的利用。

1.2　本书概览

本书介绍通信、雷达和辐射测量等应用所需要的原理和技术。由于通信技术（尤其是无线通信）的重要性，其受到了最多的关注。此外，虽然本书的内容适用于整个电磁波频段，但实际上对光学基本没有涉及。

本书第一部分（第1~4章）讨论电磁波极化的基本原理，包括物理原理的讨论、完全极化波极化状态的数学表示，以及部分极化波的理论。这些基本原理有助于对极化概念的理解，并且有助于推导便于计算的解析公式。

第2章和第3章介绍电磁系统极化的基本数理表示方法。这种表示不是严格的物理描述，而只是提供对极化的基本理解。引入数学有两个目的：一是通过数学推导理解所涉及的基本原理；二是必要的数学分析可以定量评估实际系统。对电磁学的研究，既可以在时域，也可以在频域。在第2章，我们先从电磁波极化的时域表示开始分析，这样可以使电磁波的时空特性形象化，从而促进对极化的理解。在第3章，介绍电磁场相量表示或复数表示，也称为频域表示。在实际中，使用频域表示可以简化电磁场的数学表达式。但需要说明的是，频域方法只能精确表示单一频率的信号，即单色波。当然，对窄带信号也可以近似精确表示。第3章详细介绍极化状态的几种常用数学表示，每种表示形式都有适当的用途：或适用于极化状态的形象化表示；或适用于执行各种系统应用程序的计算。

如果一类电磁波既包括完全极化分量，又包括随机极化分量，就称为部分极化波。大多数光源都是随机极化的，而天线只辐射完全极化的波。自然界中的无线电波（如天体的辐射）是部分极化波，它包含完全极化波和随机极化波两部分。部分极化波将在第4章中讨论。

本书第二部分（第5~10章）将以第一部分为基础进一步讨论以下主题：天线的极化、波与天线的相互作用、双极化系统、介质中波的去极化效应、无线系统中的极化和极化测量。图1.1所示为一个常见电磁系统的简单示意图，可以用来描述通信、雷达、辐射测量、感知或其他工业领域的工作过程，这正好突出了第二部分的主题。整个系统可分为以下3个主要部分。

（1）激励子系统。如果发射系统是有源的，它就是一个电磁信号发射机。在辐射计等无源系统中，电磁波的激励可能是自然界的辐射，如噪声。

（2）传播介质。一般来说，介质可以改变通过其中的电磁波的极化状态和传播方向，如通信信号穿过雨滴就会发生这种现象。在雷达系统中，介质或目标的后向散射信号和发射信号的极化也是不同的。

（3）接收子系统。在通信系统中，接收机与发射机不在同一地点，相互之间是有一定距离的。而雷达中接收机通常与信号发射机在同一地点。对于辐射测量系统,就只有一个接收机。

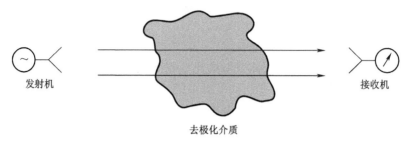

图 1.1　常见电磁系统的简单示意图

　　天线的极化就是天线所辐射电磁波的极化。几乎在所有的情况下,天线用于发射或接收时的极化方式是相同的。天线极化将在第 5 章中进行介绍,包括可产生各种极化和辐射方向图的多种天线类型。

　　在大多数情况下,发射和接收子系统可以是多极化的,其中最常见的就是双极化。一种常见的设计思路是在实际系统中先确定发射天线的极化,再考虑减少传播介质对信号的损失。例如,在超高频(UHF)及以下频段,地球终端与卫星之间的通信链路中,法拉第旋转效应会使通过电离层传播的线极化波发生旋转;又如,在工作频率为千兆赫或更高的地面或地-空通信链路中,当路径上有降雨时,将会使电磁波去极化。在这两个例子中,发射机激励的电磁波都会被传播路径上的介质所改变。在没有去极化介质的情况下,系统的设计必须使接收天线与来波的极化相匹配,才能确保最大的接收功率(假设除极化外的所有系统参数都正确配置)。如果沿传播路径的介质对波产生去极化,接收功率就会减小,在极端情况下可能会达到零。当然,也可以采用自适应系统来响应极化的动态变化,从而减小极化失配的影响。第 6 章将详细研究天线与电磁波相互作用的过程。

　　如果使用双极化系统,可以在相同频率、相同路径的通信链路上同时传输两路信号,其框图和图 1.1 类似。设计中要注意两个问题:第一,双极化天线的设计要确保两种极化方式趋于完全正交,从而使信道之间的自干扰最小化,换句话说,由于通道间的极化正交,系统的串扰会很小;第二,介质的去极化效应不能使信道间的串扰恶化到不可接受的程度。第 7 章将介绍双极化系统。

　　第 8 章讨论介质对通过其中电磁波极化特征的影响。麦克斯韦方程可以用来分析介质的影响,包括物质的各向异性,即方向相关性。但本书立足于系统思路,使用更简单的方法来计算。传播路径上的去极化效应在通信、雷达和辐射测量中都有涉及,本书中讨论地面影响、法拉第旋转和沿路径降雨等几种常见的去极化介质,非理想天线的影响,以及传输介质去极化问题的补偿方法。最后,介绍如何利用介质中传输波或散射波的极化信息来推断介质特性的方法。

　　第 9 章讨论无线通信系统中的极化问题。基站和用户终端采用双极化系统,可以提高通信容量和性能。虽然使用双极化链路可使通信容量倍增,但是通常情况下,终端之间的通信需要清晰的视距传输。因此许多无线通信系统,如蜂窝电话,就不能使用双极化来增容。而在非视距链路中为了提高性能(如对抗多径衰落),普遍采用了双极化技术,称为极化分集。

第 10 章关于极化测量的内容,可以使读者更好地理解天线的极化特征,明确评估天线极化的量化指标,掌握极化测量的基本技术。

需要再次强调的是,本书的目标是使读者全面地理解电磁波极化的基本原理、天线的极化特征,以及传播介质对系统极化的影响。书中的许多例子说明了如何在系统设计中利用极化特征,如何通过计算量化系统的性能。

目前,关于电磁波极化的书很少。Beckmann 的专著是第一本这样的书,而且依然是经典[2]。它以介质中电磁波的去极化效应为重点,研究极化的数学和物理方法。Mott 的一本书中介绍了天线和雷达的极化[3],他的另一本书中文献[4]有一些关于极化原理和应用的内容,主要集中在散射、目标和雷达方面。文献[5,6]中涵盖了光的偏振。

在此强调说明符号和术语问题。符号是任何工程问题中一个非常重要的部分,合理地选择符号可以简化理解和计算的过程。如果不加小心,可能会产生混淆和歧义。本书所使用的符号可以在书后的符号列表中找到,以便于参考。所有术语的使用,都参照了电气与电子工程师协会(IEEE)关于天线术语的标准定义[7]。不是所有的文献都使用相同的定义或相同的符号,所以在阅读文献时,确定术语和符号如何定义是很重要的。

参考文献

[1] Pelosi, G., "Ethienne-Louis Malus: The Polarization of Light by Refractionand Reflection is Discovered," IEEE Ant. and Prop. Magazine, Vol. 51, Aug. 2009, pp. 226-228.

[2] Beckmann, P., The Depolarization of Electromagnetic Waves, Boulder, CO: Golem Press, 1968.

[3] Sarkar, T., R. Mailloux, A. Oliner, M. Salazar-Palma, and D. Sengupta, History of Wireless, Hoboken, NJ: Wiley, 2006, pp. 18-19.

[3] Mott, H., Polarization in Antennas and Radar, John Wiley and Sons, New York, 1986.

[4] Mott, H., Remote Sensing with Polarimetric Radar, John Wiley and Sons, New York, 2007.

[5] Born, M., and E. Wolf, Principles of Optics, Pergamon Press (Elsevier), Oxford, 1959; and Cambridge University Press, Cambridge, UK, 1997.

[6] Collett, E., Field Guide to Polarization, SPIE Press, Bellingham, WA, 2005.

[7] IEEE Standard Definitions of Terms for Antennas: IEEE Standard 145-2013, IEEE, 38 pp., 2013.

第2章
电磁波极化原理

2.1 引言

本章将介绍电磁波的基本原理,重点是极化。首先,为了更容易理解电磁波的极化特征,回顾了平面波理论。书中所用到的数学计算并不难,而且这些公式很容易应用到后面介绍的电磁系统中。第 2 章和第 3 章主要聚焦于完全极化波,因为天线只辐射完全极化波。当然非极化或随机极化的电磁波也是存在的,如天体等自然界的波源就辐射随机极化波,但其本质上是噪声。一般来说,电磁波由完全极化波和随机极化波两部分组成,称为部分极化波,这些将在第 4 章讨论。

2.2 平面波

电磁波是由电场和磁场共同组成的,它们通过麦克斯韦方程相互联系。麦克斯韦的理论描述了电场和磁场的动态特性。具体地说,如果存在一个时变的电场,它就伴生着一个时变的磁场。如果电磁波没有受到约束,如在自由空间中传播,它将从波源以行波的形式向外传播。当自由空间的电磁波离开波源传播后,就会转变成平面波。此时,电场和磁场相互垂直,且均垂直于波的传播方向,电磁场的等相位面是垂直于传播方向的平面。如果波的传播受到限制,如在金属波导中,就会有高次模被激励,电场和磁场将会产生传播方向上的纵向分量。

对于周围没有介质的无界自由空间波,称为横波,因为电场和磁场的方向相对于波的传播方向来说是横向的。波的类型由其源的形式决定:如果波源是无限长线电流,它所激励的波就是柱面波。在一个假想的、中轴和线源重合的圆柱面上,波的相位是常数。如果波源是一个点源,它将会辐射球面波。波的相位在任何以波源为球心的球面上都是常数。实际上,所有的波源尺寸都是有限的,因此,在一定距离范围内,其辐射的电磁波都是球面波。

在离波源足够远的地方,波前或等相位面变得非常大,以至在不大的区域内,波前几乎与源的类型无关,这就是所谓的平面波。在通信和感知等应用中,场点到源点的距离通常都很远,所以电磁波被视为平面波。例如,在通信系统中,从远距离发射机到达接收机的波近似于平面波。判断来自发射机的波能否被近似为平面波,一个很实用的经验法则就是看是否满足远场距离 $2D^2/\lambda$ 的条件,其中,D 为发射天线的口面直径,λ 为波长[1]。如果没有特别说明,本书中讨论的都是平面波。

极化由电场矢量随时间变化的特性来描述,这里首先介绍平面波的定义和原理。通过求解麦克斯韦方程组,可以得到平面波的数学表达式。但是,本书中没有给出麦克斯韦方程组推导平面波的详细过程,这在许多电磁学基础教科书中都有。这里直接引用相关的结论,并对其进行物理解释。

假设平面电磁波沿着+z 轴方向传播,随时间和空间变化的电场矢量表示为

$$\boldsymbol{E}(t,z) = E_0\cos(\omega t - \beta z)\hat{\boldsymbol{x}} \quad (\mathrm{V/m}) \tag{2.1}$$

式中:ω 为电磁波的角频率 $\omega = 2\pi f[\mathrm{rad/s}]$;$f$ 为电磁波的频率(Hz);β 为相位常数(rad/m);λ 为波长(m)。

相对于波的传播方向(z 轴方向)而言,电场的方向必须是横向的。这里不妨假设其沿 x 方向。稍后我们说明此时的波为线极化波,对应的磁场矢量为

$$\boldsymbol{H}(t,z) = \frac{E_0}{\eta}\cos(\omega t - \beta z)\hat{\boldsymbol{y}} \quad (\mathrm{A/m}) \tag{2.2}$$

式中:η 为介质的特性阻抗(Ω),$\eta = \sqrt{\mu/\varepsilon}$;$\varepsilon$ 为介质的介电常数(F/m);μ 为介质的磁导率(H/m)。

在自由空间中,特性阻抗为

$$\eta_0 = \sqrt{\frac{\mu_0}{\varepsilon_0}} = \sqrt{\frac{4\pi \times 10^{-7}}{10^{-7}/36\pi}} = 377 \quad (\Omega) \tag{2.3}$$

注意,除了方向和振幅,磁场和电场的表达式完全一样,这是因为平面波的电场和磁场满足

$$H_y(t,z) = \frac{E_x(t,z)}{\eta} \tag{2.4}$$

式(2.4)表示单位长度的电流等于单位长度的电压除以阻抗,所以称为电磁波的欧姆定律,其一般表达式为

$$\boldsymbol{H}(t,z) = \frac{1}{\eta}\hat{\boldsymbol{n}} \times \boldsymbol{E}(t,z) \tag{2.5}$$

式中:$\hat{\boldsymbol{n}}$ 为传播方向上的单位矢量。这里假设 $\hat{\boldsymbol{n}}=\hat{\boldsymbol{z}}$,所以磁场的方向为 $\hat{\boldsymbol{y}} = \hat{\boldsymbol{z}} \times \hat{\boldsymbol{x}}$。

图 2.1 所示为式(2.1)中蕴含的波动现象。在波动的一个周期($T = 1/f$)内选取 3 个瞬时,此时电场是位置的函数。为了形象地表示电磁波运动规律,图中假想有人正骑在电磁波波峰上冲浪。在图 2.1(a)中,波峰位于冲浪开始的原点。图 2.1(b)表示 1/4 周期后的"波浪",图 2.1(c)表示 1/2 周期后的"波浪"。在这

个递增的时间序列中,可以看到波峰上的冲浪板向 z 轴方向移动。因此,这就是一种波动。这里将电磁波和大家熟悉的海浪进行类比,是为了更形象地理解电磁波的运动规律。需要强调的是,图中的波峰表示一个相位恒定的点。

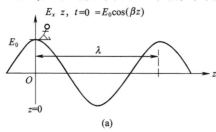

(a)

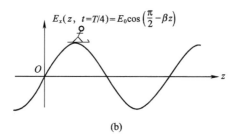

(b)

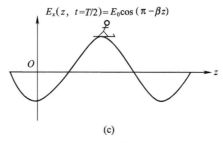

(c)

图 2.1　平面波沿 z 轴方向行进示意图
(a)$t=0$;(b)$t=T/4$;$\omega t=\pi/2$,(c)$t=T/2$, $\omega t=\pi$
注:图中的小人沿着 z 方向乘风破浪。

将式(2.1)中的相位表达式设为常数,即

$$\omega t - \beta z = \text{constant} \tag{2.6}$$

式(2.6)两边关于时间求导,可以得到这个恒定相位点的速度,即相速:

$$v = \frac{\omega}{\beta} = \frac{\mathrm{d}z}{\mathrm{d}t} \tag{2.7}$$

如果电磁波沿 $-z$ 轴方向传播,那么有 $\omega t + \beta z = \text{constant}$ 及 $\mathrm{d}z/\mathrm{d}t = -v$,相应的电场表示为

$$\boldsymbol{E}(t,z) = E_0\cos(\omega t + \beta z)\hat{\boldsymbol{x}} \tag{2.8}$$

进一步分析波动的细节,频率 f 是电场在空间中某一固定点每秒振荡的次数。

波长 λ 是波形上相邻的等相位点之间的距离。图 2.1 说明在 $t=0$、$T/4$ 和 $T/2$[①] 时刻,波是位置的函数。在图 2.1(a) 中,波长表示为相邻两个波峰之间的距离。一个波长内,相位变化 2π rad。所以单位距离的相位变化即为相位常数 β,可表示为

$$\beta = \frac{2\pi}{\lambda} \tag{2.9}$$

结合式(2.7),得出所有类型波都适用的基本关系:

$$v = \frac{\omega}{\beta} = \frac{2\pi f}{2\pi/\lambda} = \lambda f \tag{2.10}$$

这说明对于确定的波速,波长与频率成反比。也就是说,随着频率的提高,波长减小。

对于自由空间介质,以及干燥的空气,有

$$v = c = 3 \times 10^8 \text{m/s} \tag{2.11}$$

附录 A 给出了无线电和微波频段的频带划分。例如,其高频(VHF)频段从 30MHz 开始,波长为 $(3 \times 10^8)/(30 \times 10^6) = 10$m。又如,移动电话频带接近 900MHz,其中波长为 $(3 \times 10^8)/(900 \times 10^6) = 33$cm(约 1 英尺)。该频段具有良好的传输性能,天线尺寸合适,因此在移动电话等领域中得到广泛应用。

图 2.2 是三维空间中某一固定时刻的平面波电场。图中清楚地说明了波动的特性;相位变化的前沿标记为虚线区域,以突出显示等相位面,它是一个平面,且其上相位恒定。

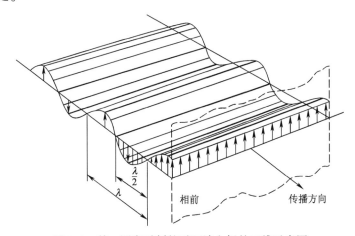

图 2.2 某一固定时刻的平面波电场的三维示意图

波的强度和传播方向可以用一个矢量表示,即坡印亭矢量(Poynting vector):

$$\boldsymbol{S}(t,z) = \boldsymbol{E}(t,z) \times \boldsymbol{H}(t,z) \tag{2.12}$$

---

① 译者注:原著中误将 $T/2$ 写为 $T/4$。

式中:矢量 S 的单位为 W/m²。

电场和磁场矢量的矢量积得到了电磁波的传播方向,将式(2.1)所示 x 方向的电场和式(2.2)所示 y 方向的磁场代入式(2.12),求出波的传播方向在 z 轴方向,即

$$S(t,z) = \frac{E_0^2}{\eta} \cos^2(\omega t - \beta z)\hat{z}①$$ (2.13)

到目前为止,本章给出了 1.1 节提及的电磁波 4 个特征的数学表示:频率 f 是一个确定的量;波的方向和强度包含在坡印亭矢量中;最后,利用电场矢量随时间变化的规律定义了极化。

2.3 极化波的概念和形象化分析

在 2.2 节中讨论了平面波的原理和数学表示。平面波和大多数人为激励的电磁波一样,都是极化波。简而言之,波的极化是指空间某一个固定点处,瞬时电场矢量末端随时间(一个周期就足够了)运动的轨迹。在平面波中,磁场的变化和电场相近,但习惯上都是基于电场来定义极化的。本节将探讨极化的基本类型。当然,电磁波是看不见的,所以书中尽量形象化地解释电磁波及其极化特征。后面的章节将建立每种极化类型之间的数学关系,这在系统计算中是非常有用的。

图 2.3 所示为一线极化(linearly polarized, LP)波,因为其电场平行于 x 轴。x 轴方向的电场和 y 轴方向的磁场同相,且和波的传播方向两两互相垂直。这种关

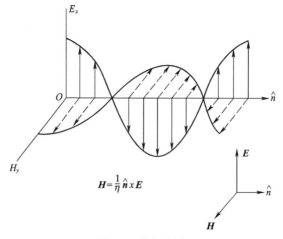

图 2.3 线极化波

系可以由式(2.5)来表示,其中$\hat{\boldsymbol{n}}=\hat{\boldsymbol{z}}$。

图2.4表示当$z=0$时,式(2.1)和图2.3所示线极化波的电场矢量在半个周期内的几个瞬时状态。图中,$t=0$时刻,电场矢量沿x轴正向达到最大值。半个周期后,其达到负的最大值。经过一个完整的周期($t=T$)后,矢量在x轴方向上恢复到原来的强度。这个正弦振荡过程以每秒f个周期的速度(频率)持续进行。电场矢量的末端沿x方向一维运动,这样的波即为线极化波。

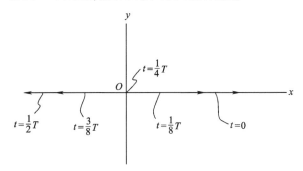

图2.4 $z=0$时,式(2.1)和图2.3所示线极化波的电场矢量几个瞬时状态

线极化波电场的方向可以参考局部地平面来表征,通常选地球表面。如图2.5所示,如果波的电场矢量沿与地面平行的直线振荡,称为水平极化(horizontally polarized,HP)波。同样,如果波的电场沿垂直于地面的直线振荡,就称为垂直极化(vertically polarized,VP)波。

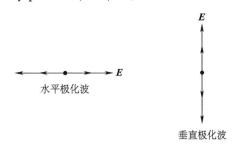

图2.5 线极化波的水平极化和垂直极化示意图

一般来说,观察垂直于波传播方向的某个固定平面上电场矢量的运动轨迹,并以此确定波的极化方式,这个固定的平面称为观察面或极化面。图2.2中标记为"相前"的平面就是一个极化面。垂直于观察面的波传播方向也称为射线方向。

在无线电和光学中,射线常用来表示波的传播方向。电场矢量在极化面内的运动是时间的函数,它的运动轨迹决定了波的极化方式。截至目前,几个图例只针对线极化波。其实,电场矢量的末端可以绘出一个椭圆。在极化平面内,一个矢量可以分解为两个正交的线极化分量,习惯上取图 2.5 所示的水平分量和垂直分量。这些分量振幅和相位的相对关系常用来在数学上描述极化状态。在本节的其余部分,将定义和实现极化状态的形象化。在 2.4 节中,将推导极化状态的数学表示。这里简单讨论一下天线的极化。以便在第二部分详细介绍之前,能够了解极化的工程应用。

图 2.6 所示为一个垂直放置的短偶极子天线,它是由平行双导体传输线馈电的直导体天线。为了便于讨论,这里假设它比波长短得多,即满足电小尺寸条件,这就是所谓的短偶极子天线。传输线上的电流流向天线,其激励的电场与天线平行。这可以直观、形象地理解为偶极子上半部分的电流聚集了正电荷,下半部分返回的电流聚集了负电荷。这个条件保证了电场从偶极子的上半部分指向下半部

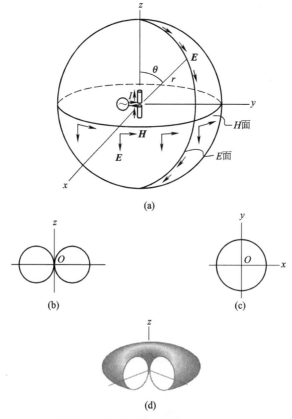

图 2.6 垂直放置的短偶极子天线

(a)坐标系统和场分量;(b)E 面方向图;(c)H 面方向图;(d)切除部分结构后的三维方向图。

分。源电流的正弦振荡特性使得这个电场也具有振荡特性,从而使偶极子产生沿 r 方向传播的球面波。有关短偶极子场的完整介绍,请参阅文献[1]。在距离偶极子较远的地方,电场完全垂直于传播方向,产生图 2.6(a)所示 θ 方向的电场。这是一个线极化波,因为电场是由沿直线振荡的电偶极子产生的,产生的辐射场也沿直线振荡。图 2.6(a)中磁场强度矢量 H 沿 φ 方向并垂直于 E。

在天线的远场区,只存在辐射场,且随距离衰减($\propto 1/r$)。远区电场或磁场的大小随天线周围角度的函数关系称为辐射方向图[1]。方向图是三维的,但一般通过天线主平面上的二维图来表示。主平面包括电场平面(E 面)和磁场平面(H 面),其上的方向图分别称为 E 面方向图和 H 面方向图。 E 面方向图是辐射强度在电场所在平面上随角度变化的曲线,短偶极子的 E 面方向图如图 2.6(b)所示,通常被称为哑铃形方向图。它在垂直于偶极子的方向上有最大辐射(在 xOy 平面上)。而在偶极子的终端方向上,辐射趋于零,所以在 z 轴上形成零点。 E 面上的电场平行于 z 轴,或者是垂直极化。磁场矢量位于 xOy 平面内,因此,短偶极子的 H 面就是 xOy 平面。图 2.6(c)所示的短偶极子的 H 面方向图随角度是恒定的,这被称为全向辐射,因为它在这个平面上的辐射是均匀的。这个平面上的电场同样垂直于 xOy 平面且平行于 z 轴,即垂直极化。

下面继续讨论极化的基本状态。首先研究具有一般性的线极化情况。如图 2.7 所示, z 方向为传播方向。极化矢量线可以指向垂直于传播方向的任意方向,其与 x 轴的夹角为 τ ,称为线极化的倾斜角。电场的两个分量 E_1 和 E_2 的振幅决定了倾斜角大小。对于电场沿 x 轴方向的水平极化, $\tau=0$,电场垂直分量 $E_2=0$ 。类似地,对于电场沿 y 轴方向的垂直极化, $\tau=90°$,水平分量 $E_1=0$ 。

再来看一个稍微复杂一点的例子,还是考虑两个振幅为 E_1 和 E_2 的正交线极化电场分量,但现在它们的相位是正交的,即 E_y 超前 E_x 90°。图 2.8(a)所示为 $t=0$ 时刻,空间各点的电场分量及合成电场的分布。图 2.8(b)所示为电场随时间的变化,其可以想象为图 2.8(a)中沿着 z 轴传播的波在 $z=0$ 平面上的投影。当 $t=0$ 时,电场沿 x 轴,1/4 周期后($\omega t=\pi/2$)转为 $-y$ 方向。 $z=0$ 平面上的瞬时矢量随着时间的推移呈顺时针方向旋转,从而产生了一个左旋椭圆极化(left-hand sensed elliptically polarized,LHEP)波。这个例子就是为了强调极化的定义:它是电场矢量在空间中某固定点上随时间的运动轨迹。

在最一般的情况下,水平分量和垂直分量可以有任何振幅值 E_1 和 E_2 ,以及任意相差 δ 。 δ 表示 y 分量超前 x 分量的相位,电场矢量末端的点扫出的轨迹为椭圆,这将在下一节中进行推导。

图 2.9 所示说明了极化椭圆的形状和旋向是如何由各分量的相对振幅和相位控制的。在图 2.9(a)中, x 和 y 分量同相($\delta=0°$);在图 2.9(b)中, y 分量比 x 分量滞后 90°($\delta=-90°$)。图 2.9(c)为一个一般形式的极化椭圆。电场矢量每秒绕椭圆旋转 f 次。椭圆的形状由轴比 R 的模值量化,其定义为

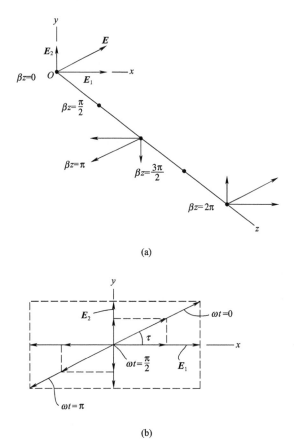

(a)

图 2.7　倾斜角度 τ 为任意的线极化波,沿 x、y 轴方向具有同相的水平分量和垂直分量
(a)空间中各点在固定时刻的电场($t=0$);(b)原点处($z=0$)电场随时间的变化

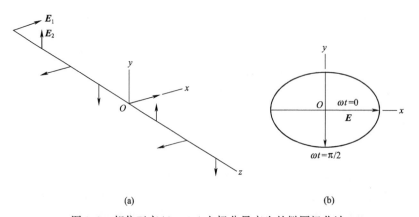

(a)　　　　　　　　　　(b)

图 2.8　相位正交($\delta=90°$)电场分量产生的椭圆极化波
(a)$t=0$ 时刻正交电场分量在空间各点的分布;(b)$z=0$ 处两瞬时分量的合成电场,波的传播方向指向观察者。

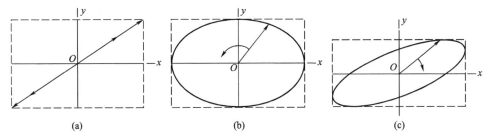

图 2.9　电场 x、y 分量的相对振幅和相位如何控制极化椭圆的形状和旋向。

波的传播方向指向观察者($+z$ 方向)

(a)线极化波,$\delta=0$;(b)长轴在水平方向的右旋椭圆极化波,$\delta=-90°$;(c)一般左旋椭圆极化波,$\delta>90°$。

$$|R| = \frac{长轴长度}{短轴长度} \tag{2.14}$$

式中:R 的符号,右旋为正,左旋为负。

椭圆的方向由其主轴相对于 x 轴的倾斜角度 τ 给出。线极化具有无穷大的轴比,因为短轴的长度为零。在特殊情况下,当 $|R|=1$ 时,极化椭圆成为圆形,此时即为圆极化(circular polarization, CP),如图 2.10 所示。

要完全确定波的极化状态,还有一个信息需要说明,那就是用手势描述极化旋向的方法①。它由电场矢量在极化面(图 2.9 中的 xOy 平面)内随时间旋转的方向来判定。在图 2.9 中,波的传播方向是朝向观察者的(从纸面走出),不过也有一些文献中约定波的传播方向是进入纸面的方向。如果电场矢量随波的走近呈逆时针方向旋转,那么波可以用右手来模拟,如图 2.9(b)所示。类似地,如果电场矢量顺时针旋转,那么波可以用用左手模拟,如图 2.9(c)所示。同样在图 2.9 中,如果波的传播方向是进入纸中,那么右手旋向为顺时针方向,左手旋向为逆时针方向。因此,读者一定要注意关于波传播方向的约定。

在任何情况下,这种用手势判断极化的方法都遵循一个原则:用手的拇指指向传播的方向,其余四指向电场旋转的方向弯曲。也就是说,如果右(左)手四指绕向电场矢量旋转的方向,大拇指指向波的传播方向,相应的旋向就是右(左)旋。图 2.9(b)所示为一个右手旋向的例子。右手的四指在电场矢量旋转方向上环绕,拇指指向 z 方向。图 2.9(c)所示为一个左手旋向的例子。线极化是椭圆极化的一种特殊情况,如图 2.9(a)所示。椭圆收缩成一条直线,这就使得用手势判定旋向变得毫无意义。因此,对线极化就不必判定旋向了。

本书对极化旋向采用了 IEEE 的官方定义[2]。然而,在 IEEE 定义之前的一些

---

① 译者注:关于圆极化波或椭圆极化波的旋向,原著中的描述为"left-hand sensed"和"right-hand sened",即"左手感知"和"右手感知"。本书采用国内通用的名称,释译成"左旋"和"右旋"。

经典文献有相反的规定[3]。所以，在参考文献资源时，读者要先确定旋向的定义。对极化旋向的混淆已经影响到了实际的应用，这里有一个著名的历史案例：1962年，第一次使用 AT&T Telstar-1 近地轨道卫星跨大西洋实时传输电视节目[4]。系统设计的初衷是在美国发射信号，然后在英国和法国接收。在卫星第一次发射时，在法国接收成功，但在英国接收失败。美国发射圆极化信号的旋向与英国圆极化接收天线的旋向相反了。这种入射波与接收天线旋向的失配导致了接收信号非常微弱，图像基本消失。在卫星的第二次发射中，英国的接收机被重新配置为正确旋向，电视画面就顺利传输了。第一次卫星发射时的困境是因为对圆极化旋向定义的混淆：美国和法国使用 IEEE 的定义，而英国采用了相反的定义。

在图 2.9 中，波沿 z 轴方向传播，并逐渐走近（从纸面走出）。在图 2.9（b）中，电场矢量逆时针旋转，波是右旋的。电场在旋转时先穿过 x 轴，然后再穿过 y 轴。因此，y 分量相位滞后于 x 分量，或者说 $\delta<0°$。在本例中，$\delta=-90°$。在图 2.9（c）中，电场矢量是顺时针旋转的，波是左旋的。因此，y 分量的相位超前 x 分量，即 $\delta>0°$。

图 2.10 所示为某一固定时刻，圆极化波电场矢量空间分布的三维视图，其分布类似于图 2.8 中的左旋椭圆极化波。由于矢量大小相等，因此波为圆极化。当波沿 $+z$ 方向传播时，在平行于 xOy 平面的某一个固定平面上，通过观察矢量图的时间序列来确定其旋向。时间序列如图 2.10 中 t_1、t_2、t_3、t_4 所示，电场矢量顺时针旋转，这符合左旋的定义。因此，波是左旋圆极化波。图 2.10 所示的螺旋线给人的感觉是右旋的，这似乎有点令人困惑。但切记旋向是基于电场随时间在图示平面上的旋向来定义的，所以这是左旋的。

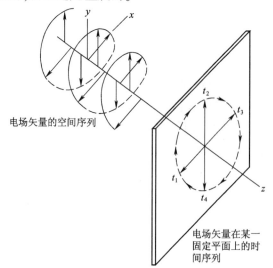

图 2.10 固定时刻左旋圆极化波的示意图，也表示在垂直于
传播方向（+z 轴方向）的固定平面上电场矢量旋转的时间序列

总结圆极化波的特性,两个线极化分量在空间上正交,时间上也正交,且振幅相等。换句话说,圆极化波的任意两个正交线极化分量振幅相等,相位差90°。如果是右旋,$\delta = -90°$;如果是左旋,$\delta = 90°$。

2.4　极化状态的量化分析

2.3节介绍了与电磁波极化有关的基本概念,在本节中将推导极化的数学表示以便于极化的量化和系统计算,涉及的数学运算包括矢量和复数。对于极化,并没有一套标准的符号来表征。1949年,Kraus首次提出了极化的普遍工程表示[5]。这套方法在文献中被广泛采用,本书也使用了它。

极化含有电磁波电场随时间变化的信息,所以这里从分析电场的时变特性来着手量化波的极化。一般地,当平面波沿+z方向传播时,瞬时电场可分解为 x 和 y 两个分量。根据式(2.1),这些分量可表示为

$$\begin{cases} E_x(t,z) = E_1 \cos(\omega t - \beta z) \\ E_y(t,z) = E_2 \cos(\omega t - \beta z + \delta) \end{cases} \quad (2.15)$$

式中:E_1、E_2 分别为 x、y 方向瞬时电场的振幅(V/m);$\omega = 2\pi f$ 为波的角频率(rad/s);β 为相位常数(rad/m);δ 为电场 y 分量超前 x 分量的相位(rad)。

如2.1节和2.2节所述,每个分量都随时间和空间变化。例如,图2.1(a)描绘的是 $t=0$ 时刻 E_x 的空间变化。E_y 除了在空间上有位移,和 E_x 是相同的。每个分量本质上是一个线极化波,合成电场是两个分量在任意瞬时和空间任意点处的矢量和,即

$$\boldsymbol{E}(t,z) = E_x(t,z)\hat{\boldsymbol{x}} + E_y(t,z)\hat{\boldsymbol{y}} \quad (2.16)$$

为了考察电场随时间的运动规律,不妨取 $z=0$。结合式(2.15)和式(2.16),合成矢量表示为

$$\boldsymbol{E}(t) = \boldsymbol{E}(t,z=0) = E_1 \cos(\omega t)\hat{\boldsymbol{x}} + E_2 \cos(\omega t + \delta)\hat{\boldsymbol{y}} \quad (2.17)$$

下面将证明该矢量的长度作为时间函数,可以画出一个如图2.11所示的椭圆,其在每个周期内旋转一次($T = 1/f$)。

现在根据式(2.17)中电场的数学表达式重新分析2.3节中的例子,当相角 $\delta = 0°$ 时有

$$\boldsymbol{E}(t) = (E_1\hat{\boldsymbol{x}} + E_2\hat{\boldsymbol{y}})\cos(\omega t) \quad (2.18)$$

式中:括号中的因子构成一个固定的直线矢量。

因此,这表示线极化(图2.7)。$\cos(\omega t)$ 代表正弦振荡,由图2.7(b)定义倾斜角为

$$\tau = \arctan \frac{E_2}{E_1} \quad (2.19)$$

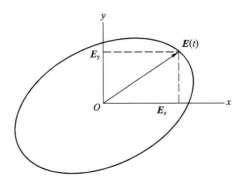

图 2.11　瞬时电场矢量 $E(t)$ 末端随时间变化的轨迹形成的极化椭圆

如果相位差不等于 0，即为椭圆极化。在 $\delta = 90°$ 的相位正交情况下，电场矢量的表达式为

$$E(t) = E_1\cos(\omega t)\hat{x} - E_2\sin(\omega t)\hat{y} \qquad (2.20)$$

在 $\omega t = 0$ 和 $\omega t = \pi/2$ 的时刻，有

$$E(t = 0) = E_1\hat{x}, E(t = T/4) = -E_2\hat{y} \qquad (2.21)$$

这些矢量如图 2.8(b)所示，是左旋椭圆极化状态。因为此时电场矢量沿着左手四指弯曲的方向(顺时针)旋转，大拇指指向波的传播方向(射出纸张)。也就是说，矢量在 $t = 0$ 指向 x 轴方向，在 $t = T/4$ 时指向 $-y$ 轴方向。随着时间的推移，形成一个顺时针旋转的左旋极化波。

接下来证明电场随时间的变化实际上描绘了一个椭圆。利用附录 B 所示的三角恒等式，由式(2.17)可得到：

$$E_y(t) = E_2(\cos(\omega t)\cos\delta - \sin(\omega t)\sin\delta) \qquad (2.22)$$

由式(2.17)中的 x 分量，可得

$$\cos(\omega t) = \frac{E_x}{E_1} \qquad (2.23)$$

$$\sin(\omega t) = \sqrt{1 - \cos^2(\omega t)} = \sqrt{1 - \left(\frac{E_x}{E_1}\right)^2} \qquad (2.24)$$

将式(2.23)和式(2.24)代入式(2.22)，得到消去时间变量的表达式为

$$\left(\frac{E_x}{E_1}\right)^2 - 2\left(\frac{E_x}{E_1}\right)\left(\frac{E_y}{E_2}\right)\cos\delta + \left(\frac{E_y}{E_2}\right)^2 = \sin^2\delta \qquad (2.25)$$

如图 2.11 所示，这是 E_x 和 E_y 分别与 x 和 y 轴对齐时的椭圆方程。因此式(2.17)所示平面波电场的一般表达式是一个矢量，其尖端随时间的轨迹为椭圆。

对应于不同的轴比和倾斜角度，极化椭圆可以有不同的形状和方向。一般的极化椭圆及其量化参数如图 2.12 所示。利用式(2.14)中轴比的一般定义，再结

合图 2.12,轴比可表示为

$$\begin{cases} |R| = \dfrac{主轴长度}{副轴长度} = \dfrac{E_{max}}{E_{min}} = \dfrac{OA}{OB} \geqslant 1 \\ R(\text{dB}) = 20\lg|R| \end{cases} \tag{2.26}$$

式中:系数 20 用于分贝(dB)的定义,因为 $|R|$ 是场量的比值,而不是功率的比值。

当 $|R| = \infty$ 时,椭圆退化成一条直线(距离 $OB = 0$),这就是线极化的特殊情况。R 的符号表征电场绕极化椭圆的旋向,其遵循 IEEE 的定义[2],即 R 的正或负分别表示极化的右旋或左旋,关于这个问题更多的内容将在 3.3 节中讨论。

图 2.12 中椭圆度角 ε 与轴比的关系为

$$\varepsilon = \text{arccot}(-R) \quad 或 \quad R = -\cot\varepsilon, \quad -45° \leqslant \varepsilon \leqslant 45° \tag{2.27}$$

式中:R 的符号,"+"表示右旋;"−"表示左旋。因为轴比的大小在 1(圆极化)到 ∞(线极化)之间变化,所以 $|\varepsilon|$ 的大小为 0°~45°。

椭圆的指向由倾斜角 τ 决定,其范围为

$$0° \leqslant \tau \leqslant 180° \tag{2.28}$$

如图 2.12 所示,τ 是长轴相对于 x 轴的夹角,(ε, τ) 这一对角度完全确定了极化椭圆。

随着时间的推移,式(2.17)所示电场末端运动的轨迹为图 2.12 所示极化椭圆。E_1、E_2 和 γ 等参数都在图中有标注。图 2.12 中有一个矩形"盒子",这个盒子刚好将椭圆装入,且其两边分别平行于 x 轴和 y 轴。角度 γ 表示 x 轴到盒子对角线的夹角为

$$\gamma = \arctan\dfrac{E_2}{E_1}, \quad 0° \leqslant \gamma \leqslant 90° \tag{2.29}$$

式中:γ 表示电场分量振幅之间的关系,而 δ 表示 E_y 超前 E_x 的相位。因此,(γ, δ) 是另一组完全描述极化椭圆的角度。

这些角度描述的是椭圆的形状,而椭圆的大小由波的电场强度 $|E|$ 决定。这几个椭圆参数中还包含了电场绕椭圆旋转的旋向信息。

· R:"−"代表左旋;"+"代表右旋
· δ:"+"代表左旋;"−"代表右旋
· ε:">0"代表左旋;"<0"代表右旋

表 2.1 列出了极化状态的几种特殊情况及其与 (γ, δ) 和 (ε, τ) 之间的关系。在第 3 章展开进一步讨论之前,理解这些特殊情况是很重要的。如果电场没有 y 分量($E_2 = 0$),那么极化是沿 x 轴的线极化。通常沿水平方向,因此称为水平极化。如果没有 x 分量($E_1 = 0$),那么极化沿 y 轴的线极化,通常取垂直于地面的方向,即垂直极化(图 2.5)。如果 x 分量和 y 分量的振幅相等($E_1 = E_2$),并且相位相同($\delta = 0°$),那么得到 45°倾角的线极化波(图 2.7)。如果振幅相等($E_1 = E_2$),且两个分量相位正交($\delta = \pm 90°$),那么为圆极化波。当 $\delta = 90°$ 时,为左旋圆极化(left-hand circularly polarized,LHCP）波（图 2.10）；而当 $\delta=-90°$ 时,为右旋圆极化（right-hand circularly polarized,RHCP）波。

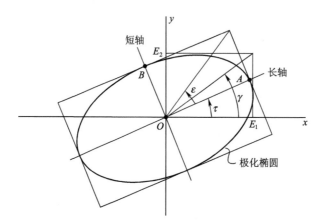

图 2.12　极化椭圆,E_1、E_2 表示 x 和 y 分量的振幅;ε、τ 和 γ 表示角度[①]

表 2.1　用角度 (γ,δ) 和 (ε,τ) 表示几种特殊极化状态

极化状态	(γ,δ)				(ε,τ)		
	E_1	E_2	$\gamma=\arctan\dfrac{E_2}{E_1}$	δ	R	$\varepsilon=\operatorname{arccot}(-R)$	τ
水平线极化	1	0	0°	NA	∞	0°	0°
垂直线极化	0	1	90°	NA	∞	0°	90°
45°斜线极化	$1/\sqrt{2}$	$1/\sqrt{2}$	45°	0°	∞	0°	45°
左旋圆极化	$1/\sqrt{2}$	$1/\sqrt{2}$	45°	90°	−1	45°	NA
右旋圆极化	$1/\sqrt{2}$	$1/\sqrt{2}$	45°	−90°	1	−45°	NA

---

① 原文将 γ 误写为 δ

2.5 波的分解

如果一种极化状态不包含另一种极化状态的分量,则称这两种极化状态是正交的。这很容易通过线极化状态来理解:水平线极化和垂直线极化状态就是正交的,或者是相互垂直的;倾斜角度45°的线极化和135°的线极化也是正交的。一般来说,任何极化状态都可以表示为正交状态的线性组合,这通过矢量的正交分解是很容易理解的,式(2.16)就是一个示例。图 2.13 说明了线极化波电场分解为两个正交极化分量的过程。E_x 和 E_y 是沿着 x 轴和 y 轴的分量,$E_{x'}$ 和 $E_{y'}$ 是沿 x' 和 y' 轴的分量,它们相对于 x 轴和 y 轴进行了旋转。表 2.1 和表 3.5 列出了常见正交线极化状态的特性。

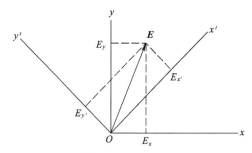

图 2.13 线极化波分解为两对垂直线性分量 $\{E_x, E_y\}$ 和 $\{E_{x'}, E_{y'}\}$

有时也将一般的电磁波态分解成线极化以外的正交分量,如在设计右旋圆极化天线时,很重要的一点是要研究它的交叉极化部分,即它的左旋圆极化分量。在3.8 节中将从数学上详细讨论如何确定一个给定极化状态波的正交极化分量。这里提出一个重要的特殊情况,即如何将一个给定极化状态的波分解成两个正交圆极化状态的波,即 LHCP 和 RHCP。由表 2.1 和式(2.16)得左旋圆极化波电场表示为

$$E_L(t) = \frac{1}{\sqrt{2}} \left[E_{L0} \cos(\omega t) \hat{x} + E_{L0} \cos(\omega t + 90°) \hat{y} \right]$$

$$= \frac{E_{L0}}{\sqrt{2}} \left[\cos(\omega t) \hat{x} - \sin(\omega t) \hat{y} \right] \tag{2.30}$$

类似地,对于右旋圆极化波的电场,有

$$E_R(t) = \frac{E_{R0}}{\sqrt{2}} \left[\cos(\omega t + \delta') \hat{x} + \sin(\omega t + \delta') \hat{y} \right] \tag{2.31}$$

式(2.31)中引入 δ' 是考虑到右旋圆极化波与左旋圆极化波相位可能不同。也就是说,δ' 是右旋圆极化波超前左旋圆极化波的相位。此外,振幅 E_{R0} 和 E_{L0} 表示这

两种波的强度,可以是任意大小。式(2.30)和式(2.31)所示的两个矢量如图2.14所示。如果 $\omega t = 0$,则

$$\begin{cases} \boldsymbol{E}_{\text{L}}(t = 0) = \dfrac{E_{\text{L0}}}{\sqrt{2}}\hat{\boldsymbol{x}} \\[4mm] \boldsymbol{E}_{\text{R}}(t = 0) = \dfrac{E_{\text{R0}}}{\sqrt{2}}(\cos\delta'\hat{\boldsymbol{x}} + \sin\delta'\hat{\boldsymbol{y}}) \end{cases} \tag{2.32}$$

注意,有些分析中用 δ' 表示左旋圆极化超前右旋圆极化的相位,和这里的约定相反。但是,我们遵循了 IEEE 的约定。此外,如图 2.14 所示,δ' 是在左旋圆极化波电场矢量穿过 x 轴的瞬时,右旋圆极化波的相位。

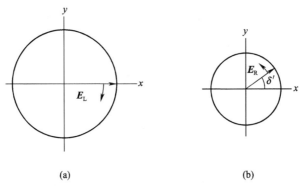

(a)   (b)

图 2.14 式(2.32)所示任意左旋圆极化波和右旋圆极化波矢量(波射出纸面)

通过这两个圆极化分量的组合($\boldsymbol{E}_{\text{R}} + \boldsymbol{E}_{\text{L}}$),可以构建任意极化的电磁波,并形成以下 x 分量和 y 分量,即

$$\begin{cases} E_x(t) = \dfrac{[E_{\text{L0}}\cos(\omega t) + E_{\text{R0}}\cos(\omega t + \delta')]}{\sqrt{2}} \\[4mm] E_y(t) = \dfrac{[-E_{\text{L0}}\sin(\omega t) + E_{\text{R0}}\sin(\omega t + \delta')]}{\sqrt{2}} \end{cases} \tag{2.33}$$

因为 E_{R0}、E_{L0} 和 δ' 是任意的,可以用这些分量生成任意极化状态。如果 $E_{\text{L0}} = 0$ 或 $E_{\text{R0}} = 0$,将得到纯粹的右旋圆极化或左旋圆极化矢量。

例如,令两个圆极化分量的幅度相等,即 $E_{\text{R0}} = E_{\text{L0}}$,式(2.33)变为

$$\begin{cases} E_x(t) = \sqrt{2}E_{\text{L0}}\cos\dfrac{\delta'}{2}\cos\left(\omega t + \dfrac{\delta'}{2}\right) \\[4mm] E_y(t) = \sqrt{2}E_{\text{L0}}\sin\dfrac{\delta'}{2}\cos\left(\omega t + \dfrac{\delta'}{2}\right) \end{cases} \tag{2.34}$$

如果两分量同相($\delta' = 0°$),则

$$\begin{cases} E_x(t) = \sqrt{2}\,E_{L0}\cos(\omega t) \\ E_y(t) = 0 \end{cases} \tag{2.35}$$

这就成了一个沿 x 轴方向的线极化波,它由下面两个圆极化分量合成,即

$$\begin{cases} \boldsymbol{E}_L(t) = \dfrac{E_{L0}}{\sqrt{2}}\big(\cos(\omega t)\hat{\boldsymbol{x}} - \sin(\omega t)\hat{\boldsymbol{y}}\big) \\ \\ \boldsymbol{E}_R(t) = \dfrac{E_{L0}}{\sqrt{2}}\big(\cos(\omega t)\hat{\boldsymbol{x}} + \sin(\omega t)\hat{\boldsymbol{y}}\big) \end{cases} \tag{2.36}$$

这实际就是式(2.30)和式(2.31)当 $E_{R0}=E_{L0}$ 且 $\delta'=0$ 时的情形。

图 2.15(a)展示了如何通过作图法,利用式(2.36)的圆极化分量,随着时间的推移构造式(2.35)所示水平线极化电场的过程。也就是说,两个反向旋转的圆极化分量的矢量合成了水平线极化波($\tau=0°$)。当 $\omega t=0$ 时,最大电场为 $E_{\max}=\sqrt{2}\,E_{L0}$。

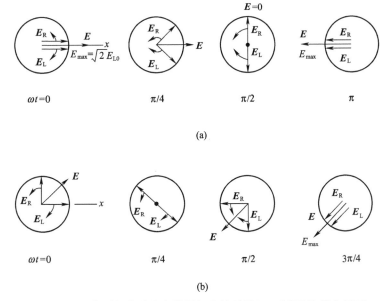

图 2.15　左旋圆极化波和右旋圆极化波的叠加,两种波均射出纸面
(a)两个等幅同相($E_{R0}=E_{L0}$,$\delta'=0$)圆极化波产生 x 方向线极化波;
(b)两个相位正交的等幅($E_{R0}=E_{L0}$,$\delta'=90°$)圆极化波产生 45° 斜线极化波。

又如,仍然是 $E_{R0}=E_{L0}$,但是 $\delta'=90°$,然后由式(2.34),可得

$$\begin{cases} E_x(t) = E_{L0}\cos(\omega t + 45°) \\ E_y(t) = E_{L0}\cos(\omega t + 45°) \end{cases} \tag{2.37}$$

这两个同相线极化分量合成类似于图 2.7 所示的 45° 斜线极化波。由

式(2.30)和式(2.31)得到圆极化电场矢量的分量为

$$
\begin{cases}
\boldsymbol{E}_{\mathrm{L}}(t) = \dfrac{E_{\mathrm{L0}}}{\sqrt{2}} \big[\cos(\omega t)\hat{\boldsymbol{x}} - \sin(\omega t)\hat{\boldsymbol{y}} \big] \\[2mm]
\boldsymbol{E}_{\mathrm{R}}(t) = \dfrac{E_{\mathrm{L0}}}{\sqrt{2}} \big[-\sin(\omega t)\hat{\boldsymbol{x}} + \cos(\omega t)\hat{\boldsymbol{y}} \big]
\end{cases}
\tag{2.38}
$$

如图2.15(b)所示,这两个反向旋转的左旋圆极化和右旋圆极化分量一起合成45°斜线极化。在$\omega t = 0$的初始状态,E_{R}旋转了90°且沿着y轴方向。随着时间的推移,合成矢量为倾角等于45°的线极化矢量。当$\omega t = 3\pi/4$时,最大电场为$E_{\max} = \sqrt{2} E_{\mathrm{L0}}$。

通过控制两个等幅圆极化波的相位差δ',将产生任意方向(倾角)的线极化波。δ'和合成线极化波的倾斜角τ之间的关系(2.6节中的思考题7)为

$$
\tau = \frac{\delta'}{2}
\tag{2.39}
$$

同时控制圆极化分量的幅度和相位,可以产生任意极化的波。表2.2给出了一些特殊情况。在线极化的情况下,必须要注意一个隐含的前提:当$t=0$和$\delta'=0$时,两个圆极化分量的电场矢量都沿x轴对齐。如果使用不同的参考方向,就会导致线极化轴旋转。

表2.2　极化状态分解为圆极化分量

极化状态	E_{L0}	E_{R0}	δ'
左旋圆极化(LHCP)	1	0	任意
右旋圆极化(RHCP)	0	1	任意
水平线极化(HP)	1	1	0°
45°斜线极化	1	1	90°
垂直线极化(VP)	1	1	180°

轴比由圆极化分量的幅度得到[6]

$$
R = \frac{E_{\mathrm{R0}} + E_{\mathrm{L0}}}{E_{\mathrm{R0}} - E_{\mathrm{L0}}}
\tag{2.40}
$$

对于等强度的左旋和右旋圆极化分量($E_{\mathrm{R0}} = E_{\mathrm{L0}}$),将合成图2.15所示线极化波,此时$R = \infty$。如果右旋分量比较大($E_{\mathrm{R0}} > E_{\mathrm{L0}}$),此时$R > 0$,表示右手旋向。如果$E_{\mathrm{L0}} = 0$,$R = +1$,就表示纯粹的右旋圆极化。类似地,如果$E_{\mathrm{R0}} < E_{\mathrm{L0}}$,$R < 0$,就表示左手旋向。如果$E_{\mathrm{R0}} = 0$,$R = -1$,就表示纯粹的左旋圆极化。

IEEE对轴比的定义如式(2.40)所示,其中对右手旋向而言,$R > 0$[2]。由于这一定义的不同,在引用文献结果时必须谨慎。为了保持与IEEE定义的一致性,在式(2.27)中,对ε的定义必须包含负号。

2.6 思考题

1. 一个球面波电场的表达式为

$$\boldsymbol{E}(t) = E_0 e^{-j\beta r} \hat{\boldsymbol{\theta}}$$

由式(2.5)求出相应的磁场。

2. 参考式(2.15)中电场 y 分量的相移 δ，写出对应于时移 Δt 的表达式。

3. 已知电场的参数：$E_1, E_2 = E_1/2, \delta = \pi/2$，画出该平面波的极化椭圆。在 $z=0$ 的平面上，用多个不同时刻将正交的瞬时分量描绘出来，并计算轴比是多少？

4. 图2.10中，电场矢量的末端在某一瞬时的空间状态为一个螺旋，这个螺旋的旋向是左还是右？说明波旋向的相对关系。

5. 证明式(2.25)。

6. 简述在表2.2中，等幅、反相($\delta' = 180°$)且旋向相反的两个圆极化波分量怎样合成为垂直线极化波。

7. 对一般线极化波的情形，推导式(2.39)(提示：利用线极化和圆极化的分解得到 $E_y(t)/E_x(t)$)。

参考文献

[1] Stutzman, W., and G. Thiele, *Antenna Theory and Design*, Third Edition, Hoboken, NJ: Wiley & Sons, 2013.

[2] IEEE Standard 145-2013, "IEEE Standard Definitions of Terms for Radio Antennas," IEEE, 2013.

[3] Silver, S., ed., *Microwave Antenna Theory and Design*, M. I. T. Radiation Laboratory Series, Vol. 12, McGraw-Hill, New York, 1949. p. 91 (available through Institution of Engineering and Technology).

[4] Pierce, J. R., *Almost Everything About Waves*, MIT Press, Cambridge, MA, 1974, pp. 130-131.

[5] Kraus, J. D., *Antennas*, McGraw-Hill, New York, 1949, pp. 464-475.

[6] IEEE Standard 149-1979, "IEEE Standard Test Procedures for Antennas," IEEE, 1979, Sec. 11. 1.

第3章
极化状态表示

3.1 引言

表示极化状态的方法有很多,既有形象化的图形表示,也有适合计算的定量分析。表 3.1 列出了本章将要介绍的各种极化状态表示的方法及其优点。当然,这里只讨论完全极化的情况,部分极化的问题将在第 4 章进行章介绍。由于强度是波的一种特性,而不是极化参数,因此表 3.1 中没有列出。每种表示方法的有用性,取决于具体的应用。如果只是想把各种极化状态形象化,极化椭圆或庞加莱球都是不错的方法。对于波与去极化介质相互作用的计算,极化比是一个很好的选择。斯托克斯参数和极化矢量表示可以方便地计算接收天线从任意极化状态入射波中获得的功率。天线与波的相互作用将在第 6 章讨论。

表 3.1 极化状态表示的方法及其优点

序号	极化状态表示	参量	优　点
1	极化椭圆 (2.4 节和 3.2 节)	(ε, τ)	角度直接与椭圆几何形状相关
2	极化椭圆 (2.4 节和 3.2 节)	(γ, δ)	角度 γ 直接与椭圆几何形状相关
3	庞加莱球 (3.3 节)	两个球面角度	球面上的点对应于所有可能的极化状态
4	极化矢量 (3.4 节)	$\cos\gamma \, \hat{x} + \sin\gamma e^{j\delta} \hat{y}$	易于编程实现;在天线与波相互作用的计算中相位不变
5	斯托克斯参数 (3.5 节)	s_1, s_2, s_3(实数)	易于评估天线与波相互作用
6	极化比 (3.6 节)	ρ_L(复数)	涉及去极化介质的计算中有用

本章讨论的前两种极化状态表示方法都利用了图 2.12 中的极化椭圆,这两种椭圆表示方法清晰地显示了极化参数的几何关系。用两对角度参数中的一组表示

极化椭圆,并给出了椭圆相对于 x 轴的形状和方向。(ε,τ) 表示方法的几何意义更为直接:ε 为式(2.27)中定义的椭圆度角,τ 为主轴相对于 x 轴的倾角。(γ,δ) 表示使用了图2.12所示的几何角 γ,和电场的 y 分量超前 x 分量的相位差 δ。庞加莱球则在一个球体表面显示出所有可能的极化状态,这对于表示多重极化特别有用。然而,它在极化的定量研究中不太实用。极化矢量表示在数学上比较简单,且便于定量评估。斯托克斯参数表示可以直接用于评估天线与波的相互作用。极化比表示是最简捷的表示方法,因为它只使用一个复数,其在涉及去极化介质的问题中非常有用。不过,这种方法中用无穷大值表示垂直线极化,这可能会导致在编写计算机代码时出现问题。

要完全确定极化状态,至少需要两个参量。表3.1中除了归一化的斯托克斯参数,其他的表示法都只需要两个参量。归一化的斯托克斯参数表示需要3个参量,因此这种方法有些烦琐。如果将波的强度也包含在极化状态表示中,就需要3个独立的参量来完全表征波的状态。截至目前,只考虑了完全极化的波。为了表征部分极化波(包括其强度),需要4个独立的量。

极化椭圆表示在第2章中已经讨论过,但是在讨论表3.1中其他的表示方法之前,首先介绍极化椭圆的更多细节,然后讨论如何确定某种给定极化状态的正交极化。

3.2 极化椭圆

在2.4节中,通过数学推导得出结论,平面波实际上都是椭圆极化。尽管是在平面波条件下得出的结论,但这是普遍适用的。因为在实际感兴趣的局部区域上,许多类型的波均近似为平面波。例如,用一个无线电发射机作为源,其向外辐射的就是球面波。假设 r 是辐射源到空间一点的距离,电场的幅度将随着 r 的增大而衰减($\propto 1/r$)。同时,r 还表示等相位球面的半径。在距离很远时,如收/发天线之间的距离 r 比感兴趣的局部区域大得多,等相位球面将变得很"平坦",近似变为一个平面。实际中很多应用(如通信)都是远距离工作,所以都可以近似为平面波,并且椭圆极化的所有原理都是适用的。

图3.1所示为直角坐标系中极化椭圆的所有可能形式,包括形状、方向(倾斜角)和旋向等。角度 τ 的取值为 $0° \sim 180°$,表示主轴的倾斜角从水平($0°$)到垂直($90°$),然后再回到水平($180°$)。椭圆度角 $\varepsilon = -45°$ 时,表示右旋圆极化;$\varepsilon = 0°$ 时,表示线极化;$\varepsilon = +45°$ 时,表示左旋圆极化。左旋椭圆极化状态位于图3.1的上半部分,右旋椭圆极化状态位于图3.1的下半部分。

类似地,图3.2表示了 γ 和 δ 的关系。所有可能的极化状态都可以用相位差 δ 和角度 γ 来界定,其中 $-180° < \delta < 180°$,$0 < \gamma < 90°$。γ 与笛卡儿坐标系中电场分量的关系如图3.3所示。

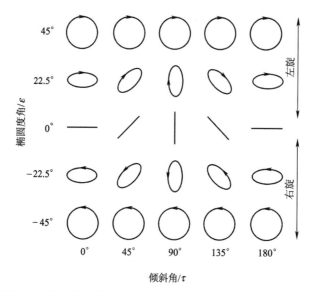

图 3.1 笛卡儿坐标系中,以 ε、τ 为变量的椭圆极化状态表示

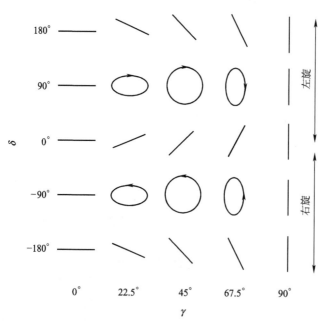

图 3.2 笛卡儿坐标系中,以 γ 和 δ 为变量的椭圆极化状态表示

在 2.4 节中曾指出,无论是 (ε,τ) 还是 (γ,δ),任何一对角度都可以完整地描述极化椭圆。通过下述三角运算,角度 (ε,τ) 可以直接从角度 (γ,δ) 中求出,反之亦然[1]。

首先,根据 (γ,δ) 求 (ε,τ):

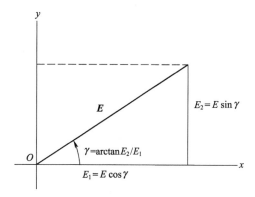

图 3.3　包含极化椭圆的方框(图 2.12)

注:E_1 和 E_2 是沿 x 轴和 yx 轴的峰值电场。

$$\sin(2\varepsilon) = \sin(2\gamma)\sin\delta \tag{3.1}$$

$$\tan(2\tau) = \tan(2\gamma)\cos\delta \tag{3.2}$$

从而可得

$$\varepsilon = \frac{1}{2}\arcsin(\sin(2\gamma)\sin\delta) \tag{3.3}$$

$$\tau = \frac{1}{2}\arctan\left(\frac{\sin(2\gamma)\cos\delta}{\cos(2\gamma)}\right) \tag{3.4}$$

这里需要注意的一些特殊情况是,当 $\gamma=0°$ 时,式(3.3)得 $\varepsilon=0°$,这表示线极化。此外,当 $\gamma=0°$ 时,由式(3.4)得 $\tau=0°$,这表示倾斜角为 $0°$ 的线极化,或者是水平线极化。这种状态就是图 3.1 中 $\varepsilon=0°$ 且 $\tau=0°$ 时的情形,也是图 3.2 中 $\gamma=0°$ 的情形。再来分析 $\delta=0°$ 的情形,这时由式(3.3)和式(3.4)可知 $\varepsilon=0°$ 且 $\tau=\gamma$,表示倾斜角等于 γ 的线极化,也就是图 2.12 中的 $\varepsilon=0°$ 情形。

其次,根据 (ε,τ) 求 (γ,δ)[1]:

$$\cos2\gamma = \cos(2\varepsilon)\cos(2\tau) \tag{3.5}$$

$$\tan\delta = \frac{\tan(2\varepsilon)}{\sin(2\tau)} \tag{3.6}$$

从而可得

$$\gamma = \frac{1}{2}\arccos(\cos(2\varepsilon)\cos(2\tau)) \tag{3.7}$$

$$\delta = \arctan\left[\frac{\tan(2\varepsilon)}{\sin(2\tau)}\right] \tag{3.8}$$

当 $\tau=0°$ 或 $\tau=90°$ 时必须注意,这时式(3.8)右边括号内的值趋于无穷大,$\delta=90°$。此外,当分子或分母上有负号时,必须注意式(3.4)和式(3.8)中参数所在象限。也就是说,当 $\gamma>45°$ 或 $\tau>90°$ 时,必须确定象限。下面通过例子来说明。

[**例 3.1**] 已知 $\varepsilon = 30°, \tau = 135°$,求 (γ, δ)。

给出的参数对应于左旋椭圆极化波,根据式(3.8),有

$$\delta = \arctan\left[\frac{\tan(2\varepsilon)}{\sin(2\tau)}\right] = \arctan\left[\frac{\tan 60°}{\sin 270°}\right] = \arctan\left(\frac{1.73}{-1}\right) = 120°$$

这里必须确保使用的反正切计算能反映正确的象限,许多计算器会得出结果: $\delta = \arctan(-1.73) = -60°$,这是不对的。利用式(3.7),可以求出另一个角度 $\gamma = 45°$。为了验证结果的正确与否,可将 $\gamma = 45°$ 和 $\delta = 120°$ 代入式(3.3)和式(3.4)中,可以求得 $\varepsilon = 30°, \tau = 135°$。

[**例 3.2**] 已知 $\varepsilon = -30°, \tau = 110°$,求 (γ, δ)。

给出的参数对应于右旋椭圆极化波,根据式(3.7)可得

$$\gamma = \frac{1}{2}\arccos\left[\cos(-60°)\cos 220°\right] = \frac{1}{2}\arccos(-0.383) = 56.2°$$

根据式(3.8)可得

$$\delta = \arctan\left[\frac{\tan(-60°)}{\sin 220°}\right] = \arctan\left(\frac{-1.73}{-0.643}\right) = 249.6° = -110.4°$$

注意,在等式中辐角位于第三象限,即在 $180° \sim 270°$ 之间。而根据惯例,δ 在 $-180° \sim +180°$ 之间,所以我们用 $-110.4°$ 来代替 $249.6°$。为了验证结果的正确与否,可将 $\gamma = 56.2°$ 和 $\delta = -110.4°$ 代入式(3.3)式(3.4)中,可得

$$\varepsilon = \frac{1}{2}\arcsin(\sin(2\gamma)\sin\delta)$$

$$= \frac{1}{2}\arcsin[\sin(2 \times 56.2°)\sin(-110.4°)] = -30°$$

$$\tau = \frac{1}{2}\arctan\left(\frac{\sin(2\gamma)\cos\delta}{\cos(2\gamma)}\right)$$

$$= \frac{1}{2}\arctan\left[\frac{\sin(2 \times 56.2°)\cos(-110.4°)}{\cos(2 \times 56.2°)}\right]$$

$$= \frac{1}{2}\arctan\left(\frac{-0.322}{-0.381}\right) = \frac{1}{2} \times 220° = 110°$$

这些都是给定的初始参数。

一个有趣且有用的结果是,与极化椭圆的主轴和副轴对齐的正交线极化分量的相位相差等于 $90°$。这很容易用式(3.8)中的 $\tau = 0°$ 来证明,得到 $\delta = \pm 90°$。

3.3 庞加莱球

在图 3.4 所示的庞加莱球(Poincaré sphere)上,完全极化波每种可能的极化状态都可以对应到球面上的一个点;反之,球体表面上所有的点都对应一种可能的极

化状态。Deschamps 将 Poincaré 在光学领域的早期工作应用到天线极化中来[2-3]:赤道包含所有的线极化状态;椭圆极化状态位于赤道以外的任何地方,且南半球是右旋,北半球是左旋;圆极化发生在两极。从图 3.4 中可以看出,球面上相对的点代表两种相互正交的极化状态。

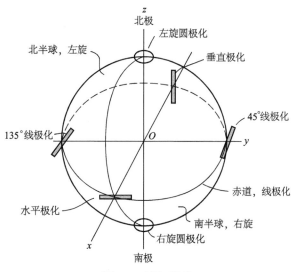

图 3.4　庞加莱球

图 3.5 所示为 1/8 庞加莱球的放大视图,可知球面上的任意点可以使用角度 (γ,δ) 或 (ε,τ) 来定位。角度 $(2\tau,2\varepsilon)$ 或 $(\delta,2\gamma)$ 表示从水平极化点到球面上任意极化状态点 P 的球面角度,这些角度的定义及其范围表示如下:

2ε 表示 P 点的纬度:

$$-90°<2\varepsilon<90°$$

2τ 表示 P 点的经度:

$$0°<2\tau<360°$$

2γ 表示从水平极化点到 P 点的大圆弧的角度:

$$0°<2\gamma<180°$$

δ 表示大圆弧相对于赤道的角度:

$$-180°<\delta<180° \tag{3.9}①$$

式(2.27)中椭圆度角和轴比的关系在这里重新提出,即

$$\varepsilon = \operatorname{arccot}(-R) \tag{3.10}$$

引入参数中的负号是为了使关于旋向的两个定义保持一致。IEEE 定义右旋

---

① 译者注:原文误将 δ 写成 2ε。

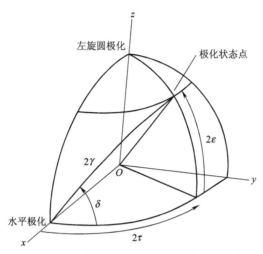

图 3.5 用角对 $(2\tau,2\varepsilon)$ 或 $(\delta,2\gamma)$ 表示极化状态在庞加莱球上的位置

极化的轴比是正的(式(2.27))[4]。对于庞加莱球表示,式(3.10)中的负号确保了角度 2ε 位于正确的半球。也就是说,如果 R 是正值,由式(3.10)可知 ε 是负值,对应的点位于庞加莱球的下半球,对应的极化状态为右旋(图 3.4)。

在两种表示方法之间进行转换时,利用庞加莱球将极化状态形象化是非常有用的,但必须注意这些角度的允许范围,这在图 3.1 和图 3.2,以及式(3.9)中都有标注或总结。

在查阅与庞加莱球相关的文献时必须注意。Deschamps、Born 和 Wolf 都使用上半球来表示右旋极化状态[5-6],而本书中将上半球对应于左旋极化状态,这符合 IEEE 定义[4]和大多数现代文献。

3.4 极化矢量

在电磁学中,使用场的相量表示一种很便捷的方法,相量形式的电场强度 E 与其瞬时值 $E(t)$ 之间的关系为

$$E(t) = \text{Re}\left[Ee^{j\omega t}\right] \qquad (3.11)$$

式中:E 为复函数且仅和空间坐标相关,即 $E = E(x,y,z)$。瞬时值的场为实函数,它同时随着时间和空间变化,即 $E(t) = E(x,y,z,t)$。

在实际应用中,许多信号都是窄带信号,其可以看作是单色简谐波,即通过式(3.11),电场可以表示为角频率为 ω 的正弦波。例如,2.4GHz 的 Wi-Fi 频段(2.4~2.4835GHz),其中一个信道带宽 20MHz,为中心频率的 0.8%,在大多数情况下这被认为是窄带。对于这种案例,在该频带上的极化分析任选某一频率(通

常是中心频率)即可。

用极化矢量表示极化状态也可以称为正交分量表示,因为电场相量沿 x 轴和 y 轴可分解为

$$\boldsymbol{E} = E_x\hat{\boldsymbol{x}} + E_y\hat{\boldsymbol{y}} \tag{3.12}$$

式中: E_x 和 E_y 均为复函数。

这种复数形式的矢量表示最早是由 Kales 研究的[2],其中包含了矢量各分量的幅度(E_1 、 E_2)和相对相位(δ),即

$$\begin{cases} E_x = E_1 \\ E_y = E_2\mathrm{e}^{\mathrm{j}\delta} \end{cases} \tag{3.13}$$

相应地,包含时间变量的瞬时值形式由式(2.15)给出。相量的模值和相位与式(3.13)中矢量分量的关系可表示为

$$\begin{cases} |E_x| = E_1 \\ |E_y| = E_2 \end{cases} \tag{3.14}$$

$$\begin{cases} \text{相位}(E_x) = 0 \\ \text{相位}(E_y) = \delta \end{cases} \tag{3.15}$$

式中: E_x 的相位是任意的,因为实际中只关注两个矢量分量的相对相位,所以为了简单起见,选择它为零。将式(3.13)代入式(3.11),可得恢复电场矢量的瞬时形式为

$$\boldsymbol{E}(t) = E_1\cos(\omega t)\hat{\boldsymbol{x}} + E_2\cos(\omega t + \delta)\hat{\boldsymbol{y}} \tag{3.16}$$

根据振幅的比值 E_2/E_1 和相对相位 δ 可以求出参数 ε 和 τ ,从而完全表征极化的状态。参考图 2.12 和图 3.3,可知 $\gamma = \arctan(E_2/E_1)$,这就是式(2.29)。

波的强度也包含在极化矢量中,通常使用时间平均坡印亭矢量来表示波的强度,其单位为 W/m² 。在平面波中,相量形式电场和磁场的关系为

$$\boldsymbol{H} = \frac{1}{\eta}\hat{\boldsymbol{n}} \times \boldsymbol{E} \tag{3.17}$$

式中: $\hat{\boldsymbol{n}}$ 为电波传播方向上的单位矢量,公式对应的瞬时值关系参见式(2.5)。

复坡印亭矢量表示为

$$\boldsymbol{S} = \frac{1}{2}\boldsymbol{E} \times \boldsymbol{H}^* \tag{3.18}$$

将式(3.17)代入式(3.18),用矢量三重积恒等式:

$$\boldsymbol{S} = \frac{1}{2\eta}\boldsymbol{E} \times (\hat{\boldsymbol{n}} \times \boldsymbol{E}^*) = \frac{1}{2\eta}[(\boldsymbol{E} \cdot \boldsymbol{E}^*)\hat{\boldsymbol{n}} - (\boldsymbol{E} \cdot \hat{\boldsymbol{n}})\boldsymbol{E}^*] \tag{3.19}$$

对于平面波而言,电场垂直于波的传播方向,所以 $\boldsymbol{E} \cdot \hat{\boldsymbol{n}} = 0$,式(3.19)简化为

$$\boldsymbol{S} = \frac{1}{2\eta}\boldsymbol{E} \cdot \boldsymbol{E}^*\hat{\boldsymbol{n}} \tag{3.20}$$

坡印亭矢量的大小为

$$S = \frac{1}{2\eta} \boldsymbol{E} \cdot \boldsymbol{E}^*$$ (3.21)

传播方向上的平均坡印亭矢量是复坡印亭矢量 $\boldsymbol{S}$ 的实部,即

$$S_{av} = \mathrm{Re}[S] = \frac{1}{2\eta} \boldsymbol{E} \cdot \boldsymbol{E}^*$$ (3.22)

这与式(3.21)是相同的。将式(3.12)代入式(3.22),并且假设波沿+z 轴方向传播($\hat{\boldsymbol{n}} = \hat{\boldsymbol{z}}$),则

$$\begin{aligned} S &= \frac{1}{2\eta} \boldsymbol{E} \cdot \boldsymbol{E}^* = \frac{1}{2\eta} (E_x \hat{\boldsymbol{x}} + E_y \hat{\boldsymbol{y}}) \cdot (E_x^* \hat{\boldsymbol{x}} + E_y^* \hat{\boldsymbol{y}}) \\ &= \frac{1}{2\eta} (|E_x|^2 + |E_y|^2) \\ &= \frac{1}{2\eta} (E_1^2 + E_2^2) \end{aligned}$$ (3.23)

因此,通过 E_1 和 E_2 两个参量,波的强度就包含在极化矢量中。

强度不是描述电磁波极化状态的必须参量。将极化矢量除以其大小,从而消除强度信息,由此定义归一化单位矢量 $\hat{\boldsymbol{e}}$,即

$$\hat{\boldsymbol{e}} = \frac{\boldsymbol{E}}{|\boldsymbol{E}|} = e_x \hat{\boldsymbol{x}} + e_y \hat{\boldsymbol{y}}$$ (3.24)

其满足以下归一化条件:

$$\hat{\boldsymbol{e}} \cdot \hat{\boldsymbol{e}}^* = |e_x|^2 + |e_y|^2 = 1$$ (3.25)

式中:$\hat{\boldsymbol{e}}$ 称为归一化极化矢量,或者简称极化矢量。

IEEE 使用的术语就是极化矢量[4],也有场合称为归一化复数矢量。作为检验,将式(3.24)代入式(3.22),可得

$$\boldsymbol{E} \cdot \boldsymbol{E}^* = E\hat{\boldsymbol{e}} \cdot \boldsymbol{E}^* \hat{\boldsymbol{e}}^* = |E|^2 \hat{\boldsymbol{e}} \cdot \hat{\boldsymbol{e}}^* = |E|^2 = E_1^2 + E_2^2 = 2\eta S$$ (3.26)

这和式(3.23)吻合。极化矢量 $\hat{\boldsymbol{e}}$ 承载了除强度之外的所有极化信息。

下面分析极化矢量和极化椭圆参数(γ, δ)之间的关系,根据式(3.24)有

$$\hat{\boldsymbol{e}} = e_x \hat{\boldsymbol{x}} + e_y \hat{\boldsymbol{y}}$$ (3.27)

则

$$\hat{\boldsymbol{e}} \cdot \hat{\boldsymbol{e}}^* = (e_x \hat{\boldsymbol{x}} + e_y \hat{\boldsymbol{y}}) \cdot (e_x^* \hat{\boldsymbol{x}} + e_y^* \hat{\boldsymbol{y}}) = |e_x|^2 + |e_y|^2 = |e_x|^2 \left(1 + \frac{|e_y|^2}{|e_x|^2}\right)$$ (3.28)

而

$$\frac{|E_y|}{|E_x|} = \frac{|E|}{|E|} \cdot \frac{|e_y|}{|e_x|} = \frac{|e_y|}{|e_x|}$$ (3.29)

结合式(2.29)有

$$\frac{|E_y|}{|E_x|} = \frac{E_2}{E_1} = \tan\gamma \qquad (3.30)$$

所以式(3.28)变为

$$\hat{e} \cdot \hat{e}^* = |e_x|^2 (1 + \tan^2\gamma) = \frac{|e_x|^2}{\cos^2\gamma} \qquad (3.31)$$

由式(3.25)可知,$\hat{e} \cdot \hat{e}^* = 1$,则:

$$|e_x|^2 = \cos^2\gamma \qquad (3.32)$$

更进一步,如果 e_x 和 E_x 一样是实数,则

$$e_x = e_1 = \cos\gamma \qquad (3.33)$$

为了满足式(3.25),我们必须满足:

$$|e_y| = |\sin\gamma| \qquad (3.34)$$

注意,e_y 的相位可以是任意值,且仍然满足式(3.25)。所以选择它与 E_y 的相位相同是合乎逻辑的,即

$$e_y = e_2 e^{j\delta} = \sin\gamma e^{j\delta} \qquad (3.35)$$

将式(3.33)和式(3.35)代入式(3.27),得到用 (γ, δ) 表示的极化矢量形式:

$$\hat{e} = \cos\gamma \hat{x} + \sin\gamma e^{j\delta} \hat{y} \qquad (3.36)$$

对式(3.36)的结果再次进行分析、推导。首先,把式(3.12)和式(3.13)结合起来,有

$$\boldsymbol{E} = E_x \hat{x} + E_y \hat{y} = E_1 \hat{x} + E_2 e^{j\delta} \hat{y} \qquad (3.37)$$

电场矢量的幅度为

$$|\boldsymbol{E}| = |\boldsymbol{E}| = \sqrt{E_1^2 + E_2^2} \qquad (3.38)$$

用电场矢量表达式(3.37)①除以电场幅度,得到归一化单位极化矢量:

$$\hat{e} = \frac{\boldsymbol{E}}{|\boldsymbol{E}|} = e_x \hat{x} + e_y \hat{y} = \frac{E_1}{|\boldsymbol{E}|} \hat{x} + \frac{E_2}{|\boldsymbol{E}|} e^{j\delta} \hat{y} \qquad (3.39)$$

根据图3.3中的三角形关系,或者使用式(3.34)和式(3.35),可得

$$\begin{cases} \dfrac{E_1}{|\boldsymbol{E}|} = \cos\gamma \\[2mm] \dfrac{E_2}{|\boldsymbol{E}|} = \sin\gamma \end{cases} \qquad (3.40)$$

将式(3.40)代入式(3.39),再一次得到式(3.36),即

$$\hat{e} = e_x \hat{x} + e_y \hat{y} = \cos\gamma \hat{x} + \sin\gamma e^{j\delta} \hat{y} \qquad (3.41)$$

注意,当 $\delta = 0°$ 时,$\hat{e}$ 为实值。这时式(3.41)表示角度为 γ 时的线性矢量,这是倾斜角度 $\tau = \gamma$ 的线极化状态。

---

① 译者注:原书误为式(3.36)。

在 3.8.4 节将进一步介绍极化矢量的其他一些重要性质。

3.5　斯托克斯参数

1852 年,乔治·斯托克斯(George Stokes)爵士提出了一种定量描述光波极化的方法,这可能是最古老的极化表示方法[7]。斯托克斯参数表示并不像本章讨论的其他方法那样适用于许多应用。但是,它对部分极化波的表示是很有用的,这将在第 4 章讨论。而在第 6 章中,将讨论天线与波的相互作用的计算,这种方法也很容易使用。虽然斯托克斯参数比许多其他表示形式更复杂,但它不涉及复数。这里先介绍完全极化波的斯托克斯参数。

使用传统的表示方法,将斯托克斯参数写成矩阵形式[1]:

$$S_i = \begin{bmatrix} S_0 \\ S_1 \\ S_2 \\ S_3 \end{bmatrix} \qquad (3.42)$$

其中

$$\begin{cases} S_0 = S = \dfrac{1}{2\eta}(E_1^2 + E_2^2) = S_x + S_y \\ S_1 = S_x - S_y = S\cos(2\varepsilon)\cos(2\tau) \\ S_2 = (S_x - S_y)\tan(2\tau) = S\cos(2\varepsilon)\sin(2\tau) \\ S_3 = (S_x - S_y)\tan(2\varepsilon)\sec(2\tau) = S\sin(2\varepsilon) \end{cases}$$

式中:S_x 和 S_y 分别表示 x 和 y 轴方向上电场分量对应的强度。

和之前一样,波的传播方向是 $+z$ 方向。文献中常用符号 I、Q、U 和 V 来代替 S_0、S_1、S_2 和 S_3,式(3.42)中的斯托克斯参数包含了波的强度 S。事实上,所有的参数都是正的实数,单位为 W/m²。S_0 不是一个独立的参数,而是可以从其他 3 个斯托克斯参数中得到

$$S_0^2 = S_1^2 + S_2^2 + S_3^2 \qquad (3.43)$$

引入归一化斯托克斯参数来消掉强度因素,从而使参数由 4 个减少到 3 个。将式(3.42)中的所有矩阵元素除以波的强度 S 得到归一化斯托克斯矩阵:

$$s_i = \begin{bmatrix} 1 \\ s_1 \\ s_2 \\ s_3 \end{bmatrix} \qquad (3.44)$$

其中

$$\begin{cases} s_1 = \cos(2\varepsilon)\cos(2\tau) \\ s_2 = \cos(2\varepsilon)\sin(2\tau) \\ s_3 = \sin(2\varepsilon) \end{cases}$$

注意,斯托克斯参数都是实数。因为只需要 ε 和 τ 就可以得到所有 3 个归一化斯托克斯参数,所以这 3 个参数有多余的信息,它们必定相互依赖。使用式(3.44)容易证明:

$$1 = s_1^2 + s_2^2 + s_3^2 \qquad (3.45)$$

这说明只要知道了 3 个参数中的任意两个,第三个就可以被求出。

斯托克斯参数可以很简单地从庞加莱球导出。考虑一个球面坐标系,其 z 轴向上穿过北极(图 3.5)。那么传统的球坐标系统角度 θ、φ 和映射到庞加莱球中的角度 2ε、2τ 之间的关系为

$$\begin{cases} 2\varepsilon = 90° - \theta \\ 2\tau = \varphi \end{cases} \qquad (3.46)$$

这里,球体使用单位半径,利用式(B.4)中球坐标和笛卡儿坐标之间的转换关系,可得

$$\begin{cases} x = 1\sin\theta\cos\varphi = \cos(2\varepsilon)\cos(2\tau) = s_1 \\ y = 1\sin\theta\sin\varphi = \cos(2\varepsilon)\sin(2\tau) = s_2 \\ z = 1\cos\theta = \sin(2\varepsilon) = s_3 \end{cases} \qquad (3.47)$$

由此可见,斯托克斯参数 s_1、s_2 和 s_3 是图 3.5 所示庞加莱球在直角坐标系中的投影。

式(3.42)没有任何浅显的物理解释,不过通过与庞加莱球建立的联系,我们可以得出一些推论:式(3.47)中的 3 个参数 s_1、s_2 和 s_3 分别为庞加莱球沿 x、y 和 z 轴的投影,分别对应于水平或垂直线极化、±45°线极化、左旋或右旋圆极化。由此,可以总结出斯托克斯参数的物理解释,如表 3.2 所列。

表 3.2 斯托克斯参数的物理解释

非归一化参数	解　释	归一化参数
$S_0 = S$	波的总功率密度	$s_0 = 1$
S_1	波的水平或垂直极化部分	s_1
S_2	波的±45°斜线极化部分	s_2
S_3	波的左旋或右旋圆极化部分	s_3

对于一般的椭圆极化情况,必须满足式(3.45)。对于线极化的情况,没有圆极化成分,因此式(3.45)简化为

$$1 = s_1^2 + s_2^2 \qquad (3.48)$$

类似地,对圆极化有

$$1 = s_3^2 \tag{3.49}$$

这和表 3.5 中吻合。

斯托克斯参数也可以用圆极化参数来表示,这里首先用式(2.27)和式(2.40)表示轴比:

$$R = \frac{E_{R0} + E_{L0}}{E_{R0} - E_{L0}} = -\cot\varepsilon \tag{3.50}$$

则

$$\begin{cases} \cos(2\varepsilon) = \dfrac{2E_{L0}E_{R0}}{E_{L0}^2 - E_{R0}^2} = \dfrac{R^2 - 1}{R^2 + 1} \\[3mm] \sin(2\varepsilon) = \dfrac{E_{L0}^2 - E_{R0}^2}{E_{L0}^2 + E_{R0}^2} = \dfrac{-2R}{R^2 + 1} \end{cases} \tag{3.51}$$

这两个关系可以用到式(3.44)中,从而根据轴比和倾角得到斯托克斯参数。

另一个用作极化状态表示的矩阵公式是相干矩阵,其定义为

$$s_{ij} = \begin{bmatrix} s_{11} & s_{12} \\ s_{21} & s_{22} \end{bmatrix} \tag{3.52}$$

其中,矩阵项与斯托克斯参数之间的关系为

$$\begin{cases} s_{11} = \dfrac{1}{2}(1 + s_1) \quad s_{12} = \dfrac{1}{2}(s_2 + js_3) \\[3mm] s_{21} = \dfrac{1}{2}(s_2 - js_3) \quad s_{22} = \dfrac{1}{2}(1 - s_1) \end{cases}$$

3.6 极化比

3.6.1 线极化的极化比

极化比是一个表示波的极化状态的复数,线极化波极化比的定义为

$$\rho_L = \frac{E_y}{E_x} = \frac{e_y}{e_x} \tag{3.53}$$

将式(3.13)、式(3.33)和式(3.35)代入式(3.53),可得

$$\rho_L = \frac{E_2}{E_1} = \frac{e_2}{e_1}e^{j\delta} \tag{3.54}$$

表 3.3 中 ρ_L 的特殊情况有助于大家理解其与极化椭圆中各极化状态的关系。注意,这里约定 $\mathrm{Im}(\rho_L) > 0$ 表示左旋极化,这与 Beckmann 的经典著作中的约定相

反[8],其目的是保持与其他普遍接受的定义相一致。极化比是所有表示法中最紧凑的,它是一个复数而不是一个矢量。然而,对垂直线极化的情况,这个比值是无限大的,所以在使用数值算法计算极化比时必须注意。

Rumsey 在 1951 年引入了极化比的概念[2],Beckmann 用术语复极化因子来代替极化比,发展了相关理论和应用[8]。在本书的讨论中,遵循了 Beckmann 的结论。

表 3.3   极化比表示极化状态的示例

ρ_L	极化状态	备　　注
0	水平线极化	$E_2 = 0$
∞	垂直线极化	$E_1 = 0$
j	左旋圆极化	$E_1 = E_2, \delta = 90°$
$-j$	右旋圆极化	$E_1 = E_2, \delta = -90°$
$\text{Im}(\rho_L) = 0$	线极化	$\delta = 0$
$\text{Im}(\rho_L) > 0$	左旋椭圆极化	$0° < \delta < 180°$
$\text{Im}(\rho_L) < 0$	右旋椭圆极化	$-180° < \delta < 0°$
1	线极化,$\tau = 45°$	$E_1 = E_2, \delta = 0°$
-1	线极化,$\tau = 135°$	$E_1 = E_2, \delta = 180°$

在复平面上,所有可能的极化状态与所有点之间存在一一对应的关系。图 3.6所示为显示极化比值的复平面:线极化沿着横轴,且原点处表示水平线极化,无穷大处表示垂直线极化。纵轴对应的是虚数,且左旋状态位于上半平面,右旋状态位于下半平面。特殊地,左旋圆极化状态在点 j 处,右旋圆极化状态在点 $-j$ 处。

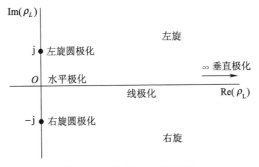

图 3.6   极化比 ρ_L 复平面

利用图 3.7 所示的立体投影,建立了庞加莱球与极化比复平面之间的对应关系[8]。球面上对应水平线极化的点和极化比复平面在坐标原点处相切,即为 O 点。从球面上对应垂直线极化的点($\rho_L = 0$ 的点,位于图 3.7 中顶点的位置)作的一条直线,穿过球面后到达复平面。穿透庞加莱球面和复平面的两点是同一极化状态。当包含线极化状态的庞加莱球赤道面投影到复平面上时,就成为了 ρ_L 的实轴,分别表示左旋圆极化和右旋圆极化的庞加莱球的南北极映射到复平面上就是 ρ_L 的虚轴。

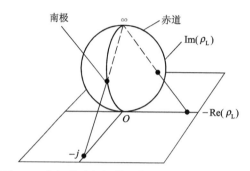

图 3.7 庞加莱球与极化比复平面之间的对应关系

根据极化比可以得到归一化的斯托克斯参数(参照了 Beckmann 的工作[8],并进行了错误校对):

$$\begin{cases} s_1 = \dfrac{1 - |\rho_L|^2}{1 + |\rho_L|^2} \\[3mm] s_2 = \dfrac{2\mathrm{Re}(\rho_L)}{1 + |\rho_L|^2} \\[3mm] s_3 = \dfrac{2\mathrm{Im}(\rho_L)}{1 + |\rho_L|^2} \end{cases} \tag{3.55}$$

反过来,也可以由归一化斯托克斯参数求出极化比:

$$\begin{cases} |\rho_L| = \sqrt{\dfrac{1 - s_1}{1 + s_1}} \\[3mm] \delta = \arctan\left(\dfrac{s_3}{s_2}\right) \end{cases} \tag{3.56}$$

极化比与 (γ, δ) 也有非常简单的对应关系:

$$\begin{cases} |\rho_L| = \dfrac{E_2}{E_1} = \tan\gamma \\[3mm] 相位(\rho_L) = \delta \end{cases} \tag{3.57}$$

根据式(3.12),极化比还可以对应为极化矢量:

$$E = E_x\hat{x} + E_y\hat{y} = E_x\left(\hat{x} + \frac{E_y}{E_x}\hat{y}\right) = E_x(\hat{x} + \rho_L\hat{y}) \tag{3.58}$$

由式(3.36)可得

$$\hat{x} + \rho_L\hat{y} = \hat{x} + \tan\gamma e^{j\delta}\hat{y} = \frac{1}{\cos\gamma}(\cos\gamma\hat{x} + \sin\gamma e^{j\delta}\hat{y}) = \frac{\hat{e}}{\cos\gamma} \tag{3.59}$$

或者

$$\hat{e} = \cos\gamma(\hat{x} + \rho_L\hat{y}) \tag{3.60}$$

极化椭圆与极化比通过式(3.57)关联起来。这里以极化比的大小$|\rho_L|$为参数,绘制轴比的大小$|R|$和相角的大小$|\delta|$之间的关系图,如图3.8所示[9]。图3.8中可以根据电场正交分量的相对幅度和相对相位得到轴比的大小,横轴上的任意一点对应水平线极化,其上$E_2 = 0$,$|\rho_L| = 0$,且$|R| = \infty$。圆极化对应的点在纵轴的顶端,这里$|\delta| = 90°$,$|R| = 1 = 0$dB。图3.8中只显示了对应于左旋极化的正δ值,但曲线本身是和旋向无关,或者是和R的符号无关,所以这个图同时适用于左/右旋向两种情况。

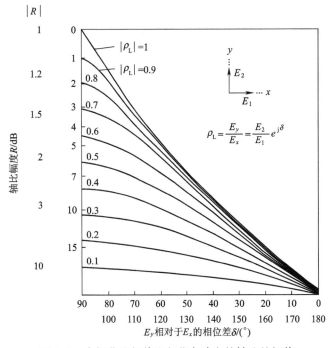

图3.8 由极化比幅值和相位角确定的轴比的幅值

[例3.3] 根据图3.8求轴比。

下面举例说明一种使用图3.8,根据极化椭圆参数γ和δ求轴比的方法。已知$\gamma = 21.8°$,$\delta = 60°$,表示左旋椭圆极化状态,首先求轴比的大小。由式(3.57)

可得

$$|\rho_L| = \tan\gamma = \tan 21.8° = 0.4$$

由式(3.1)可得

$$\sin(2\varepsilon) = \sin(2\gamma)\sin\delta = \sin 43.6°\sin 60° = 0.5972$$

解这个方程得到 $\varepsilon = 18.33°$。根据式(3.50)有

$$|R| = \cot|\varepsilon| = 3.02$$

$$R(\text{dB}) = 20\lg 3.02 = 9.6\text{dB}$$

根据 $\delta = 60°$ 和 $|\rho_L| = 0.4$，也可以在图 3.8 中确定轴比的值为 9.6dB。为了完整起见，我们还可以用式(3.4)求出极化椭圆的倾斜角，即

$$\tau = \frac{1}{2}\arctan\left[\frac{\sin(2\gamma)\cos\delta}{\cos(2\gamma)}\right]$$

$$= \frac{1}{2}\arctan\left[\frac{\sin 43.6°\cos 60°}{\cos 43.6°}\right] = 12.7°$$

3.6.2　圆极化的极化比

和式(3.53)中线极化比的定义类似，这里定义圆极化的极化比为

$$\rho_C = \frac{E_R}{E_L} \tag{3.61}$$

式中：E_R 和 E_L 均为圆极化分量的相量形式，相应的瞬时值形式由式(2.30)和式(2.31)给出。

用相量的形式将式(2.30)和式(2.31)重新写为

$$\begin{cases} E_L = \dfrac{1}{\sqrt{2}}[E_{L0}\hat{x} + jE_{L0}\hat{y}] = \dfrac{[\hat{x} + j\hat{y}]}{\sqrt{2}}E_{L0} \\ E_R = \dfrac{1}{\sqrt{2}}[E_{R0}e^{j\delta'}\hat{x} - jE_{R0}e^{j\delta'}\hat{y}] = \dfrac{[\hat{x} - j\hat{y}]}{\sqrt{2}}E_{R0}e^{j\delta'} \end{cases} \tag{3.62}$$

作为对这些结果的检查，将式(3.62)代入式(3.11)中可以得到瞬时形式，即式(2.30)和式(2.31)。式(3.62)中圆极化电场分量的相量表示为

$$\begin{cases} E_L = E_{L0} \\ E_R = E_{R0}e^{jd'} \end{cases} \tag{3.63}$$

所以，式(3.61)变为

$$\rho_C = \frac{E_{R0}}{E_{L0}}e^{j\delta'} \tag{3.64}$$

由式(3.62)中圆极化分量的相量形式，得到完整的电场矢量表达式为

$$\begin{cases} \boldsymbol{E} = \boldsymbol{E}_\mathrm{L} + \boldsymbol{E}_\mathrm{R} \\ \boldsymbol{E} = \dfrac{1}{\sqrt{2}}\big[\,(E_{\mathrm{L0}} + E_{\mathrm{R0}}\mathrm{e}^{\mathrm{j}\delta'})\hat{\boldsymbol{x}} + \mathrm{j}(E_{\mathrm{L0}} - E_{\mathrm{R0}}\mathrm{e}^{\mathrm{j}\delta'})\hat{\boldsymbol{y}}\big] \end{cases} \tag{3.65}$$

圆极化分量的相量形式可用 x、y 方向的线极化电场分量表示,由式(3.12)和式(3.13),可得

$$\boldsymbol{E} = E_x\hat{\boldsymbol{x}} + E_y\hat{\boldsymbol{y}} = E_1\hat{\boldsymbol{x}} + E_2\mathrm{e}^{\mathrm{j}\delta}\hat{\boldsymbol{y}} \tag{3.66}$$

与式(3.65)对比,有

$$\begin{cases} E_\mathrm{L} = E_{\mathrm{L0}} = \dfrac{1}{\sqrt{2}}(E_1 - \mathrm{j}E_2\mathrm{e}^{\mathrm{j}\delta}) \\ E_\mathrm{R} = E_{\mathrm{R0}}\mathrm{e}^{\mathrm{j}\delta'} = \dfrac{1}{\sqrt{2}}(E_1 + \mathrm{j}E_2\mathrm{e}^{\mathrm{j}\delta}) \end{cases} \tag{3.67}$$

本章思考题 19 中测量电磁波的极化状态,就是对这些方程的一种实现。为了验证式(3.67),考虑一个右旋圆极化波。根据表 2.1,$E_1 = E_2 = 1/\sqrt{2}$,$\delta = -90°$,左旋圆极化分量应该是零,这可以通过式(3.67)证明:

$$E_\mathrm{L} = \frac{E_1 - \mathrm{j}E_2\mathrm{e}^{\mathrm{j}\delta}}{\sqrt{2}} = \frac{1/\sqrt{2} - \mathrm{j}\mathrm{e}^{-\mathrm{j}90}/\sqrt{2}}{\sqrt{2}} = [\,1 - \mathrm{j}(-\mathrm{j})\,]/2 = 0$$

根据式(3.67)求出右旋圆极化分量为

$$E_\mathrm{R} = \frac{E_1 - \mathrm{j}E_2\mathrm{e}^{\mathrm{j}\delta}}{\sqrt{2}} = \frac{1/\sqrt{2} + \mathrm{j}[\,1/\sqrt{2}(-\mathrm{j})\,]}{\sqrt{2}} = 1$$

式中:E_L 和 E_R 的单位矢量将在 3.8.4 节给出。

将式(3.67)代入式(3.61),得到线极化和圆极化的极化比之间的关系:

$$\rho_\mathrm{C} = \frac{E_\mathrm{R}}{E_\mathrm{L}} = \frac{\dfrac{1}{\sqrt{2}}(E_1 + jE_2\mathrm{e}^{\mathrm{j}\delta})}{\dfrac{1}{\sqrt{2}}(E_1 - jE_2\mathrm{e}^{\mathrm{j}\delta})} = \frac{1 + \mathrm{j}\dfrac{E_2}{E_1}\mathrm{e}^{\mathrm{j}\delta}}{1 - \mathrm{j}\dfrac{E_2}{E_1}\mathrm{e}^{\mathrm{j}\delta}} = \frac{1 + \mathrm{j}\rho_\mathrm{L}}{1 - \mathrm{j}\rho_\mathrm{L}} \tag{3.68}$$

另一个非常有用的关系是将圆极化的轴比转换为极化比,根据式(2.40),有

$$R = \frac{E_{\mathrm{R0}} + E_{\mathrm{L0}}}{E_{\mathrm{R0}} - E_{\mathrm{L0}}} = \frac{\dfrac{E_{\mathrm{R0}}}{E_{\mathrm{L0}}} + 1}{\dfrac{E_{\mathrm{R0}}}{E_{\mathrm{L0}}} - 1} = \frac{|\rho_\mathrm{C}| + 1}{|\rho_\mathrm{C}| - 1} \tag{3.69}$$

求解式(3.69)可得到圆极化的极化比的幅度:

$$|\rho_\mathrm{C}| = \frac{R + 1}{R - 1} \tag{3.70}$$

对于右旋圆极化,$R = 1$,所以有 $|\rho_\mathrm{C}| = \infty$。对于左旋圆极化 $R = -1$,则 $|\rho_\mathrm{C}| = 0$。

对于线极化,$R = \infty$,$|\rho_C| = 1$。由式(2.39)可知,ρ_C的相位和倾斜角度相关:

$$\delta' = 2\tau \tag{3.71}$$

除非指明是圆极化比,否则所提极化比都是指线极化比。

3.7 极化状态表示示例

在本节中,将研究两种常见极化状态的参数值:水平线极化和右圆极化。表3.1给出了所有6种极化表示的参数值,示例的参数值也在表3.5中给出。

[**例3.4**] 水平线极化的表示。

(1) 极化椭圆:(ε, τ)。$\varepsilon = 0°$,$\tau = 0°$;如图3.1所示。

(2) 极化椭圆:(γ, δ),有

$$\delta = \arctan\left(\frac{\tan(2\varepsilon)}{\sin(2\tau)}\right) = \arctan\left(\frac{0}{0}\right) = 0° \text{,或任意值}$$

$$\gamma = \frac{1}{2}\arccos(\cos(2\varepsilon)\cos(2\tau)) = \frac{1}{2}\arccos(1 \times 1) = 0°$$

(3) 庞加莱球。在图3.4中,水平线极化点位于赤道与x轴交点上。

(4) 极化矢量:

$$e_x = \cos\gamma = \cos0° = 1$$

$$e_y = \sin\gamma e^{j\delta} = \sin0°e^{j0} = 0$$

$$\hat{e} = e_x\hat{x} + e_y\hat{y} = 1\hat{x}$$

(5) 斯托克斯参数:

$$s_1 = \cos(2\varepsilon)\cos(2\tau) = \cos0°\cos0° = 1$$

$$s_2 = \cos(2\varepsilon)\sin(2\tau) = \cos°0\sin0° = 0$$

$$s_3 = \sin(2\varepsilon) = \sin0° = 0$$

$$s_i = \begin{bmatrix} 1 \\ 1 \\ 0 \\ 0 \end{bmatrix}$$

(6) 极化比。

$$\rho_L = \frac{e_y}{e_x} = \frac{0}{1} = 0$$

或者

$$|\rho_L| = \sqrt{\frac{1 - s_1}{1 + s_1}} = \sqrt{\frac{1 - 1}{1 + 1}} = 0$$

$$\delta = \arctan\left(\frac{s_3}{s_2}\right) = \arctan\left(\frac{0}{0}\right) = 0° \text{,或任意值}$$

或者

$$|\rho_L| = \tan\gamma = \tan0° = 0$$

[例3.5] 右旋圆极化的表示。

(1) 极化椭圆:(ε, τ)。$\varepsilon = -45°$,τ 等于任意值;如图3.1所示。

(2) 极化椭圆:(γ, δ),有

$$\delta = \arctan\left[\frac{\tan(2\varepsilon)}{\sin(2\tau)}\right] = \arctan\left[\frac{\tan(-90°)}{\sin0}\right] = \arctan\left(\frac{-\infty}{0}\right) = -90°$$

$$\gamma = \frac{1}{2}\arccos(\cos(2\varepsilon)\cos(2\tau)) = \frac{1}{2}\arccos[\cos(-90°)\cos0°]$$

$$= \frac{1}{2}\arccos0 = 45°$$

(3) 庞加莱球:

在图3.4中,右旋圆极化点位于南极点。

(4) 极化矢量:

$$e_x = \cos\gamma = \cos45° = \frac{1}{\sqrt{2}}$$

$$e_y = \sin\gamma e^{j\delta} = \sin45° e^{-j90°} = -j\frac{1}{\sqrt{2}}$$

$$\hat{e} = e_x\hat{x} + e_y\hat{y} = \frac{1}{\sqrt{2}}\hat{x} - j\frac{1}{\sqrt{2}}\hat{y} = \frac{\hat{x} - j\hat{y}}{\sqrt{2}}$$

(5) 斯托克斯参数:

$$s_1 = \cos(2\varepsilon)\cos(2\tau) = \cos(-90°)\cos(2\tau) = 0$$
$$s_2 = \cos(2\varepsilon)\sin(2\tau) = \cos(-90°)\sin(2\tau) = 0$$
$$s_3 = \sin(2\varepsilon) = \sin(-90°) = -1$$

$$s_i = \begin{bmatrix} 1 \\ 0 \\ 0 \\ -1 \end{bmatrix}$$

(6) 极化比:

$$\rho_L = \frac{e_y}{e_x} = \frac{-j\dfrac{1}{\sqrt{2}}}{\dfrac{1}{\sqrt{2}}} = -j$$

或者

$$|\rho_L| = \sqrt{\frac{1-s_1}{1+s_1}} = \sqrt{\frac{1-0}{1+0}} = 1$$

$$\delta = \arctan\left(\frac{s_3}{s_2}\right) = \arctan\left(\frac{-1}{0}\right) = \arctan(-\infty) = -90°$$

或者

$$|\rho_L| = \tan\gamma = \tan 45° = 1$$

3.8 正交极化状态的确定

在涉及极化的系统研究中,常常想知道与给定极化正交的波的状态。本节及 2.5 节中讨论的正交极化状态原理同时适用于波和天线,即将在第 7 章讨论的双极化系统就利用了正交极化的天线。双极化及多极化还常用于雷达和辐射测量等传感系统,以收集有关目标或介质的信息(见 8.5 节及 8.6 节)。在通信系统中,在链路的一端或两端使用正交极化天线可以提高性能或增加信息承载能力。

在本节中,将为本章前面讨论的每一种表示法中的任意极化状态找到对应的正交状态,较常见的状态及其正交状态将得到详细的研究。表 3.1 中 6 种表示的正交态如表 3.4 所列,这些正交关系不仅适用于天线的极化状态,也适用于波的极化状态。

表 3.4 正交极化状态表示

	极化状态表示	参量	正交状态参数
1	极化椭圆	ε_w, τ_w	$\varepsilon_{wo}, \tau_{wo}$ $\varepsilon_{wo} = -\varepsilon_w$ $\tau_{wo} = \tau_w \pm 90°$ $0° \leqslant \tau_{wo} \leqslant 180°$
2	极化椭圆	γ_w, δ_w	γ_{wo}, δ_{wo} $\gamma_{wo} = 90° - \gamma_w$ $0° \leqslant \gamma_{wo} \leqslant 90°$ $\delta_{wo} = \delta_w \pm 180°$ $-180° \leqslant \delta_{wo} \leqslant 180°$
3	庞加莱球	位于球面上的点	球面上正对的点
4	极化矢量	$\boldsymbol{e}_w$	$\boldsymbol{e}_{wo}$ $\boldsymbol{e}_w \cdot \boldsymbol{e}_{wo}^* = 0$

	极化状态表示	参量	正交状态参数
5	斯托克斯参数	$1, s_{1w}, s_{2w}, s_{3w}$	$1, s_{1wo}, s_{2wo}, s_{3wo}$ $s_{1wo} = -s_{1w}$ $s_{2wo} = -s_{2w}$ $s_{3wo} = -s_{3w}$
6	极化比	ρ_{Lw}	$\rho_{Lwo} = -\dfrac{1}{\rho_{Lw}^{*}}$

表 3.5 给出了表 3.4 中 6 种极化状态表示对应的正交极化对的参数值。本节后面的讨论及本章末尾的几个思考题都与这些示例有关。

表 3.5　正交极化状态表示的参数值

表示方法		水平和垂直线极化		45°斜线极化		圆极化	
		水平	垂直	$\tau = 45°$	$\tau = 135°$	左旋	右旋
1	极化椭圆						
	ε	0°	0°	0°	0°	45°	−45°
	τ	0°	90°	45°	135°	任意	任意
2	极化椭圆						
	γ	0°	90°	45°	45°	45°	45°
	δ	任意	任意	0°	180°	90°	−90°
3	庞加莱球 点的位置	赤道 前边	赤道 后边	赤道 右边	赤道 左边	北极	南极
4	极化矢量 $\hat{e}$						
	e_x	1	0	$1/\sqrt{2}$	$-1/\sqrt{2}$	$1/\sqrt{2}$	$1/\sqrt{2}$
	e_y	0	1	$1/\sqrt{2}$	$1/\sqrt{2}$	$j/\sqrt{2}$	$-j/\sqrt{2}$
5	斯托克斯参数						
	s_1	1	−1	0	0	0	0
	s_2	0	0	1	−1	0	0
	s_3	0	0	0	0	1	−1
6	极化比 ρ_L	0	∞	1	−1	j	−j

3.8.1 用 ε、τ 参数表示的极化椭圆的正交极化

在用 ε、τ 参数的极化椭圆表示法中(见 3.2 节),如果 ε_w 和 τ_w 表示波的极化状态参数,那么其正交状态参数为

$$\begin{cases} \varepsilon_{wo} = -\varepsilon_w \\ \tau_{wo} = \tau_w \pm 90°, 0° \leqslant \tau_{wo} \leqslant 180° \end{cases} \tag{3.72}$$

式中:ε_{wo} 和 ε_w 角符号相反,这是因为极化的旋向一定是相反的,即左旋与右旋相反。

从式(3.50)中可以看出,ε 符号的变化会引起 R 符号的变化。由于各自的主轴相互垂直,正交态与初始态的倾角相差 $90°$。这些条件如图 3.9 所示,它显示了一般正交极化状态对应的正交极化椭圆。w 状态波对应一个倾斜角为 τ_w 的极化椭圆,正如图 3.9 中所示的右旋极化波。正交状态 wo 对应的极化椭圆(虚线)倾斜角为 $\tau_{wo} = \tau_w + 90°$,两者轴比幅度相同,旋向相反(左旋)。因此两个椭圆的主轴是垂直的。

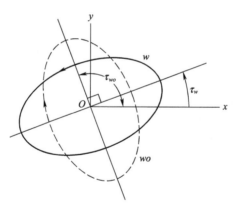

图 3.9　用广义极化椭圆表示正交极化状态
注:极化状态 w 为实心椭圆,倾斜角度为 τ_w;正交状态 wo 为虚线椭圆,
轴比大小相同,主轴垂直于 w 状态,因此倾斜角 $\tau_{wo} = \tau_w + 90°$,
两种状态旋向是相反的,w 状态是右旋;wo 状态是左旋。

由式(3.50)可知,轴比信息包含在 ε 中,所以正交性的表示也可以用极化椭圆的轴比代替 ε。如果极化状态 wo 和 w 对应的极化椭圆形状相同,旋向相反,且它们的主轴相互垂直,则这两种状态是正交的。此时,$|R_{wo}| = |R_w|$,且 $\mathrm{sign}R_{wo} = -\mathrm{sign}R_w$。因此,正交状态的主轴必然是相互正交的,正如式(3.72)所示。因此:

$$\begin{cases} R_{wo} = -R_w \\ \tau_{wo} = \tau_w \pm 90° \end{cases} \tag{3.73}$$

3.8.2 用 γ、δ 参数表示的极化椭圆的正交状态

用 γ_w 和 δ_w 参数表示的极化椭圆描述某个波的正交状态,即

$$\begin{cases} \gamma_{wo} = 90° - \gamma_w, 0° \leqslant \gamma_{wo} \leqslant 90° \\ \delta_{wo} = \delta_w \pm 180°, -180° \leqslant \delta_{wo} \leqslant 180° \end{cases} \tag{3.74}$$

通过考查图 3.4 和图 3.5 中的庞加莱球,可以很好地理解这些正交性的条件。点 $(2\gamma_w, \delta_w)$ 的对应点是 $(180° - 2\gamma_w, \delta_w \pm 180°)$ 点,这与式(3.74)一致。

式(3.72)中用 ε_w 和 τ_w 表示的正交状态与 γ_w 和 δ_w 表示是一致的。这里用式(3.5)表示 γ_{wo}:

$$\begin{cases} \cos(2\gamma_{wo}) = \cos(2\varepsilon_{wo})\cos(2\tau_{wo}) \\ \cos2(90° - \gamma_w) = \cos[2(-\varepsilon_w)]\cos[2(\tau_w \pm 90°)] \\ -\cos(2\gamma_w) = \cos2\varepsilon_w[-\cos(2\tau_w)] \\ \cos(2\gamma_w) = \cos(2\varepsilon_w)\cos(2\tau_w) \end{cases} \tag{3.75}$$

当然,由于式(3.5)的关系,ε_w 和 τ_w 必然是满足式(3.75)的。然后用式(3.6)表示 δ_{wo}:

$$\begin{cases} \tan\delta_{wo} = \dfrac{\tan(2\varepsilon_{wo})}{\sin(2\tau_{wo})} \\[3mm] \tan(\delta_w \pm 180°) = \dfrac{\tan2(-\varepsilon_w)}{\sin2(\tau_w \pm 90°)} \\[3mm] \tan(\delta_w) = \dfrac{-\tan(2\varepsilon_w)}{-\sin(2\tau_w)} = \dfrac{\tan(2\varepsilon_w)}{\sin(2\tau_w)} \end{cases} \tag{3.76}$$

下面的例子包含了所有极化椭圆及其正交状态的表示。

[例 3.6] 用极化椭圆表示 $\varepsilon_w = 20°$、$\tau_w = 45°$ 的波的正交状态。

根据式(3.72),与波态 $\varepsilon_w = 20°$,$\tau_w = 45°$ 正交的波态为

$$\varepsilon_{wo} = -\varepsilon_w = -20°$$

$$\tau_{wo} = \tau_w \pm 90° = 45° \pm 90° = 135°, (0° \leqslant \tau_{wo} \leqslant 180°)$$

由式(3.7)和式(3.8)得到相应 (γ, δ) 的值:

$$\gamma_w = \frac{1}{2}\arccos[\cos(2\varepsilon_w)\cos(2\tau_w)] = \frac{1}{2}\arccos(\cos40°\cos90°) = 45°$$

$$\delta_w = \arctan\left[\frac{\tan(2\varepsilon_w)}{\sin(2\tau_w)}\right] = \arctan\left(\frac{\tan40°}{\sin90°}\right) = 40°$$

根据式(3.74),用 γ 和 δ 表示的正交波态为

$$\gamma_{wo} = 90° - \gamma_w = 90° - 45° = 45°$$

$$\delta_{wo} = \delta_w \pm 180° = 40° \pm 180° = -140°, (-180° \leqslant \delta_{wo} \leqslant 180°)$$

注意,式(3.75)满足:

$$\begin{cases} \cos 2\gamma_{wo} = \cos 2\varepsilon_{wo}\cos 2\tau_{wo} \\ \cos(2 \times 45°) = \cos[2 \times (-20°)]\cos(2 \times 135°) \\ \cos 90° = \cos 40°\cos 270° \\ 0 = 0 \end{cases}$$

和式(3.76),有

$$\begin{cases} \tan\delta_{wo} = \dfrac{\tan(2\varepsilon_{wo})}{\sin(2\tau_{wo})} \\ \tan(-140°) = \dfrac{\tan[2 \times (-20°)]}{\sin(2 \times 135°)} \\ 0.839 = \dfrac{-0.839}{-1} = 0.839 \end{cases}$$

由式(2.27)求出轴比:

$$R_w = -\cot\varepsilon_w = -\cot 20° = -2.75$$

然后由式(3.73)可得

$$R_{wo} = -R_w = 2.75$$

因此,波态 w 是轴比大小等于 2.75,倾角为 45°的左旋椭圆极化波。其正交态 wo 是轴比大小为 2.75,倾角为 135°的右旋椭圆极化波。图 3.9 所示的正交态与本例相似。

3.8.3 正交庞加莱球

波的正交状态最简单的表示形式是庞加莱球,这在 3.3 节中详细讨论过。球面上正对面的点对应于两个相互正交的波态。例如,参见图 3.4,x 轴上的极化状态($\varepsilon = 0°$,$\tau = 0°$)为水平线极化,绕赤道 180°为垂直线极化状态($\varepsilon = 0°$,$\tau = 90°$)。又如,北极点表示左旋圆极化,相对的南极点就是右旋圆极化,它们是互为正交态。

3.8.4 正交极化矢量

3.4 节中介绍了极化矢量表示法。如果满足以下条件,则极化矢量为 $\hat{e}_w$ 的波与极化矢量为 $\hat{e}_{wo}$ 的波相互正交,即

$$\hat{e}_w \cdot \hat{e}_{wo}^* = 0 \tag{3.77}$$

这是空间垂直概念的延伸。从正交性的这个条件出发,可以用 $\hat{e}_w$ 更明确地表示 $\hat{e}_{wo}$。为此,依据式(3.27)对矢量进行分解:

$$\begin{cases} \hat{\boldsymbol{e}}_w = e_{wx}\hat{\boldsymbol{x}} + e_{wy}\hat{\boldsymbol{y}} \\ \hat{\boldsymbol{e}}_{wo} = e_{wox}\hat{\boldsymbol{x}} + e_{woy}\hat{\boldsymbol{y}} \end{cases} \tag{3.78}$$

根据式(3.77),有

$$0 = e_{wx}e_{wox}^* + e_{wy}e_{woy}^* \tag{3.79}$$

如果下式成立,则式(3.79)成立:

$$\begin{cases} e_{wox}^* = e_{wy} \\ e_{woy}^* = -e_{wx} \end{cases} \tag{3.80}$$

求复共轭得到:

$$\begin{cases} e_{wox} = e_{wy}^* \\ e_{woy} = -e_{wx}^* \end{cases} \tag{3.81}$$

至此,得到了用 $\hat{\boldsymbol{e}}_w$ 表示的 $\hat{\boldsymbol{e}}_{wo}$ 的各个分量,则

$$\hat{\boldsymbol{e}}_{wo} = e_{wox}\hat{\boldsymbol{x}} + e_{woy}\hat{\boldsymbol{y}} = e_{wy}^*\hat{\boldsymbol{x}} - e_{wx}^*\hat{\boldsymbol{y}} \tag{3.82}$$

接下来研究两种特殊情况的极化矢量,即正交线极化和正交圆极化。水平极化和垂直极化的正交极化状态广泛使用于电磁系统中(图2.5),所以本书用它们说明正交线极化的情况。水平和垂直极化矢量简写为

$$\begin{cases} \hat{\boldsymbol{e}}_H = \hat{\boldsymbol{x}} \\ \hat{\boldsymbol{e}}_V = \hat{\boldsymbol{y}} \end{cases} \tag{3.83}$$

根据式(3.77)所示正交性条件,有

$$\hat{\boldsymbol{e}}_H \cdot \hat{\boldsymbol{e}}_V^* = \hat{\boldsymbol{x}} \cdot \hat{\boldsymbol{y}} = 0 \tag{3.84}$$

满足式(3.25)的归一化要求:

$$\begin{cases} \hat{\boldsymbol{e}}_H \cdot \hat{\boldsymbol{e}}_H^* = \hat{\boldsymbol{x}} \cdot \hat{\boldsymbol{x}} = 1 \\ \hat{\boldsymbol{e}}_V \cdot \hat{\boldsymbol{e}}_V^* = \hat{\boldsymbol{y}} \cdot \hat{\boldsymbol{y}} = 1 \end{cases} \tag{3.85}$$

左旋圆极化和右旋圆极化正交状态的单位矢量由式(3.62)得到,则

$$\hat{\boldsymbol{e}}_L = \frac{\hat{\boldsymbol{x}} + j\hat{\boldsymbol{y}}}{\sqrt{2}} \quad \hat{\boldsymbol{e}}_R = \frac{\hat{\boldsymbol{x}} - j\hat{\boldsymbol{y}}}{\sqrt{2}} \tag{3.86}$$

这些圆极化的极化矢量满足式(3.77)提出的正交性要求:

$$\hat{\boldsymbol{e}}_L \cdot \hat{\boldsymbol{e}}_R^* = \frac{1}{2}(\hat{\boldsymbol{x}} + j\hat{\boldsymbol{y}}) \cdot (\hat{\boldsymbol{x}} - j\hat{\boldsymbol{y}})^* = 0 \tag{3.87}$$

同时也满足式(3.25)的归一化要求:

$$\hat{\boldsymbol{e}}_R \cdot \hat{\boldsymbol{e}}_R^* = \frac{1}{2}(\hat{\boldsymbol{x}} - j\hat{\boldsymbol{y}}) \cdot (\hat{\boldsymbol{x}} - j\hat{\boldsymbol{y}})^* = 1 \tag{3.88}$$

$$\hat{\boldsymbol{e}}_L \cdot \hat{\boldsymbol{e}}_L^* = \frac{1}{2}(\hat{\boldsymbol{x}} + j\hat{\boldsymbol{y}}) \cdot (\hat{\boldsymbol{x}} + j\hat{\boldsymbol{y}})^* = 1 \tag{3.89}$$

线极化矢量的分量可以由圆极化矢量的分量得到:

$$\begin{cases} \hat{\boldsymbol{e}}_H = \hat{\boldsymbol{x}} = \dfrac{\hat{\boldsymbol{e}}_L + \hat{\boldsymbol{e}}_R}{\sqrt{2}} \\ \hat{\boldsymbol{e}}_V = \hat{\boldsymbol{y}} = -\,\mathrm{j}\,\dfrac{\hat{\boldsymbol{e}}_L - \hat{\boldsymbol{e}}_R}{\sqrt{2}} \end{cases} \tag{3.90}$$

为了将圆极化矢量与全电场的时域表达式联系起来,这里用一般的右旋圆极化波来说明。它的振幅为 E_{R0},极化矢量为 $\hat{\boldsymbol{e}}_R$。因此,电场由式(3.86)和式(3.11),可得

$$\boldsymbol{E}(t) = \mathrm{Re}[\boldsymbol{E}\mathrm{e}^{\mathrm{j}\omega t}] = \mathrm{Re}[E_{R0}\hat{\boldsymbol{e}}_R \mathrm{e}^{\mathrm{j}\omega t}] = \mathrm{Re}\left[E_{R0}\frac{\hat{\boldsymbol{x}} - \mathrm{j}\hat{\boldsymbol{y}}}{\sqrt{2}}\mathrm{e}^{\mathrm{j}\omega t}\right]$$

$$= \frac{E_{R0}}{\sqrt{2}}(\cos(\omega t)\hat{\boldsymbol{x}} + \sin(\omega t)\hat{\boldsymbol{y}}) \tag{3.91}$$

这就是式(2.36)中第 2 个公式。

截至目前,本节中讨论的都是沿+z 轴方向传播的平面波。同样的方法也可以应用于沿+r 方向传播的球面波。相应的圆极化矢量的分量为

$$\begin{cases} \hat{\boldsymbol{e}}_L = \dfrac{1}{\sqrt{2}}\left[(\sin\varphi - \mathrm{j}\cos\varphi)\hat{\boldsymbol{\theta}} + (\cos\varphi + \mathrm{j}\sin\varphi)\hat{\boldsymbol{\varphi}}\right] \\ \hat{\boldsymbol{e}}_R = \dfrac{1}{\sqrt{2}}\left[(\sin\varphi + \mathrm{j}\cos\varphi)\hat{\boldsymbol{\theta}} + (\cos\varphi - \mathrm{j}\sin\varphi)\hat{\boldsymbol{\varphi}}\right] \end{cases} \tag{3.92}$$

在 7.2 节,将进一步讨论用主极化和交叉极化的单位矢量表示电场的方法。

3.8.5　斯托克斯参数表示正交极化状态

利用式(3.44)中的斯托克斯参数关系,由参数(ε, τ)导出斯托克斯参数公式中的正交表示。波 w 对应的斯托克斯矩阵为

$$s_{iw} = \begin{bmatrix} 1 \\ s_{1w} \\ s_{2w} \\ s_{3w} \end{bmatrix} = \begin{bmatrix} 1 \\ \cos(2\varepsilon_w)\cos(2\tau_w) \\ \cos(2\varepsilon_w)\sin(2\tau_w) \\ \sin(2\varepsilon_w) \end{bmatrix} \tag{3.93}$$

正交状态 wo 的斯托克斯矩阵为

$$s_{iwo} = \begin{bmatrix} 1 \\ s_{1wo} \\ s_{2wo} \\ s_{3wo} \end{bmatrix} = \begin{bmatrix} 1 \\ \cos(2\varepsilon_{wo})\cos(2\tau_{wo}) \\ \cos(2\varepsilon_{wo})\sin(2\tau_{wo}) \\ \sin(2\varepsilon_{wo}) \end{bmatrix} \tag{3.94}$$

式中:ε_{wo} 和 τ_{wo} 的值由式(3.72)给出。

为了得到波 w 和 wo 的斯托克斯参数之间的关系,将式(3.72)代入式(3.94),可得

$$\begin{cases} s_{1wo} = \cos(2\varepsilon_{wo})\cos(2\tau_{wo}) = \cos[2(-\varepsilon_w)]\cos[2(\tau_w \pm 90°)] \\ \qquad = -\cos(2\varepsilon_w)\cos(2\tau_w) = -s_{1w} \\ s_{2wo} = \cos(2\varepsilon_{wo})\sin(2\tau_{wo}) = \cos[2(-\varepsilon_w)]\sin\text{-}[2(\tau_w \pm 90°)] \\ \qquad = -\cos(2\varepsilon_w)\sin(2\tau_w) = -s_{2w} \\ s_{3wo} = \sin(2\varepsilon_{wo}) = \sin[2(-\varepsilon_w)] = -\sin(2\varepsilon_w) = -s_{3w} \end{cases} \quad (3.95)$$

因此,波 w 的正交极化状态的斯托克斯参数为

$$s_{0wo} = 1, s_{1wo} = -s_{1w}, s_{2wo} = -s_{2w}, s_{3wo} = -s_{3w} \quad (3.96)$$

作为示例,左旋圆极化波和与其正交的右旋圆极化波的斯托克斯参数(见式(3.49)和表3.5)为

$$左旋圆极化: \begin{bmatrix} 1 \\ 0 \\ 0 \\ 1 \end{bmatrix}, 右旋圆极化 \begin{bmatrix} 1 \\ 0 \\ 0 \\ -1 \end{bmatrix} \quad (3.97)$$

更多示例见表3.5。

3.8.6 极化比表示正交极化状态

根据式(3.57),由参数(γ, δ)表示极化比:

$$\begin{cases} |\rho_{Lw}| = \tan\gamma_w \\ 相位\ \rho_{Lw} = \delta_w \end{cases} \quad (3.98)$$

由式(3.73)给出与ρ_{Lw}正交的极化状态的极化比:

$$\begin{cases} |\rho_{Lwo}| = \tan\gamma_{wo} = \tan(90° - \gamma_w) = \cot\gamma_w \\ 相位(\rho_{Lwo}) = \delta_{wo} = \delta_w \pm 180° \end{cases} \quad (3.99)$$

这两个关系导致了正交极化状态最终期望的表达式:

$$\rho_{Lwo} = |\rho_{Lwo}|e^{j\delta_{wo}} = \cot\gamma_w e^{j(\delta_w \pm 180°)} = -\frac{1}{\tan\gamma_w e^{-j\delta_w}} = -\frac{1}{\rho_{Lw}^*} \quad (3.100)$$

Beckmann 在文献中有相似的证明[8]。

作为示例,考虑 $\tau_w = 45°$ 和 $\tau_{wo} = 135°$ 的正交线极化状态。由图3.1和图3.2可知,$\gamma_w = 45°, \delta_w = 0°, \gamma_{wo} = 45°, \delta_{wo} = 180°$。由式(3.98)可得

$$\rho_{Lw} = \tan\gamma_w e^{j\delta_w} = \tan 45° e^{j0} = 1 \quad (3.101)$$

相应的正交状态为

$$\rho_{Lwo} = -\frac{1}{\rho_{Lw}^*} = -\frac{1}{1^*} = -1 \quad (3.102)$$

这验证了表 3.5 中的内容。

圆极化波与其正交状态的关系和式(3.100)类似:

$$\rho_{Cwo} = -\frac{1}{\rho_{Cw}^*} \tag{3.103}$$

从表 3.3 中得到理想左旋圆极化的极化比为

$$\rho_{Cw} = j \tag{3.104}$$

根据式(3.103),给出正确的正交极化比值为

$$\rho_{Cwo} = -\frac{1}{\rho_{Cw}^*} = -\frac{1}{j^*} = -\frac{1}{-j} = -j \tag{3.105}$$

这也验证了表 3.5 中的内容。

3.9 思考题

1. 利用转换式(3.3)和式(3.4),由(γ, δ)求出(ε, τ)(表 2.1)。

2. 对于图 3.2 所示的 4 种椭圆极化状态($\delta = \pm 90°$、γ 为 22.5°和 67.5°),确定相应的参数(ε, τ)和轴比 R,注意符号。

3. 确定图 3.2 所示的线极化波的倾斜角,δ 为 0°和 180°。

4. 已知某一极化状态 $\varepsilon = -20°$,$\tau = 180°$,求相应的(γ, δ)。

5. 已知某一极化状态 $\gamma = 90°$,$\delta = 180°$,求相应的(ε, τ)。并判断这是什么极化状态?

6. 已知某一极化状态 $\varepsilon = -45°$,求相应的(γ, δ)。并判断这是什么极化状态?

7. 对于线极化状态,δ 和 ε 都为 0°,γ 和 τ 有什么样的关系?

8. 推导式(3.50)。

9. 证明式(3.55)满足式(3.45)所示斯托克斯参数的归一化性质。

10. 使用式(3.62)推导式(2.30)和式(2.31);使用式(3.65)推导式(2.33)。

11. 由式(3.86)证明式(3.90)。

12. 写出倾斜角为 45°和 135°的正交斜线极化波的极化矢量,并证明它们是正交的。

13. 推导倾斜角度为 45°和 135°的正交斜线极化波的斯托克斯参数,并证明它们是正交的。

14. 证明式(3.82)满足式(3.77)。

15. 某一波态的斯托克斯参数为

$$s_w = \begin{bmatrix} 1 \\ 0.296 \\ 0.171 \\ 0.940 \end{bmatrix}$$

求其正交状态波的参数(ε_{wo}, τ_{wo})。

16. 某一右旋圆极化发射天线,在倾斜角度为 10°时,其轴比为 1dB。通信链路中的接收机为双极化,其中的主极化信道与发射极化匹配,而交叉极化信道与发射极化正交。求接收天线主极化和交叉极化状态的参数(ε, τ)。

17. 利用式(3.57)求下列正交线极化对的线极化比。

(1) 水平极化和垂直极化;

(2) $\tau = 45°$和 $\tau = 135°$的斜线极化。

18. 已知 $\tau = 45°$的斜线极化波 w 和 $\tau = 135°$的斜线极化波 wo 互为正交线极化状态,求圆极化比 ρ_{Cw} 和 ρ_{Cwo}。

19. 按照以下 3 个方向,分别在球面上画出电场相量的分量,表示出它们与式(3.92)中右旋圆极化复矢量的相对相位关系。①$\theta = 0°$,②$\theta = 0°$ 和 $\varphi = 90°$,③$\theta = 90°$和 $\varphi = 90°$。

参考文献

[1] Kraus, J. D. , Radio Astronomy, New York: McGraw-Hill, 1966.

[2] Rumsey, V. H. , G. A. Deschamps, M. I. Kales, and J. I. Bohnert, "Techniques for Handling Elliptically Polarized Waves with Special Reference to Antennas," Proceedings of the IRE, Vol. 39, May 1951, pp. 533–552.

[3] Poincare, H. , Theorie Mathematique de La Lumier, Paris: G. Carre, 1892.

[4] IEEE Standard Definition of Terms for Antennas: IEEE Standard 145–2013, IEEE, 38 pp. , 2013.

[5] Deschamps, G. , and P. E. Mast, "Poincare Sphere Representation of Partially Polarized Fields," IEEE Trans. on Ant. and Prop. , Vol. AP-21, July 1973, pp. 474–478.

[6] Born, M. , and E. Wolf, Principles of Optics, Oxford, UK: Pergamon Press, 1959.

[7] Stokes, G. , "On the Compositional Resolution of Streams of Polarized Light from Different Sources," Trans. Cambridge Phil. Soc. , Vol. 9, Part 3, 1852, pp. 399–416.

[8] Beckmann, P. , The Depolarization of Electromagnetic Waves, Boulder, CO: Golem Press, 1968.

[9] Yarnall, W. M. , "Antenna Design Supplement," Microwaves, Vol. 4, May 1965, p. 60.

第4章
部分极化波

4.1 非极化波

截至目前,书中对极化的分析仅限于完全极化,这适用于大多数系统的应用。但波也可以是非极化的。非极化波也称为随机极化波,是一种随时间变化不重复的电磁波,即电场矢量的末端不会像完全极化波那样随着时间的推移而产生重复的轨迹。换句话说,非极化波是由大量具有不同极化的统计独立波叠加而成的,其极化参数(如轴比和倾斜角)不是恒定的,而是随时间而变化的[1]。

人工信号是完全极化的波,而天然辐射源产生的辐射则是非极化的,如来自天体射电源的噪声。一般来说,天然源辐射既包括完全极化分量,也包括随机极化分量,统称为部分极化波。在本节中,将介绍非极化(随机极化)波的原理,其余内容将讨论部分极化波。

关于非极化波源的一个重要理论例证是黑体辐射器。因为它吸收了所有的入射波而没有反射,所以其在光学频率下呈现黑色;反之,白体反射了所有入射到它上面的能量,灰体则反射部分入射能量。

一个黑体会重新释放出与入射其上能量相等的能量,这遵循普朗克定律,或者称为黑体定律。任何温度高于热力学零度(0K 或−273℃)的物体都会辐射依赖于其温度,且遵循普朗克定律的电磁波。如果一个物体被加热到足够高的温度,就会发出可见光。随着温度的升高,辐射的频率也会增加,如篝火。观察一段燃烧的木头,可以发现离木头最远的部分的火焰是橙色的,最近的部分火焰是蓝色的。这是因为可见光光谱的低频段是红色及橙色的,而高频段是蓝色的,由此证明了辐射的频率随着光源的温度的升高而增加。黑体是一种理想化的模型,实际并不存在。然而,一些由碳元素构成的物体可以近似为黑体。

1900 年,普朗克(Max Planck)通过他发现的普朗克定律解释了黑体辐射的物理现象。普朗克工作的基础是假设物质只释放一个个小单位的能量,即量子,这一革命性的概念为现代量子力学奠定了基础。其他物理学家利用普朗克理论取得了进一步的重大进展。爱因斯坦(Albert Einstein)在 1905 年用量子解释了光电效应。玻尔(Niels Bohr)在 1913 年提出了他的原子模型:原子核周围的电子占据离散轨道,当其从一个轨道转移到另一个轨道时,会释放出量子能量。

普朗克使用经典力学和量子理论,总结出黑体辐射定律[1]:

$$P_N(f) = \frac{2h}{c^2} \frac{f^3}{e^{hf/kT_N} - 1} \tag{4.1}$$

式中:P_N 为辐射的功率密度($W/(cm^2 \cdot Hz \cdot rad^2)$);$T_N$ 为物体物理温度(K);h 为普朗克常数,$h = 6.63 \times 10^{-34} J \cdot S$;$k$ 为玻耳兹曼常数,$K = 1.38 \times 10^{-23} J/K$。

式(4.1)表明,随着频率的增加,辐射功率密度先是增大的,达到峰值后又随着频率的增加而减小。辐射峰值点的频率也会随物体温度的升高而增加。由于黑体噪声对温度的依赖性,它常称为热噪声。

普朗克定律的近似表示,即众所周知的瑞利-金斯定律[1]:

$$P_N = \frac{2k}{c^2} T_N f^2 \tag{4.2}$$

在式(4.2)中,辐射功率密度随温度和频率的平方呈线性增长。只要 $hf <<kT_N$,这就是一个有效的近似。在低温下,且频率低于吉赫兹的频段,公式是准确的,并且随着温度的升高,辐射频率也越来越高。但由于频率的无限增大,当对整个波谱求和时,从瑞利-金斯定律得到系统总的辐射能量将趋于无穷大,这就是所谓的"紫外灾变"。使用经典物理学的瑞利-金斯定律早于普朗克定律,因此,式(4.2)中还未出现普朗克常数。事实上,这个定律启发普朗克推导出他的结论,避免了无限能量的问题。

黑体辐射是一种多色噪声。像这样的随机辐射,在时间上没有规律,不携带信息,极化也是随机的。许多天体射电源是热辐射体,遵循普朗克定律,它们的辐射没有极化特性,如太阳。有趣的是,来自太阳的辐射在光谱中的可见光部分达到峰值,这对人类来说是幸运的,因为人类的眼睛只对这些频率有反应。在 30GHz 以上的频率,约 6000K 的温度,太阳的辐射非常接近黑体定律。当低于 30GHz 时,太阳的辐射背离了黑体定律。此时,黑体温度高于 6000K,且依赖于太阳黑子的周期[1]。如式(4.2)所示,在瑞利-金斯定律适用的射频范围内,恒温热源的辐射随着频率的平方而增加。然而,许多辐射源是非热的,它们的辐射不随频率的二次幂增加,甚至可能有一个负幂规律。例如,类星体、一些星系和行星的辐射偏离了频率的二次幂规律。这些非热源的辐射一般都是部分极化。另外,月球属于黑体。根据月相,其在射电频率范围内的等效温度约为 100K。与射电频率范围内"冷酷"的月亮相比,光波频率下的满月看起来非常的明亮。但这并不是因为月亮辐射光线,而是由于其反射了来自太阳的可见光。这部分内容可参阅文献[1]。

由闪电产生的大气噪声也是自然噪声的一种形式。除了自然噪声,还有人为噪声。在高频(HF)及以下的频段,大气噪声和人为噪声被电离层限制,并能沿地球表面长距离传播。例如,在调幅广播等低频无线电中,接收机经常会收到一种音频形式的,嘶嘶作响的噪声。在某种程度上,人为噪声通常是有极化特性的[2]。来自物体的辐射,使通过传感器来收集物体相关的信息成为可能。这种用来接收辐射的仪器称为辐射计,相关的应用包括医学成像、安检成像和遥感。辐射计是一种无源装置,它只接收目标辐射的能量。这种无源感知的优点是它不需要像 X 射线系统那样的光源,因而是无伤害的。辐射计将在 8.6 节中详细讨论。

4.2 部分极化波和极化程度

部分极化波是一个包含所有可能极化波形式的总称。它的一个极端是完全极化波,完全极化波所有的能量都是极化的;另一个极端是随机极化,瞬时电场矢量的末端描绘出一个形状完全随机的图形,这与图 2.11 中完全极化波重复的椭圆形状的电场轨迹形成对比。部分极化波包括完全极化波和随机极化波两部分,其极化椭圆的形状和方向随时间改变。

部分极化波有两种激励方式:一种方法是利用天然电磁辐射源,如前面提及的一些天体辐射就是部分极化波,在更多情况下甚至是非极化的,如太阳;另一种方法是完全极化波在介质中传播时的去极化效应而产生。例如,在通信系统中,信号经过随机介质后其极化状态改变;在雷达系统中,路径上一些干扰物(如随机排列的小的导电材料)的散射也会改变信号的极化。此外,被粗糙表面反射或被物体散射的波通常也是部分极化的。

单一频率的电磁波被称为时谐波,也称为简谐波或单色波。单色是指只有一个频率分量的波的光谱性质(见式(3.11))。在时域中,单色波被称为相干波,即在时间上完全重复。具有有限带宽的波称为多色波。时谐波都是完全极化的,其振幅、相位及极化特性都是随时间而恒定的。如果波具有窄的带宽,但不是单一频率,就称为准单色波,这样的波是部分极化的。天然源的辐射往往大部分是非极化的,而具有有限带宽、用来传输信息的人工信号通常是完全极化的。

部分极化波用极化程度 d 来量化,它是指波中完全极化部分的功率密度相对总功率的比值[3]:

$$d = \frac{\text{完全极化波的功率密度}}{\text{总功率密度}}, 0 \leqslant d \leqslant 1 \tag{4.3}$$

极化程度在 0~1 之间变化:$d=0$ 表示非极化波,而 $d=1$ 表示完全极化波。因此,极化波功率密度的比例为 d,非极化波功率密度的比例为 $1-d$。

在 4.3 节中,将介绍部分极化波的数学表示。不过,在第 3 章中介绍的极化表示方法,其中的大多数只适用于完全极化,因此 4.3 节只讨论了少数几种表示方法。

4.3 斯托克斯参数表征部分极化波

斯托克斯参数极化状态表示能够将极化程度直接纳入其参数中,从而可以表示任意波态,包括部分极化波。相干波(完全极化波)的斯托克斯参数在3.5节中进行了讨论。部分极化波具有有限的带宽,其随时间的变化一般不完全重复。为了得到波的斯托克斯参数,这里需要研究时域电场及其时间平均特性。部分极化波的频谱在中心频率f附近具有有限带宽Δf,在时域内,部分极化波的电场用下式表示,即

$$E_x = E_1(t)\,\mathrm{e}^{\mathrm{j}[2\pi ft+\varphi_1(t)]} \tag{4.4}$$

相比于式(3.11)中的完全极化波,式(4.4)中相量E_x的振幅$E_1(t)$和相位$\varphi_1(t)$均依赖于时间而不是常数。由于频率带宽Δf有限,因此在时间间隔小于相干时间($\Delta t = 1/\Delta f$)时,幅值和相位随时间的变化量很小[3]。式(4.4)所示部分极化波的数学表示是一个缓慢时变的复值相量。

部分极化波的斯托克斯参数与完全极化波的斯托克斯参数形式类似,如式(3.42)。只是电场是随机变量,功率密度(W/m²)要取时间平均[1],即

$$\begin{cases} S_0 = \langle S_x(t) \rangle + \langle S_y(t) \rangle = \dfrac{1}{2\eta}[\langle E_x^2 \rangle + \langle E_y^2 \rangle] = S_{\mathrm{av}} \\[2mm] S_1 = \langle S_x(t) \rangle - \langle S_y(t) \rangle = \dfrac{1}{2\eta}[\langle E_x^2 \rangle - \langle E_y^2 \rangle] = S_{\mathrm{av}}\langle \cos(2\varepsilon)\cos(2\tau) \rangle \\[2mm] S_2 = S_{\mathrm{av}}\langle \cos(2\varepsilon)\sin(2\tau) \rangle \\[2mm] S_3 = S_{\mathrm{av}}\langle \sin(2\varepsilon) \rangle \end{cases} \tag{4.5}$$

式中:角度ε和τ是时变的,运算$\langle \cdot \rangle$表示在Δt时间内求平均值:

$$\langle \cdot \rangle = \frac{1}{\Delta t}\int_0^{\Delta t} \cdot \,\mathrm{d}t \tag{4.6}$$

因为是部分极化波,电磁波总的功率密度S_0并不完全包含在极化分量S_1、S_2和S_3中,有

$$S_0^2 \geqslant S_1^2 + S_2^2 + S_3^2 \tag{4.7}$$

如果是完全极化波,式(4.7)就变成了等式,即式(3.43)。同样对完全极化波,$S_{\mathrm{av}} = S$,且将式(4.5)中所有对时间求平均的运算去掉,即简化为式(3.42)。如果是非极化波,即随机极化波,那么x分量和y分量的时间平均功率相等。从另一个角度看,对于随机极化波,电场有可能是x向的,也有可能是y向的,则

$$\langle S_x(t) \rangle = \langle S_y(t) \rangle \tag{4.8}$$

此外,因为参数在所有值上均匀分布,导致式(4.5)中三角函数的时间平均值为零。因此,对于非极化波,有

$$\begin{cases} S_0 = S_{av} \\ S_1 = 0 \\ S_2 = 0 \\ S_3 = 0 \end{cases} \tag{4.9}$$

两个正交极化天线连接到独立的噪声发生器可以产生非极化波[1]。例如,考虑两个紧密排列的螺旋天线,一个左旋,一个右旋,它们可以分别激励不同旋向的圆极化波。当两个天线都连接到噪声信号源时,在主波束峰值方向形成非极化波。

对于部分极化波,式(4.5)所示斯托克斯参数有 4 个独立的参数。如果不考虑部分极化波的强度,只需要 3 个独立的参数就可以表示极化状态。部分极化波的归一化斯托克斯的参数定义类似于式(3.44),则

$$s_i = \begin{bmatrix} 1 \\ s_1 \\ s_2 \\ s_3 \end{bmatrix} = \begin{bmatrix} 1 \\ \langle \cos(2\varepsilon)\cos(2\tau) \rangle \\ \langle \cos(2\varepsilon)\sin(2\tau) \rangle \\ \langle \sin(2\varepsilon) \rangle \end{bmatrix} \tag{4.10}$$

这实际上是由式(4.5)除以 S_{av} 得到的。对于非极化波,归一化的斯托克斯参数矩阵为 $[1\ 0\ 0\ 0]^T$,T 表示矩阵的转置。

斯托克斯参数的物理解释与表 3.2 所示完全极化波的物理解释相似。然而,由于波的部分随机性,表述时可以在表 3.2 中使用短语"倾向于"。例如,部分极化波的 s_1 表示波是倾向于水平极化还是倾向于垂直极化。通过这种物理解释,可以看出,如果 S_1、S_2 和 S_3 是非零的,就表明存在对应的极化分量。因此,极化程度的定义式(4.3)变为

$$d = \frac{\text{完全极化波的功率密度}}{\text{总功率密度}} = \frac{\sqrt{S_1^2 + S_2^2 + S_3^2}}{S_0} \tag{4.11}$$

非极化波的极化程度为零,因为由式(4.9)可知,$S_1 = S_2 = S_3 = 0$。将式(3.43)代入式(4.11),得到完全极化波的极化程度等于 1。

截至目前,本节所提出的斯托克斯参数公式并不适用于数值计算,这里还有一种简单得多的方法。对极化程度的讨论,本书始终强调一个概念,即任何部分极化波都由非极化波和完全极化波两部分组成的概念。斯托克斯参数的表示也可以用类似的方法分解:部分极化波的归一化斯托克斯参数矩阵可以写成非极化部分的矩阵和完全极化部分的矩阵之和[1],即

$$s_i = \begin{bmatrix} 1-d \\ 0 \\ 0 \\ 0 \end{bmatrix} + \begin{bmatrix} d \\ d\cos(2\varepsilon)\cos(2\tau) \\ d\cos(2\varepsilon)\sin(2\tau) \\ d\sin(2\varepsilon) \end{bmatrix} \qquad (4.12)^{①}$$

$\underbrace{}_{\text{非极化部分}}\quad\underbrace{}_{\text{完全极化部分}}$

将式(4.12)中的两个矩阵相加,有

$$s_i = \begin{bmatrix} 1 \\ d\cos(2\varepsilon)\cos(2\tau) \\ d\cos(2\varepsilon)\sin(2\tau) \\ d\sin(2\varepsilon) \end{bmatrix} \qquad (4.13)$$

由式(4.13)可得

$$d = \sqrt{s_1^2 + s_2^2 + s_3^2} \qquad (4.14)$$

对于完全极化波 $d=1$,式(4.14)简化为式(3.45),同时式(4.13)简化为式(3.44)。

至此,可见确定部分极化波的斯托克斯参数值是非常简单的,如果已知完全极化波的功率密度所占的比例 d,那么归一化斯托克斯参数由式(4.13)给出。

4.4　部分极化波的其他表示方法

在4.3节中讨论的斯托克斯参数表示方法对于大多数情况来说是够用的,不过其他的一些极化表示方法也可以扩展到部分极化波的表示[4]。但实际上没有必要讨论太多,因为电磁波中完全极化的部分可以使用第3章中讨论的任何一种方法来处理。最常见的涉及部分极化的计算是天线和波相互作用,这将在第6章中讨论。

这里简单讨论一下庞加莱球表示法,因为它对部分极化的表示更加的直观。在3.3节中讨论的完全极化波的庞加莱球表示法,可以扩展到部分极化波的表示[5]。原来所有可能的完全极化波或天线的极化状态与单位半径球面上的点之间存在一一对应关系,而这里部分极化波则使用了整个球体。具体地,原本波的完全极化分量 w_p 是球面上的一点,这里则需从该点向球心 O 延伸一条直线。如图4.1所示,任意波的极化状态 w 距球心的距离为 d,也就是说,极化程度给出了从球体中心到 w 的径向距离。非极化波对应的点($d=0$)在原点 O 处,完全极化波对应的点在球面上,此时 $d=1$。部分极化波对应的点则位于球面与原点之间。

---

① 译者注:原文中"+"误写为"="

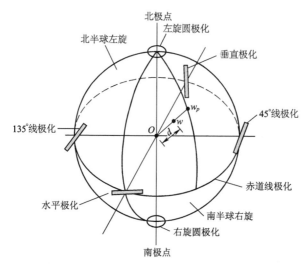

图 4.1 用庞加莱球表示任意波的极化状态:完全极化状态位于球面,非极化状态
位于球心 O,任意波态 w 的极化度为 d,且其中完全极化的部分为 w_p

4.5 思考题

1. (1)利用普朗克定律和瑞利-金斯近似公式,计算温度为 $T = 6000K$ 时黑体辐射的功率密度。并从 $1 \sim 10^7\,GHz$ 范围内绘图表示两个结果;

(2)在室温下重复(1), $T = 290K$;

(3)分析讨论结果。

2. 部分极化波的斯托克斯参数为 $[0.2, 0.354, 0.612, -0.707]^T$:

(1)求极化程度;

(2)对于波的完全极化部分,求 (ε, τ) 的值;

(3)波的完全极化部分的旋向是什么?

参考文献

[1] Kraus, John D. , Radio Astronomy, McGraw-Hill, New York, 1966.

[2] Beckmann, P. , The Depolarization of Electromagnetic Waves, Boulder, CO: Golem Press, 1968.

[3] Born, M. , and E. Wolf, Principles of Optics, Oxford, UK: Pergamon Press, 1959.

[4] Mott, H. , Polarization in Antennas and Radar, New York: John Wiley, 1986, Chapter 7.

[5] Deschamps, G. , and E. Mast, "Poincaré Sphere Representation of Partially Polarized Fields," IEEE Trans. on Ant. and Prop. , Vol. AP-21, No. 4, July 1973, pp. 474-478.

第二部分　系统应用

第5章
天线的极化

5.1 天线基础

天线可以用来发射和接收电磁波。图5.1所示为连接发射机或接收机的天线框图。由图可见,天线实际上是自由空间和连接电路之间的转换器,即波从无界空间到封闭导波系统之间的接口。因此,电磁波和电路的术语都可以用来描述天线。在文献[1]中对天线的原理和特性有完整的论述。在本节中,仅讨论天线的基本参数,当进一步理解和量化天线及系统的极化时,将用到这些参数。

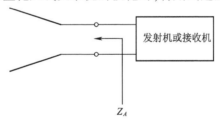

图5.1 连接发射机或接收机的天线框图

表5.1列举了表示天线的主要性能参数。辐射方向图(简称方向图)表示一副天线在发射时辐射场强度的变化,也可以表示接收天线对入射波响应的变化,它是天线方向角 (θ, φ) 的函数。

表5.1 天线主要的性能参数

辐射方向图 $F(\theta, \varphi)$	天线周围辐射随角度的变化	单个或多个定向窄波束
		全向天线(在一个平面上均匀辐射)
		主波束赋形
方向性 D	方向图峰值方向的功率密度和相同距离处的平均功率密度的比值	
增益 G	考虑损耗的天线方向性	$G = e_r D$
极化	由天线辐射的瞬时电场矢量随时间变化的轨迹	
阻抗 Z_A	天线端的输入阻抗	
带宽	天线的重要性能参数可接受的频率范围	

图 5.2 所示为一个典型的窄波束辐射方向图 $F(\theta,\varphi)$，其具有一个主瓣和若干旁瓣。除了用相对场强来表示，方向图还可以用功率密度 S 相对于角度的变化来表示，即功率方向图 $P(\theta,\varphi)$。方向图通常以分贝（dB）为单位进行量化，这时场强和功率方向图具有相同的数值。大多数天线是互易的设备，这意味着它们既可用于发射，也可用于接收。也就是说，天线发射和接收的方向图是相同的。在方向图主瓣上，比峰值电平低 3dB 的两点之间的角度为半功率波束宽度（half-power beamwidth，HPBW）。图 5.2 中虚线所示的参考方向图为假想的各向同性方向图，表示假想天线在各方向上的辐射是均匀的。

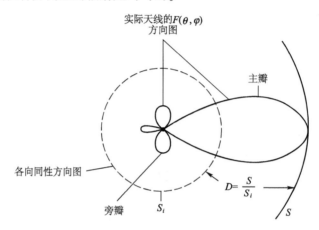

图 5.2　天线辐射方向图 $F(\theta,\varphi)$ 和方向性 D 示例

注：S 和 S_i 分别表示各向同性天线和实际天线在同一个距离处的功率密度。

假设实际天线主瓣峰值处的最大功率密度为 S，相同功率由理想各向同性天线均匀辐射时的功率密度为 S_i，则方向性 D 是一个定量的描述（$D = S/S_i$）。观察式（3.23）关于功率密度的定义，再结合图 5.2，可知方向性 D 完全由辐射方向图决定，即

$$D = \frac{4\pi}{\Omega_A} \tag{5.1}$$

式中：Ω_A 为波束立体角，定义为

$$\Omega_A = \int_0^{2\pi} \int_0^{\pi} |F(\theta,\varphi)|^2 \mathrm{d}\theta\mathrm{d}\varphi \tag{5.2}$$

由式（5.2）可见，波束立体角是对天线功率方向图在包围天线所有角度上的积分。结合式（5.1）可知波束立体角 Ω_A 和方向性 D 成反比，即方向性越强，波束越窄，Ω_A 越小。仅当方向图为各向同性时，其在各个方向均匀辐射，方向性 D 取最小值 1。这是因为各向同性方向图是球面，而球面的立体角 $\Omega_A = 4\pi\mathrm{sr}$，所以 $D = 1$。

增益 G 为计及天线所有损耗时的方向性,即

$$G = e_r D = e_r \frac{4\pi}{\Omega_A} \tag{5.3}$$

式中:$0 \leqslant e_r \leqslant 1$,表示辐射效率。

注意,对于低损耗的天线,增益和方向性近似相等。天线本质上是一个空间放大器,因为它能将辐射集聚在特定方向上,即主波束峰值方向。换句话说,接收天线方向图对准来波的部分越强,其输出也会越大。有时增益(或方向性)包含方向图函数,在这种情况下所谓的增益(或方向性)通常指波束峰值,而不是方向图整体,则

$$G(\theta, \varphi) = e_r \frac{4\pi}{\Omega_A} \mid F(\theta, \varphi) \mid^2 \tag{5.4}$$

天线的极化也是一个关键的工作特性,也是本章的主题。但在讨论之前,先总结天线的其他重要参数。

天线是自由空间和后续连接电路之间的接口,因此除了场量,这里还用到了两个熟悉的电路术语,即天线的阻抗和带宽。如图 5.1 所示,在连接电路的天线端口处定义了天线阻抗 Z_A。

天线的带宽表示其性能参数可接受的频率范围。假设其工作频率下限为 f_L,上限为 f_U,则工作频带的中心频率通常取算术平均值:$f_C = (f_U + f_L)/2$ ① 。带宽定量地表示为 $\mathrm{BW} = f_U - f_L$,它具有频率的量纲。而相对带宽 $B = \mathrm{BW}/f_C$,它是无量纲的。还有一个比值带宽定义为上限频率和下限频率的比值,即

$$B_r = \frac{f_U}{f_L} \tag{5.5}$$

百分比带宽(percent bandwidth)B_p 也是一种相对带宽,即

$$B_p = B \times 100\% = \frac{\mathrm{BW}}{f_C} \times 100\% = 2 \times \frac{f_U - f_L}{f_U + f_L} \times 100\% \tag{5.6}$$

百分比带宽通常用于窄带到中等带宽的情况(如 100% 或以下),比值带宽常用于宽带天线(2∶1 或以上)。一般可以通过下面的对应关系来帮助理解:当 $B_p = 50\%$ 时,$B_r = 1.67$;当 $B_p = 67\%$ 时,$B_r = 2$(1 倍频程);当 $B_p = 100\%$ 时,$B_r = 3$;当 $B_p = 164\%$ 时,$B_r = 10$。带宽可以用来评估表 5.1 中列出的任意参数,如增益带宽是指增益等于或超过某个指定最小增益值的带宽。电小天线的带宽受其阻抗影响很大,所以重点关注阻抗带宽。极化带宽也是天线性能的限制因素,尤其是圆极化天线。如果一个天线要求多种性能,则带宽定义为满足所有性能的最窄的工作频带。

常见天线有以下 4 种类型。

_____

① 译者注:原文误写为 $f_C = (f_U - f_L)/2$

（1）电小天线,其物理尺寸远小于波长,其具有波束宽、方向性差、辐射效率低、输入电阻小但电抗大等特点(如电小偶极子)。

（2）谐振天线,在窄频带内性能良好(如图5.4(a)所示半波偶极子)。

（3）宽带天线,在大约超过2∶1的比例带宽内,方向图、增益、阻抗和极化等所关注的天线性能良好(如图5.11(b)和(c)所示螺旋天线就是一种宽带天线,其带宽几乎可达40∶1)。

（4）口面天线,具有电磁波传播的开口面,其可以实现非常窄的主波束和非常高的增益(如图5.5所示的喇叭天线就是典型的例子)。

除此之外,另一类重要的天线是阵列天线。它是将多个小的阵列单元的输出合并在一起,从而实现很高的增益,每个阵元可以是刚才提及的4种类型之一。阵列天线的另一个优点是能够实现波束的电扫描,即相控阵天线。阵列天线的带宽和极化特性与阵元紧密相关,但同时阵列的几何结构也很重要。

5.2　天线的极化原理

天线的极化是指其用作发射时,在给定方向上辐射的电磁波的极化,是在以天线为中心的辐射球面上局部平面波的极化。因此,用发射机激励天线,并在远场中从不同角度观察波的极化,就可以确定天线的极化。通常,极化会随角度而变化,即随着方向图变化。典型地,当天线极化一旦确定,就意味着天线主波束峰值方向上的极化已经确定。虽然定义天线极化是在其发射电磁波时,但是通常讨论天线的极化时并不考虑它是用来发射还是接收的。这是因为大多数天线都具有互易性,接收和发射极化特性是相同的。如果根据接收情况描述的天线极化,是指在天线端产生最大可用功率的方向上,入射平面波的极化。这一定义提出了一种极化测量的方法:改变照射天线的波的极化状态,直到找到最大的响应。那么这个波的极化状态就是天线的极化。极化测量将在第10章中详细讨论。

电磁波的极化原理直接应用于天线极化,一个主要的差别是天线产生完全极化的波,而天然辐射源(如天体)产生部分极化的波。我们用与波的极化相同的术语来表示天线的极化状态,如线极化、圆极化等。重要的是要认识到,任何天线都不能只激励一种纯的极化状态,总会有一些非零的交叉极化电平。因此,我们提到某种天线,如水平线极化天线,一定要认识到这不是理想的线极化,还有一个交叉极化(垂直方向)分量存在。如前所述,极化会随辐射方向图而改变,但天线的极化通常是在主波束峰值附近最纯粹,即交叉极化电平最低。而在主波束峰值之外的角度,极化纯度逐渐恶化。在旁瓣区域,可能会与标称的极化有根本性偏离。

下面将介绍线极化天线和圆极化天线的基本类型,即全向天线、定向天线和宽带天线,以及几个实现特定极化天线的例子。一般来说,设计一个好的线极化天线要比设计一个好的圆极化天线容易。圆极化天线更为复杂,降低其交叉极化更难实现。此外,还将讨论天线方向图的类型和天线主极化、交叉极化的量化方法。

5.2.1 天线方向图类型

在某些情况下,理想的状态是天线在所有方向上均匀辐射,并且在整个方向图上具有恒定的极化。例如,如果使用这种天线从翻滚运动的空间飞行器上发射信号,那么与飞行器天线极化匹配的接收天线将具有恒定输出功率,而与飞行器的姿态无关。但是,这种天线并不存在,这是天线辐射的矢量特性造成的。假设天线在所有方向上均匀辐射,如图5.2所示,它具有各向同性的方向图。各向同性天线(也称为无方向性天线)归一化辐射场强的幅度,即归一化方向图函数为

$$F(\theta,\varphi) = 1 \qquad (5.7)$$

这在理论上是可能的。声波辐射器就有各向同性的方向图,这是因为声波是标量的纵波,是由点源振荡激励的没有方向(极化)的压力波。可以在二维空间做一个简单类比:一块石头(点源)落在平静的湖面上,就会有均匀各向同性的圆环(压力波)向外运动。不过,在声学中可以有近似的点源,但不可能有电磁波的点源。

在一个平面上(但不是在所有方向上)具有恒定辐射的实际天线称为全向天线。这类天线常用于广播、电视等应用中,因为这些应用通常需要在水平面上均匀覆盖。图2.6所示为沿z轴垂直放置的短偶极子天线的辐射,其中图2.6(b)和(c)所示为包含z轴的任意垂直面和xOy水平面上的方向图。图2.6(d)所示为切除部分结构后的三维方向图,形状类似甜甜圈。因为这个方向图在水平面上是恒定的,所以说它是全向的。这种短偶极子方向图函数表示为

$$F(\theta,\varphi) = \sin\theta\,\hat{\boldsymbol{\theta}} \qquad (5.8)$$

式(5.8)说明在$\theta = 90°$的xOy平面上,方向图幅度均匀。在任意包含z轴的垂直面上,方向图按$\sin\theta$规律变化。电场沿θ方向,极化方式为线极化。在xOy平面上观察,极化方向与z轴平行,但z轴垂直于平面,所以为垂直线极化。

如图2.6(b)所示,短偶极子天线在整个方向图上是线极化,但在$\theta = 0°$和$\theta = 180°$时,即偶极子两端的方向,有两个场强零点。研究表明,一般情况下,天线方向图必须有一个零点或一个线极化点,或者两者兼而有之[2]。很明显,短偶极子同时具有线性极化辐射和零点。虽然理想各向同性天线是不存在的,但满足一定限制条件的无零点天线是可能的。无零点天线在整个辐射球面的任何方向上的辐射场都不为零,有关各向同性和无零点天线的理论有很多[3]。为什么各向同性天线是不可能的,这里有一个简单直观的解释:有限尺寸天线所辐射的电磁波是矢量

场,即满足一定极化方式。同时它们是横波,也就是说极化方向垂直于电波传播的方向。如果方向图是各向同性的,那么至少会有一个点,电场矢量相互抵消,形成零点。应该指出的是,一般讨论的只是传统天线辐射完全极化波的情况。如果能产生随机极化波,就有可能形成各向同性方向图[4]。

回到实际情况中,无零点的方向图不可能在所有方向上实现线极化[5]。事实上,无零点天线的方向图必须包含所有轴比的极化,其范围从-1(左旋圆极化)到0(线极化)到1(右旋圆极化),但是实际中并非所有极化状态都要存在[6]。当然,无零点天线必须至少在一个方向上辐射左旋或右旋圆极化波。图 5.7 所示的十字振子天线就是一个无零点天线的实例,它同时辐射两种旋向的圆极化波。左旋圆极化辐射在正 z 轴方向,右旋圆极化辐射在-z 轴方向。十字振子天线就是两个相互垂直、交叉放置且馈电相位差为 90° 的半波偶极子,将在 5.4.2 节中进一步讨论。

总之,各向同性天线是不存在的。但在方向图极化满足一定条件的前提下,无零点的天线却是可能的。短偶极子就是有零点,且处处线极化的天线。十字振子天线是一种实用的无零点天线,其波束峰值方向为圆极化。

下面首先给出主极化和交叉极化的具体定义;然后讨论产生线极化和圆极化波的 3 种天线类型:全向天线、定向天线和宽带天线。如图 5.2 所示,定向天线有一个明显的主瓣。宽带天线的带宽约为 2 : 1 或更宽。

5.2.2　天线的主极化和交叉极化

在实际中,通常会用到双极化,甚至多极化的天线。例如,通信系统中用两个正交极化实现两路独立的信道。双极化也可以通过极化分集技术来提高系统性能。这些将在第 9 章中讨论,但是我们首先需要明确天线极化的原理。

一般定义主极化为预期极化或参考极化,交叉极化正交于主极化的状态。天线正交极化状态的确定方法与 3.8 节中讨论的方法完全相同①。实际天线的极化状态永远不会是理想正交的,一般只要是近似正交,就称其为极化正交状态。当然,每一个具体的应用都会对极化纯度提出相应的要求。

定义天线主极化方向图为其主极化状态对应的辐射方向图,它是远场中以固定距离绕天线运动,且和天线同极化状态的假想探头的响应。类似地,交叉极化方向图是和参考极化状态正交的探头在天线周围移动时的响应。这个假想的过程是可以通过一个测量系统来实现的,该系统中使用一个围绕待测天线移动的真实的探测天线,或者待测天线旋转而探测天线保持不动,具体的测试细节将在第 10 章中给出。

---

①　译者注:原文误写为 3.7 节。

用图 2.6 中的短偶极子开始天线极化的讨论,这个图说明了偶极子天线的极化与辐射单元平行,文献[1]证明了这一点。一般来说,天线的极化当然是由天线附近的电场决定的,无论是线天线还是面天线。

图 2.6(a)中短偶极子沿着 z 轴方向,此时它给一个在半径为 r 的球面上移动的假想线极化探头发射信号。偶极子激励 θ 方向电场,如果接收探头也沿 θ 指向,而且在球面上移动,就可测得主极化方向图。图 2.6(b)显示了 E 面(包含 z 轴的任意平面)上的主极化方向图。图 2.6(c)所示为 H 面,即 xOy 平面上的方向图,这两个主平面上的主极化方向图都是垂直线极化。而交叉极化方向图是由正交于主极化的定向探头确定的,在这种理想化的情况下,偶极子没有交叉极化分量,所以交叉极化方向图为零。不过,一个实际的天线,将有非零的交叉极化方向图,通常要求交叉极化电平在所有点上比主极化峰值低 20dB 或更多。在 10.2 节讨论测量时,将更多地分析主极化和交叉极化方向图。通常,主极化和交叉极化方向图同时显示,以方便读出交叉极化电平。图 5.6 所示为某一个反射面天线在同一幅图上的主极化和交叉极化方向图,两种情况使用相同的参考功率电平。在图 5.6(e)中,轴向的交叉极化电平非常低。交叉极化方向图的峰值比主极化方向图主瓣低 -26.3dB,通常就用这个最大值表示天线的交叉极化水平。

对于大多数天线而言,极化是通过测量或计算若干切面上主极化和交叉极化的方向图来确定,这些切面穿过天线主瓣的轴线。通常主平面上的方向图(主极化和交叉极化)足以确定天线的极化,而且合理地选择坐标系有助于简化天线的极化矢量。图 5.3 所示为一个置于球坐标系原点处的天线,球坐标系是描述天线特性的常用坐标系。通常,可以求解电场矢量 E 在主极化和交叉极化归一化极化矢量上的投影来确定主极化和交叉极化的方向图(见 3.4 节),即

$$\begin{cases} F_{\mathrm{co}}(\theta,\varphi) = \boldsymbol{E}(\theta,\varphi) \cdot \hat{\boldsymbol{e}}_{\mathrm{co}} \\ F_{\mathrm{cr}}(\theta,\varphi) = \boldsymbol{E}(\theta,\varphi) \cdot \hat{\boldsymbol{e}}_{\mathrm{cr}} \end{cases} \tag{5.9}$$

归一化单位矢量可以看作是探头的极化状态,它的输出为主极化和交叉极化的方向图。极化矢量 $\hat{\boldsymbol{e}}_{\mathrm{co}}$ 和 $\hat{\boldsymbol{e}}_{\mathrm{cr}}$ 是表征探头主极化和交叉极化状态的归一化复单位矢量。式(5.9)可能是 E 面或 H 面,或者其他任意平面上的主极化和交叉极化的方向图。式(5.9)中的数学定义允许在任意坐标系中表征极化,不过最好选择图 5.3 所示的球坐标系。

现在举例说明固定的球坐标系中的归一化单位矢量。首先考虑图 5.3 所示球坐标系中,位于原点且与 y 轴对齐的线极化天线。分析天线在球面上辐射场的方

向,由文献[7,8]中得到 y 极化天线的极化单位矢量为①

$$\begin{cases} \hat{\boldsymbol{e}}_{co} = \sin\varphi\hat{\boldsymbol{\theta}} + \cos\varphi\hat{\boldsymbol{\varphi}} \\ \quad = -(1-\cos\theta)\sin\varphi\cos\varphi\hat{\boldsymbol{x}} + [1-\sin^2\varphi(1-\cos\theta)]\hat{\boldsymbol{y}} - \sin\theta\sin\varphi\hat{\boldsymbol{z}} \\ \hat{\boldsymbol{e}}_{cr} = \cos\varphi\hat{\boldsymbol{\theta}} - \sin\varphi\hat{\boldsymbol{\varphi}} \\ \quad = [1-\cos^2\varphi(1-\cos\theta)]\hat{\boldsymbol{x}} - (1-\cos\theta)\sin\varphi\cos\varphi\hat{\boldsymbol{y}} - \sin\theta\cos\varphi\hat{\boldsymbol{z}} \end{cases}$$

$$(5.10)$$

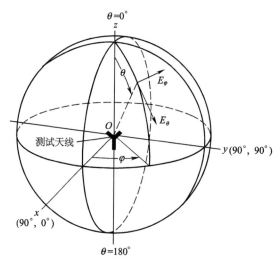

图 5.3 在球坐标系中描述位于原点的天线方向图和极化特性

在 $\varphi=0°$ 和 $\varphi=90°$ 的主平面上,对应于 y 方向线极化天线的线极化单位矢量简化为②

$$\begin{cases} \boldsymbol{e}_{co}(\varphi=0°) = \hat{\boldsymbol{\varphi}} = \hat{\boldsymbol{y}}, H \text{ 面主极化} \\ \boldsymbol{e}_{cr}(\varphi=0°) = \hat{\boldsymbol{\theta}} = \cos\theta\hat{\boldsymbol{x}} - \sin\theta\hat{\boldsymbol{z}}, H \text{ 面交叉极化} \\ \boldsymbol{e}_{co}(\varphi=90°) = \hat{\boldsymbol{\theta}} = \cos\theta\hat{\boldsymbol{y}} - \sin\theta\hat{\boldsymbol{z}}, E \text{ 面主极化} \\ \boldsymbol{e}_{cr}(\varphi=90°) = -\hat{\boldsymbol{\varphi}} = \hat{\boldsymbol{x}}, H \text{ 面交叉极化} \end{cases}$$

$$(5.11)$$

在主平面上,每个方向图的电场分量为

$$\begin{cases} H \text{ 面}(\varphi=0°): F_{co} = E_\varphi, F_{cr} = E_\theta \\ E \text{ 面}(\varphi=90°): F_{co} = E_\theta, F_{cr} = -E_\varphi \end{cases}$$

$$(5.12)$$

---

① 译者注:原式(5.10a)中,单位矢量 $\hat{\boldsymbol{y}}$ 误放在了中括号内。

② 译者注:原式(5.11)有误,E 面和 H 面写反。

第二个例子是一个右旋圆极化天线,由式(3.92)写出相应的主极化和交叉极化单位矢量为

$$\begin{cases} \hat{\pmb{e}}_{\text{co}}^{\text{cir}} = \dfrac{1}{\sqrt{2}} [\,(\sin\varphi + \text{j}\cos\varphi)\,\hat{\pmb{\theta}} + (\cos\varphi - \text{j}\sin\varphi)\,\hat{\pmb{\varphi}}]\,,\text{右旋圆极化} \\[4mm] \hat{\pmb{e}}_{\text{cr}}^{\text{cir}} = \dfrac{1}{\sqrt{2}} [\,(\sin\varphi - \text{j}\cos\varphi)\,\hat{\pmb{\theta}} + (\cos\varphi + \text{j}\sin\varphi)\,\hat{\pmb{\varphi}}]\,,\text{左旋圆极化} \end{cases} \tag{5.13}$$

检验其正确性的方法是验证它们是否满足式(3.25)和式(3.77)所示的归一化和正交关系为

$$\begin{cases} \hat{\pmb{e}}_{\text{co}}^{\text{cir}} \cdot \hat{\pmb{e}}_{\text{co}}^{\text{cir}*} = 1 \quad \text{且} \quad \hat{\pmb{e}}_{\text{cr}}^{\text{cir}} \cdot \hat{\pmb{e}}_{\text{cr}}^{\text{cir}*} = 1 \\[2mm] \hat{\pmb{e}}_{\text{co}}^{\text{cir}} \cdot \hat{\pmb{e}}_{\text{cr}}^{\text{cir}*} = 0 \end{cases} \tag{5.14}$$

在研究天线极化的这些重要特例时,需要强调的一点是,如果一个天线发射右旋圆极化波,当接收天线为 y 轴方向线极化时接收到的功率仅为右旋圆极化天线接收功率的 1/2,可由下式决定:

$$\hat{\pmb{e}}_{\text{co}}^{\text{cir}} \cdot \hat{\pmb{e}}_{\text{cr}}^{\text{lin}*} = \frac{1}{\sqrt{2}} \tag{5.15}$$

对式(5.15)求平方后可知接收到的功率为 1/2。第 6 章将对天线与波的相互作用进行更为全面的阐述。

除圆极化之外,其他极化形式的主极化和交叉极化都依赖于参考极化方向。也就是说,倾斜角度很重要。路德维希(Ludwig)指出了这一点,并引入了 3 个定义[8]。其中的第三个定义最常用,因为它与测量直接相关。本书前面的讨论也是符合路德维希第三定义的。

5.3 全向天线

全向天线在围绕天线的一个平面的所有方向上产生均匀辐射。本节将介绍具有全向方向图的天线。图 2.6(d)所示的甜甜圈形状的方向图就是经典的全向辐射。辐射在图中的 xOy 平面内是均匀的,并平滑地从全向平面向两侧衰减。然而,在实际应用中,方向图在一个平面上并不会完全均匀,而且可能在垂直方向上迅速衰减,就像单极天线一样。此外,即使有些天线在水平面上的辐射不是最大,通常也被称为全向天线,即当水平面上的方向图接近均匀,且和峰值电平相差不多时,仍然说它是全向的。

5.3.1 线极化全向天线

图2.6(a)所示的沿z轴放置的短偶极子天线在xOy平面内具有恒定的方向图,并且在全向的平面(xOy)内的辐射是平行于z轴的线极化,这是最简单的线极化全向天线。图2.6说明了偶极子与辐射单元极化平行的原理。一般来说,天线的极化是由天线附近的电场引起的,无论是线天线还是面天线。其他一些沿z轴放置的天线也会产生全向辐射,图5.4(a)所示的半波偶极子是一种非常受欢迎的天线。在谐振时,它的长度为半波长,输入阻抗为70Ω,且没有电抗分量。图2.6 (b)中的短偶极子在包含z轴的任意垂直平面上的半功率波束宽度为90°,半波偶极子则为78°。极化方式是线极化,并且在xOy平面内极化方向和z轴平行。

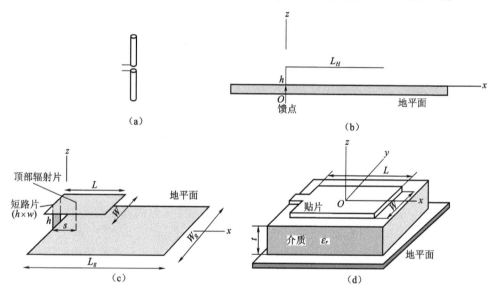

图5.4 线极化全向天线

(a)偶极子天线;(b)倒L形天线;(c)平面倒F形天线(PIFA);(d)微带贴片天线。

将多个半波偶极子天线沿z轴排列并同相馈电,可以使方向图在垂直面上的半功率波束宽度减小,这称为线阵天线,可以在保持水平面全向辐射的基础上提高天线的定向性。这种方向图在基站天线中非常有用,因为在基站天线中,围绕塔站的水平面上必须要有均匀的、尽可能大的辐射功率;而下端和顶端,辐射要尽量小。

将偶极子天线的下半部分用一个接地平面来代替,可实现单极子天线(monopole antenna)。它在地平面方向产生全向辐射,而且在$\theta>90°$的地面以下没有辐射,在$\theta<90°$的地面以上和相应的偶极子具有相同的方向图。半波偶极子的

方向性系数是 2.15dB,而 $\lambda/4$ 单极子的方向性系数是 5.15dB。增加 3dB 就是因为阻止了地平面以下的辐射。

低剖面的全向天线在手持移动电话等小型设备中也很受欢迎,这些天线并不是严格的全向辐射,而是有非常宽的主瓣,并且在水平面上几乎没有方向性。法向模螺旋天线(normal mode helix antenna, NMHA)是最早用于手机的低剖面天线之一,它类似于图 5.11(a)所示的轴向模螺旋天线,只是 NMHA 是电小尺寸,其直径和长度远小于波长。NMHA 设计简单,生产成本低。然而,在手机等小型设备中,接下来讨论的高度更低的天线已经取代了 NMHA。

图 5.4(b)~(d)所示的低剖面天线都有一个接地面,通常就是安装天线设备的一部分。这些天线在地面以上宽波束辐射,在水平面上为准全向辐射,而在接地面以下基本没有辐射。图 5.4(b)中的倒 L 形天线(inverted-L antenna, ILA)本质上是弯折的单极子天线,短的垂直段负责辐射。它的带宽很窄,相对带宽只有百分之几。可以通过一些方法来展宽带宽,包括:在馈点旁边增加一个小导电圆环;增加一根平行的寄生导线;以及使用宽的金属带代替导线,构成平面倒 F 形天线(planar inverted-F antenna, PIFA)[1]。图 5.4(b)中的 PIFA 天线带宽约为 8%,基本能满足大部分单频段无线系统的应用。手机等应用中使用的多频段 PIFA 天线可以通过增加多个不同长度的枝节来实现,每个枝节都在期望的工作频段谐振。

图 5.4(d)中的微带天线(microstrip antenna, MSA)可能是剖面最低的准全向天线。然而,必须采取特殊措施来实现超过百分之几的带宽。

由于在水平面(xOy 面)上辐射是垂直极化的,因此上述天线都是垂直线极化的,但有时也需要水平线极化的全向天线,如车轮状天线(big wheel antenna)。它是在水平面上用全波长的导线绕成圆环,3 个馈点等间距的分布在环上激励起均匀分布的电流,传输线从馈点连至圆心处。文献[9]中设计了工作于 2.45GHz 的车轮天线,测量结果显示其在水平面上有非常接近全向的主极化方向图,而且平均的交叉极化电平比主极化低 13dB。

还有一种比车轮天线更容易实现的水平极化全向天线——光环天线(halo antenna),它在业余无线电爱好者中很受欢迎,特别是在车辆上使用。光环天线是一个用半波偶极子形成的圆环,但两端并不完全相交。在馈电点上需要加载阻抗匹配段,如伽马匹配。

5.3.2 圆极化全向天线

圆极化微带天线与线极化微带天线一样,具有很低的剖面。文献[1]中记载了多种实现微带圆极化天线的方法,但与任何微带天线一样,都需要采取特殊措施来展宽其带宽。不过,窄带的微带天线非常适合全球卫星定位系统(GPS)的应用,因为 GPS 信号是非常窄带的圆极化信号。圆极化的微带天线制作成本较低,所以在 GPS 接收机中得到了广泛的应用①。

5.4　定向天线

定向天线都有一个明显的主瓣,而且要尽可能地减少旁瓣的辐射。从图 5.6 中可以看出②,天线主瓣沿 z 轴方向,在水平面(xOy)上方向图减小几分贝。定向天线的另一个特点是窄波束,它有许多应用,包括点对点通信、测向和感知等。

5.4.1　线极化定向天线

将偶极子天线作为主辐射振子,在其附近再放置一平行振子作为反射器,相对的另一侧设置几个平行振子作为引向器,这就构成了图 5.5(a)所示的八木天线(Yagi)。八木天线沿引向器方向产生一个较窄的波束,且 E 面(图 5.5(a)所示的垂直平面)波束宽度较 H 面宽一些,包含一个反射器、一个辐射器和一个引向器的三元八木天线,其增益约为 9dB[1]。增加引向器的数目可以提高增益,极化方向是平行于辐射振子的线极化。

使用孔径天线(aperture antenna)可以获得非常高的增益,这是一种具有电大物理口面(电磁波向外传播的出口)的天线。因此,孔径天线通常在超高频及以上的频率工作。最简单的孔径天线就是图 5.5(b)所示的缝隙天线(slot antenna),其长度约为 λ/2。事实上,这并不符合电大尺寸孔径天线的定义,因为电大尺寸天线的口面通常是几倍波长。但是,由于其具有物理孔径,通常被当作孔径天线来讨

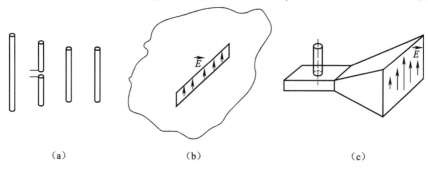

（a）　　　　　　　　（b）　　　　　　　　（c）

图 5.5　线极化定向天线

（a）八木天线;（b）缝隙天线;（c）喇叭天线。

---

①　译者注:5.3.1 节和 5.3.2 节中将微带天线归类为全向天线,实际上定义为"半球天线"更严谨而且不易混淆

②　译者注:原文误写为图 5.3。

论。缝隙天线周围的地将侧面和背面的辐射抑制在较低水平,主波束方向垂直于口面,极化方式是和图中电场方向一致的线极化。

图 5.5(c)所示喇叭天线(horn antenna)可以获得较大的方向性或增益,它类似于一个漏斗,引导波向前传播。喇叭天线的极化方式由连接波导中的激励探针决定。图 5.5(c)中的探针是垂直的,所以辐射将是和口面电场平行的垂直线极化。喇叭天线和其他大多数孔径天线的极化特性在主瓣上趋于相对稳定,也就是说,交叉极化电平非常低,可以低于主瓣峰值方向的主极化电平 40dB 以下。在定向天线的旁瓣区域,天线和支撑硬件的细节结构引起的衍射场决定了天线的极化。因此,一个天线旁瓣的极化状态与主瓣极化状态有很大的不同。

反射面天线(reflector antenna)可以实现极高的增益,而且还有一些"有趣的"极化特性。图 5.6(a)所示天线系统包含一个口面直径 $D=100\lambda$,焦距直径比(简称焦径比,F/D)为 0.5 的抛物面反射器,天线馈源是位于焦点处的半波振子。一般情况下,这种轴对称的抛物面反射器是由馈源天线在焦点处馈电的,而且馈源天线决定了整个系统的极化特性。像偶极子这样的线极化馈源将在反射器的口面上产生交叉化分量,这是由反射面本身的曲率造成的。一种轴对称抛物面反射天线的极化和辐射特性如图 5.6 所示,其中图 5.6(b)和(e)所示方向图是笛卡儿坐标系中的分贝表示,显示了主瓣和前几个旁瓣的细节。系统的远场辐射(二次辐射)在主平面上没有交叉极化,这是由于所有的交叉极化分量在对称面上相互抵消的结果。但是,在 45°平面的主轴上会有交叉极化波瓣,如图 5.6(d)和(e)所示。与抛物面反射器不同,圆柱反射器没有去极化特性[10]。

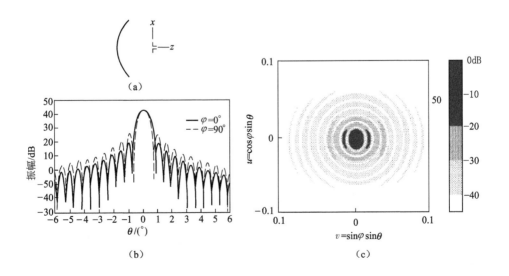

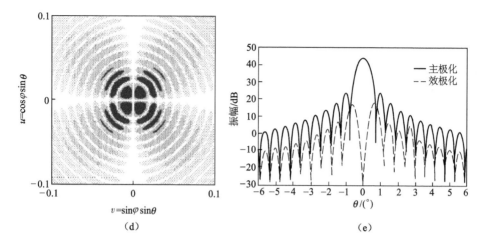

(d)　　　　　　　　　　　　　(e)

图 5.6　轴对称抛物面反射天线,$D = 100\lambda$,$F/D = 0.5$,馈源为焦点处的半波偶极子
（a）反射面结构；（b）主平面方向图；（c）主极化辐射的归一化等值线；（d）交叉极化辐射的归一化等值线。
等值线的强度与阴影深浅成正比,虚线区域在峰值以下 - 30~40dB;（e）$\varphi = 45°$平面上的主极化和交叉
极化方向图,在这个面上交叉极化峰值电平和主极化相差-26.3dB。

采用基于物理光学的复杂的反射面天线计算软件——GRASP[11],对图 5.6
所示反射面天线的辐射特性进行分析,其主平面上的主极化辐射方向图如图 5.6
（b）所示。当 $\theta = 0°$时,主波束的峰值为 43.8dB,这就是天线的最大增益值。相比
于 $\varphi = 90°$的主平面,在 $\varphi = 0°$的主平面上天线的旁瓣更低,主波束更宽。这是由于
在口面的 x 方向,馈电偶极子的辐射减小,使得 x 方向的照射电平逐渐减小。在
$\varphi = 90°$的主平面上,偶极子馈源全向辐射,从而使得在 yOz 平面上对反射面的照射
更强,因此波束宽度就更窄一些。这两个面上的交叉极化辐射均为零。图 5.6（c）
和（d）为主极化及交叉极化辐射的归一化等值线图,注意图 5.6（b）的方向图,就
是将图 5.6（c）所示的等值线沿 u 轴和 v 轴切割而成。很明显,图 5.6（d）中的主平
面上不存在交叉极化辐射,但是一旦偏离主平面,交叉极化就会出现。在 $\varphi = 45°$
的主平面上,主极化和交叉极化的方向图如图 5.6（e）所示。在这个切面上,交叉
极化最为强烈。在主极化主瓣的边缘附近出现大的交叉极化波瓣,这就是反射面
天线的典型特征。

理想的反射面天线的馈源应该具有轴对称的方向图和唯一的相位中心,即在
所有平面上波束宽度相同。这种惠更斯源产生的照射会抵消反射面引起的交叉极
化,在口面上产生纯的线极化[12]。文献[7]中利用物理光学原理,证实了经典惠
更斯源照射轴对称的抛物面时,反射面引起的交叉极化很小。然而,如果反射面的
口径远远大于波长,天线的波束将会很窄,馈源对方向图的影响还会更小。

对称及偏置反射面天线的主要去极化效应,明显地表现为轴比的退化[13]。
馈源通常对二次辐射方向图中的交叉极化起主导作用。圆锥形波纹喇叭馈源因其

具有很好的方向图对称性和稳定的相位中心,是目前比较受欢迎的馈源天线[14]。

5.4.2　圆极化定向天线

与全向圆极化天线一样,定向天线产生圆极化辐射也需要特殊的措施。产生圆极化辐射有两种常用的方法:第一种是依靠天线自身的结构产生圆极化辐射,如图5.11所示的螺旋天线,极化的旋向由螺旋的绕向决定,这将在5.5节中详细讨论;第二种是圆极化天线需要产生两个空间上正交且相位也正交的线极化分量。

图5.7所示的十字交叉天线就是第二种圆极化天线的一个例子,这种天线由垂直和水平的偶极子(通常是半波偶极子)组成。它们相互垂直是为了激励两个等幅且空间上正交的线极化分量,然后通过馈线使垂直振子超前水平振子90°相位。通常,相同的正交线极化天线被相差90°的信号激励时会产生圆极化,而90°相差的符号决定它的旋向。此外,由于偶极子的长度相等,电场的 x 分量和 y 分量的振幅相等,且相位正交,因此就产生了垂直于交叉偶极子平面的圆极化辐射。在图5.7中,利用左手和右手法则,我们可以看到天线沿+z 轴是左旋圆极化辐射,沿 −z 轴是右旋圆极化辐射。从+z 轴方向看,电场矢量顺时针旋转;而从 −z 轴方向看,电场矢量逆时针旋转。因此,沿着 θ = 0°的+z 轴,旋转的电场起始于 y 轴,1/4周期后则转到 x 轴,所以辐射就是左旋圆极化。沿着 θ = 180°的 −z 轴,电场的旋向相反,产生右旋圆极化辐射。在 θ = 90°,φ =90°的 y 轴方向,辐射电场和 x 轴方向的振子平行,所以是 x 轴方向的水平线极化。类似地,在 θ = 90°,φ =0°的 x 轴方向,辐射电场和 y 轴方向的振子平行,所以是 y 方向的垂直线极化。

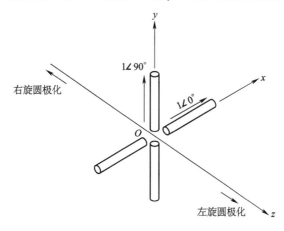

图5.7　十字交叉天线

令人惊讶的是,十字交叉天线向一个方向辐射右旋圆极化波,而向相反方向辐射左旋圆极化波。可以通过和时钟指针的简单类比来理解这种情况:从正面看,时钟的指针是顺时针旋转的;而从后面看,指针是逆时针旋转的。

十字交叉天线的相位正交激励可以这样来实现:在需要相位滞后的偶极子之前的普通传输线上增加额外的 $\lambda/4$ 传输线段,来实现相位延迟(图6.6)。当然,这是一种窄带的方法。在馈电网络中采用正交分支线耦合器可以展宽带宽。十字交叉天线说明了圆极化天线的一个普遍规律:当偏离主瓣峰值的角度增大时,圆极化的纯度趋于恶化(轴比增大)。在图5.7中,沿+z轴方向产生纯的左旋圆极化辐射。当在 xOz 平面内,距离发射天线较远时,随着偏离 z 轴角度的增大,辐射的轴比从0(圆极化)增大到无穷大(线极化)。这很容易理解,因为水平偶极子在两端没有辐射,对 x 方向的辐射没有贡献,在 x 方向的辐射是平行于 y 轴的线极化。类似地,在 y 方向的辐射是平行于 x 轴的线极化,具有无限大的轴比。

十字交叉天线的归一化方向图函数表示为[3]

$$F(\theta) = \sqrt{\frac{1 + \cos^2\theta}{2}} \qquad (5.16)$$

由式(5.16)可知,在 $\theta = 0°$ 和 $\theta = 180°$ 时,方向图具有两个峰值。最小的辐射点在 $\theta = 90°$ 的 xOy 平面,这时电平下降3dB。从式(5.16)中可以看出,十字交叉天线是一个无零点的天线,其在+z轴和-z轴方向具有最大值,且分别对应左旋圆极化和右旋圆极化的辐射。因为 $F(\theta = 90°) = 0.707$,所以天线的半功率波束宽度是180°。式(5.16)表示天线总的辐射,与特定的极化状态无关。在+z轴方向的左旋圆极化辐射方向图函数表示为[3]

$$F_{CP}(\theta) = \frac{1}{2}(1 + \cos\theta) \qquad (5.17)$$

相应的半功率波束宽度是131°。

十字交叉天线在+z方向和-z方向各有一个圆极化旋向相反的宽波束双向方向图。实际中,可以采用相应的技术形成单向方向图,即在交叉偶极子后面 $\lambda/4$ 处放置一个和偶极子平面平行的接地面(实际上就是一个相对较大的良导体平面)。偶极子的辐射波经接地面反射后产生180°相移,而往返半波长的波程差也会产生180°的相移。因此,360°的总相移使反射波与偶极子的直接辐射波同相,而且在+z轴方向形成最大值。因为在后半向没有辐射,所以天线只有一个主瓣。阵列理论可以用来计算偶极子及其地面镜像的辐射,从而得到加载地平面的十字交叉天线总的方向图[3],即

$$F_{CP}(\theta) = \frac{1}{2}(1 + \cos\theta)\left|\cos\left[\frac{\pi}{2}(1 + \cos\theta)\right]\right| \qquad (5.18)$$

这时天线的波束宽度是98.4°,比没有加载地面时的131°窄了很多。关于十字交叉天线的原理和应用在文献[15]中有具体的介绍。

在第二类圆极化天线中,空间正交通常是使用两个正交放置的线极化单元来实现的,如刚刚提及的十字交叉天线。相反,在图5.11所示的第一类圆极化天线中,空

间和时间正交条件是"天然的"。图 5.8 给出了第二类圆极化的天线的一些例子,其中 5.8(a)所示十字交叉八木天线就是将图 5.5(a)所示的两个八木天线垂直交叉放置。两个辐射振子馈电的幅度相同,相位相差 90°。图 5.8(b)所示的圆极化喇叭天线和 5.5(c)中的线极化喇叭天线类似,只不过有两个馈电端口,用来馈入幅度相同,相位相差 90°的信号。反射面天线实现圆极化只要简单地将馈源天线改变为圆极化天线即可,如图 5.8(c)所示。图中的馈源是十字交叉天线,但实际上也可以使用其他多种圆极化馈源。需要注意的是,圆极化馈源的旋向应该与反射面天线的旋向相反。这是因为馈源的辐射经抛物反射面反射之后旋向会反向。

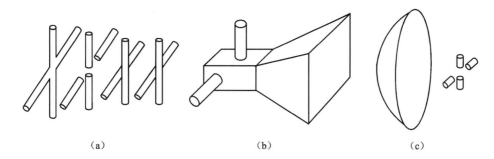

| (a) | (b) | (c) |

图 5.8 第二类圆极化天线实例,两个输入端口激励幅度相同,相位相差 90°的信号,最终合成圆极化辐射
(a)十字交叉八木天线;(b)双极化喇叭天线;(c)十字交叉偶极子馈电的反射面天线。

　　偏置反射面天线具有有趣的极化特性。如图 5.9 所示,当一个具有轴对称方向图的线极化馈源照射偏置的抛物反射面时,将在对称面(xOz 面)上没有交叉极化,而在非对称面(yOz 面)上有交叉极化分量,且随着偏置角度 θ_0 的增大而增大,如表 5.2 所列。如果是圆极化的馈源,就没有交叉极化,但是主波束峰值将在 yOz 面内偏离 z 轴[10,16-17]。

　　这种所谓的波束倾斜使主波束偏离反射面的轴(z 轴)向。注意,由于反射面的反射,天线辐射波的旋向与馈源旋向相反。

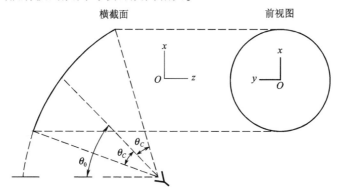

图 5.9 偏置反射面天线

表 5.2 郊极化特性

性能	交叉极化特性	
馈源	xOz 平面 (对称平面,偏置平面)	yOz 平面 (非对称平面)
理想线极化	无交叉极化	有交叉极化
理想圆极化	无交叉极化	无交叉极化,波束倾斜

采用线极化阵元组成阵列实现圆极化的定向方向图是一种有趣的方式:线极化的单元置于 2×2 的子阵中,4 个单元在空间中逐步旋转,如 0°、90°、180° 和 270°。每一个单元等幅馈电,且具有和空间方向一致的相位递增[18]。这点和二元的十字交叉偶极子天线类似,在空间和馈电相位上都具有 0° 和 90° 两种递增。但四元子阵具有更好的对称性,使得圆极化天线在偏离主轴时有更好的稳定性和更宽的带宽。与直接使用圆极化阵元的方法相比,这种方法的优点在于实际中线极化阵元更容易实现,并且每个单元只需要一个馈点,从而降低了馈电的复杂性。Huang 利用 2×2 的微带线极化子阵构建了多个圆极化阵列,获得了 10% 以上的轴比带宽,而且方向图非常对称,波束相位扫描时圆极化特性良[18]。

5.5 宽带天线

图 5.4 中所示几种天线的带宽都比较窄。半波偶极子的带宽约为 10%,且和振子的直径有关。倒 L 形天线的带宽仅为 1%,平面倒 F 形天线带宽约为 8%。微带天线剖面低,价格便宜,但它的带宽低到 1%。这对于许多需要宽带天线的新型应用来说都是不够的。宽带天线是指比值带宽 $Br \geqslant 2$ 的天线。本节将介绍几个线极化或圆极化的宽带天线典型实例。在天线的物理结构中,通过强调角度而不是固定的物理长度来实现宽带[1]。

5.5.1 线极化宽带天线

图 5.10(a) 所示的对数周期偶极子天线(log-periodic dipole array,LPDA)是最早的宽带天线之一,它由多个尺寸逐渐变小的偶极子组成,每个振子由共同的馈线连接在一起。尽管对数周期偶极子天线由许多固定物理长度的振子组成,但它有一个角剖面,导致其带宽超过 10 : 1。图 5.10(b) 所示为梯形齿对数周期天线,这是一种金属薄片形的对数周期天线。由于张角的存在,它比对数周期偶极子天线带宽更宽,但波束变窄。对数周期偶极子天线的极化方式为平行于振子方向的线极化;梯形齿对数周期天线的极化方式是平行于齿边的线极化。

图 5.10(c)所示的正方形阵列天线是一种非常紧凑的低剖面平面天线,其带宽为 3.5 : 1[1]。阵列中每个正方形子阵都是由相对放置的正方形单元组成的,这些单元由平衡的馈电激励,在对角线上形成线极化,所以这种天线可以实现相互正交的双线极化天线。正方形单元的一种变形是四点式天线,这种变形经过专门的设计,可以单独作为天线使用,也可用于间隔不紧密的阵列中。四点式天线是一种能够实现 2.7 : 1 带宽的双线极化天线[1]。

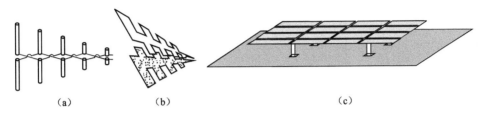

(a)　　　　　(b)　　　　　　　　　(c)

图 5.10　线极化宽带天线示例

(a)对数周期偶极子天线;(b)梯形齿状对数周期天线;(c)正方形阵列天线。

5.5.2　圆极化宽带天线

图 5.11 所示为第一类圆极化宽带天线的示例。其中图 5.11(a)所示的轴向模螺旋天线,其周长约为一个波长,带宽约为 2 : 1。它有一个接近圆形对称的端射波束,可以在线圈内部引入螺柱,形成螺柱加载的螺旋天线,进而减小螺旋天线的尺寸。螺柱加载的螺旋天线除了长度和直径减小,其他特性和轴向模螺旋天线类似。螺线天线也是圆极化天线,它比螺旋天线有更宽的波束和带宽。图 5.11(b)所示阿基米德螺线天线和图 5.11(c)所示等角螺线天线的工作原理在文献[1]中有论述。

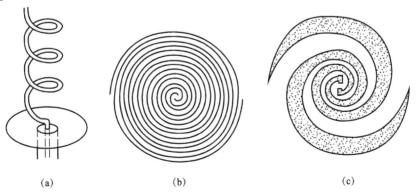

(a)　　　　　　　(b)　　　　　　　(c)

图 5.11　第一类圆极化宽带天线

(a)轴向模螺旋天线;(b)阿基米德螺线天线;(c)等角螺线天线。

螺旋天线和螺线天线极化的旋向都是由线的绕向决定的,因此图5.11(a)中的左手绕向螺旋产生左旋圆极化辐射。图5.11(b)和(c)中的螺线天线位于自由空间中,将会激励两个波束:一束指向纸面之外;另一束指向纸面之内。它们都是按右手法则绕向,所以指向纸面之外就是右旋圆极化,指向纸面之内就是左旋圆极化,这和十字交叉振子天线类似。通常,螺线天线需要加载接地面来产生单向的辐射。

图5.10(c)所示的正方形阵列天线,如果按照前述第二种圆极化天线的实现方法给每对阵元馈电,也可以激励圆极化辐射。

5.6 圆极化天线的极化纯度

有几个误差源会降低天线的极化纯度,极化纯度通常用轴比来量化,轴比为1(0)表示纯圆极化,这在2.3节圆极化的定义和原理中已经说明。因此,当轴比大于0时,极化纯度下降。极化纯度是频率的函数,它会影响天线的极化带宽。圆极化纯度随正交线极化分量相位和振幅误差的增大而降低。例如,图5.7所示的十字交叉天线在正交线极化分量幅值相等、相位差为90°时,在辐射的轴向为纯圆极化。如果两个分量不是完全垂直的,或者两分量是椭圆极化,而不是纯线极化,就不会产生完美的圆极化辐射。此外,如果各分量的振幅不相等,或者相差不是90°,那么辐射波也不会产生完美的圆极化辐射。

在设计十字交叉天线时,一个重要的问题是如何准确地实现激励。当正交线极化分量存在误差时,文献[20]给出了轴比值的简便计算结果。图5.12所示为轴比和正交线极化分量幅相误差之间的关系[21],这些值在振幅和相位不平衡方面是对称的。也就是说,无论是x分量大于y分量,还是y分量大于x分量;或者相位误差是正还是负,结果都是一样的[22]。例如,考虑两个幅值差为1.5dB,相位差为15°的正交线极化分量。从图5.12中可以看出,产生的波的轴比都是2.5dB。

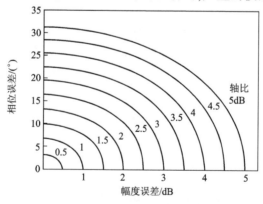

图5.12 由正交线极化分量合成波的轴比和两分量幅相误差之间的关系

在第二类圆极化天线中,相位误差可能由馈线长度的差异引起。任何第二种实现圆极化的方法都会产生误差,从而降低了圆极化的纯度。例如,分支线耦合器就会引入振幅和相位的误差。第一类圆极化天线避免了馈电问题,所以其极化纯度不如第二类圆极化天线那样对频率敏感。当然,所有圆极化天线都不是纯粹的圆极化。

5.7 思考题

1. 计算下列比值带宽对应的百分比带宽:1.105、1.67、2、3 和 10。

2. 对于 y 极化测试天线,根据式(5.7)在球面 1/4 象限的主平面上绘制主极化和交叉极化单位矢量。

3. 证明式(5.14)。

4. 证明式(5.1)。

5. 对于图 5.7 中的十字交叉天线,绘制连接到单一馈电传输线的完整的双线传输线,并且画出额外的 $\lambda/4$ 传输线来满足相位正交的条件。

6. 编写一个程序,根据式(5.12)绘制十字交叉天线的方向图。注意采用极坐标的形式。

7. 判断下列圆极化天线辐射的旋向:(1)图 5.11(a)所示的螺旋天线向上辐射;(2)图 5.11(b)所示的阿基米德螺线天线向纸面外辐射。

8. 用两个正交偶极子激励圆极化波,激励的幅度分别为 1.1 和 0.825,且存在 80°的相位差。计算产生波的轴比(dB),并和图 5.12 中的结果比较。

参考文献

[1] Stutzman, W. L., and G. A. Thiele, Antenna Theory and Design, Third Edition, New York: John Wiley and Sons, 2013.

[2] Mathis, H. F., "A Short Proof that an Isotropic Antenna is Impossible," Proc. IRE, Vol. 39, Aug. 1951, p. 970.

[3] Mott, H., Polarization in Antennas and Radar, New York: Wiley, 1986.

[4] Fulton, F., "The Combined Radiation Pattern of Three Orthogonal Dipoles," IEEE Trans. Ant. and Prop., Vol. AP-13, March 1965, pp. 323-324.

[5] Saunders, W. K., "On the Unity Gain Antenna," in Electromagnetic Theory and Antennas, Part 2, E. C. Jordan (ed.), Oxford, UK: Pergamon Press, 1963, pp. 1125-1130.

[6] Scott, W. G., and K. M. Soo Hoo, "A Theorem on Polarization of Null Free Antennas," IEEE Trans. on Ant. and Prop., Vol. AP-14, Sept. 1966, pp. 587-590.

[7] Collin, R. E., Antennas and Radiowave Propagation, New York: McGraw-Hill, 1985, pp. 216-224.

[8] Ludwig, A. C. , "The Definition of Cross Polarization," IEEE Trans. on Ant. and Prop. , Vol. AP-21, Jan. 1973, pp. 116-119.

[9] Dietrich, C. , K. Dietze, J. R. Nealy, and W. Stutzman, "Spatial, Polarization, and Pattern Diversity for Wireless Handheld Terminals, IEEE Trans. on Ant. and Prop. , Vol. 49, Sept. 2001, pp. 1271-1281.

[10] Chu, T. -S. , and R. H. Turrin, "Depolarization Properties of Offset Reflector Antennas," IEEE Trans. on Ant. and Prop. , Vol. AP-21, May 1973, pp. 339-345.

[11] GRASP-Single and Dual Reflector Antenna Program Package, TICRA Eng. , Copenhagen, Denmark.

[12] Koffman, I. , "Feed Polarization for Parallel Currents in Reflectors Generated by Conic Sections," IEEE Trans. on Ant. and Prop. , Vol. AP-14, Jan. 1966, pp. 37-40.

[13] DiFonzo, D. F. , "The Measurement of Earth Station Depolarization Using Satellite Signal Sources," COMSAT Laboratories Tech. Memo. CL-42-75, 1975.

[14] Clarricoats, P. J. B. , and A. D. Olver, Corrugated Horns for Microwave Antennas, Stevenage Herts: IET, 1983.

[15] Ta, S. , Park, I. , and R. Ziolkowski, "Crossed Dipole Antennas: A Review," IEEE Ant. and Prop. Mag. , Vol. 57, Oct. 2015, pp. 107-122.

[16] Terada, M. , and W. Stutzman, "Cross Polarization and Beam Squint in Single and Dual Offset Reflector Antennas," Electromagnetics, Vol. 16, Nov/Dec 1996, pp. 633-650.

[17] Duan, D. W. , and Y. Rahmat-Samii, "Beam Squint Determination in Conic-Section Reflector Antennas with Circularly Polarized Feeds," IEEE Trans. on Ant. and Prop. , Vol. 39, May 1991, pp. 612-619.

[18] Huang, J. , "A Technique for an Array to Generate Circular Polarization with Linearly Polarized Elements," IEEE Trans. on Ant. and Prop. , Vol. AP-34, Sept. 1980, pp. 1113-1124.

[19] Barts, R. , and W. Stutzman, "Stub Loaded Helix Antenna," U. S. Patent No. 5,986,621, Nov. 16, 1999.

[20] Parekh, S. , "Antenna Designer's Notebook: Simple Formulas for Circular-Polarization Axial Ratio Calculations," IEEE Ant. and Prop. Magazine, Vol. 33, Feb. 1991, pp. 30-32.

[21] Pozar, D. M. , "Antenna Designer's Notebook: Axial Ratio of Circularly Polarized Antennas with Amplitude and Phase Errors," IEEE Ant. and Prop. Magazine, Vol. 32, Oct. 1990, pp. 45-46.

[22] Keen, K. M. , "Feeder Errors Cause Antenna Circular Polarization Deterioration," Microwave Systems News, Vol. 14, May 1984, pp. 102-108.

第6章
天线和电磁波的相互作用

6.1　极化效率

　　极化理论最重要的应用之一是评估电磁波和接收天线的相互作用。在通信系统设计中,一种典型的情况是将远端发射天线的来波与接收天线极化匹配。这种波和天线的极化匹配保证了接收机能够获得最大的转换功率。在必须精确确定入射波极化状态的传感系统中,极化也很重要。本章从接收天线的特性和入射波的参数两个方面讨论天线与波的相互作用。如果波是由远端发射天线激励,而不是自然过程产生的,并且传播路径上没有去极化介质(见第8章),那么到达接收机时波的极化就是发射天线的极化。天线和电磁的波相互作用过程,可以通过入射波功率密度和天线输出功率的转换来表征,也可以通过复数入射场强和天线输出复数电压的转换来表征。前一种方法最常见,而且通常情况下可以满足应用;后一种方法通常在要求相位信息时使用。在本章中两者都要讨论,并且提出了几种天线和波相互作用的功率方程,以方便对接收信号进行计算。

　　平面波入射到接收天线的一般情况如图 6.1 所示。口面处电磁波的功率密度为 $S(\mathrm{W}/\mathrm{m}^2)$,其传输到负载的功率为 P_D。接收天线收到的可用功率为 $P(\mathrm{W})$,这里已假设天线极化与入射波的极化是匹配的,天线阻抗和负载阻抗是匹配的。

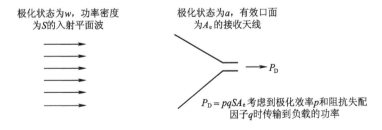

图 6.1　平面波入射到接收天线的一般情况

可用的输出功率同时取决于入射波和接收天线的极化,从入射波功率密度到接收天线可用功率的转换由极化效率 p 衡量[1]，极化效率也经常称为极化失配因子，偶尔也称为极化匹配因子[2]。本节根据接收天线接收到的功率和入射波的物理性质推导出极化效率的定量定义，这个结论也可以用来解释入射波与接收天线的相互作用。

式（3.23）为平面波入射到天线时的功率密度：

$$S = \frac{1}{2\eta}(E_1^2 + E_2^2) \tag{6.1}$$

式中：E_1 和 E_2 分别为 z 方向入射波的电场在 x 轴和 y 轴方向的幅度分量。

假设当前接收天线的方向图峰值响应与平面波的到达方向一致，并且接收天线与平面波的极化方向匹配。此时，接收天线收到的功率为

$$P = SA_e \tag{6.2}$$

式（6.2）也可以定义接收天线的有效孔径（有效面积）：$A_e = P/S$。这里假设在波和天线之间的极化完美匹配，有效孔径就是天线接收到的功率（W）与入射波功率密度（W/m^2）之比。因此，有效孔径的单位为 m^2，用来衡量天线的收集面积。一般情况下，A_e 和方向角相关，而方向角又和功率方向图相关，即

$$A_e(\theta,\varphi) = A_e \left| F(\theta,\varphi) \right|^2 \tag{6.3}$$

另外，再介绍一个天线理论中的基本关系：有效孔径是天线的有效采集面积，它与天线的增益直接相关[3]，即

$$A_e = \frac{\lambda^2}{4\pi}G \tag{6.4}$$

将其与式（5.3）进行比较，可得

$$e_r\lambda^2 = \Omega_A A_e \tag{6.5}$$

式（6.5）表示波束立体角与有效孔径之间的关系。也就是说，有效孔径越大，给定频率（波长）下的波束立体角越小。如果接收天线是无耗的，$e_r = 1$，即得最大有效孔径面积 A_{em} 满足

$$\lambda^2 = \Omega_A A_{em} \tag{6.6}$$

将式（6.2）的接收功率修正为天线极化与入射波极化不完全匹配的情况，即考虑极化效率 p，则

$$P_r = pSA_e \tag{6.7}$$

式中：P_r 为接收天线收到的实际功率（假设与接收电路阻抗匹配）。由此得到，极化效率的正式定义为

$$p = \frac{P_r}{SA_e} \tag{6.8}$$

式（6.8）表示天线从任意极化的平面波接收到的功率，和同样的天线在同样功率密度的来波中极化匹配时最大接收功率的比值。极化效率的变化范围从极化完全失配时的 $p = 0$，到完全匹配时的 $p = 1$，即

$$0 \leqslant p \leqslant 1 \qquad (6.9)$$

图 6.2 给出了几种常见波与天线的极化组合对应的极化效率值。注意到这些值是关于主对角线对称的,这表明波和天线的极化状态是互易的。例如,45°斜线极化入射波和右旋圆极化天线之间的极化效率是 0.5,而右旋圆极化的入射波和45°斜线极化天线之间的极化效率也是 0.5。

项目		天线的极化				
		垂直线极化	45°斜线极化	水平极化	右旋圆极化	左旋圆极化
波的极化	垂直线极化	1	0.5	0	0.5	0.5
	45°斜线极化	0.5	1	0.5	0.5	0.5
	水平极化	0	0.5	1	0.5	0.5
	右旋圆极化	0.5	0.5	0.5	1	0
	左旋圆极化	0.5	0.5	0.5	0	1

图 6.2 几种常见波与天线的极化组合对应的极化效率值

更一般的波和天线特定极化状态对应的极化效率值如表 6.1 所列。波和天线极化状态可以互换,但部分极化波的情况除外。

表 6.1 极化效率示例

情形	波的极化状态	天线的极化状态	极化效率 $p*$
a	任意完全极化状态	与波的极化状态相同	1
b	任意完全极化状态	正交于波的极化状态	0
c	圆极化	任意倾角的线极化	0.5
d	垂直线极化	45°斜线极化	0.5
e	非极化波	任意状态	0.5

例如,表中情形 e,非极化波入射到任意天线。如果入射波是完全极化波,且天线与其极化匹配(情形 a),那么可接收到所有的功率,$p = 1$;相反地,如果天线和波的极化状态正交(情形 b),那么将收不到功率,$p = 0$。在实际中,天线和来波之

间不可能理想正交,而交叉极化的输出电平往往比主极化状态低 40dB 或更低。又如,表 6.1 中的情形 c 和 d,对应的极化效率是 0.5。在情形 c 中,入射波是圆极化,接收天线是具有任意倾斜角的线极化天线。在情形 d 中,45°斜线极化天线接收垂直线极化波。这些一般情形将在 6.2 节介绍极化效率的定量计算时得到验证。当波是随机极化波时,也会有 1/2 的功率损失(情形 e)。这是因为平均来说,入射波 1/2 时间对天线同极化,另外 1/2 时间对天线正交极化。

除了极化失配,接收天线与负载的阻抗失配也会降低天线传输到负载上的功率。与极化失配类似,可以定义阻抗失配系数 q 来表征阻抗失配。阻抗失配系数表示一种功率效率,当完全失配时,其值为 0;而当理想匹配时,其值为 1,即 $0 \leqslant q \leqslant 1$ [3]。如图 6.1 所示,同时计及极化失配和阻抗失配,接收天线传输到终端负载的功率为

$$P_D = pqP = pqSA_e \tag{6.10}$$

通常,将效率因子转化为用 dB 表示的损耗形式。极化效率是功率的比值,其对应的极化损耗表示为

$$L_p = -10\lg p \quad (dB) \tag{6.11}$$

在匹配的状态下,$L_p = 0$。当极化正交时,$L_p = \infty$。当极化效率等于 0.5 时(表 6.1 中的情形 c、d、e),$L_p = 3dB$。式(6.10)中的阻抗失配因子也可以用相同方式表示为 dB 的形式。极化和阻抗失配引起的损耗是通信链路的功率预算中经常遇到的问题。

6.2 极化效率的计算

第 3 章介绍的几种表示极化状态的表示方法都可以用来计算极化效率,也就是说,波和天线的极化状态都以相同的形式表示。本节给出了每种表示方法中极化效率的计算公式,分析它们的优缺点,并给出大量的实例。

6.2.1 使用庞加莱球估算极化效率

庞加莱球是最方便的形象化表示所有极化状态的方法,这点在 3.3 节中讨论过。同时,它还为极化效率估算提供了一种非常概念化的方法。如图 6.3 所示,波的极化状态表示为 w,其距球心的距离 d 代表了极化程度,波的完全极化部分位于单位半径的球面上。而天线是完全极化的,所以用球面上的点 a 表示。a 和 w 之间的夹角表示为 $\angle wa$。随着极化程度的增加,极化效率完全由如下简单公式决

定[4],即①

$$p = \frac{1}{2}[1 + d\cos(\angle wa)] \tag{6.12}$$

如果波和天线极化相同,那么 $\angle wa = 0$,则

$$p = \frac{1}{2}(1 + d) \tag{6.13}$$

进一步分析式(6.13),如果波是完全极化波,则 $d = 1$,$p = 1$(表6.1中的情形 a);如果波是非极化波,则 $d = 0$,$p = 0.5$(表6.1中的情形 e),这是因为接收天线在非极化波中只能捕获一半的可用功率。将式(6.12)重新改写,可以清楚地表示波的非极化部分和极化部分对极化效率的贡献,即

$$p = \frac{1}{2}[1 - d + d(1 + \cos\angle wa)] = \underbrace{\frac{1}{2}(1 - d)}_{\text{非极化部分}} + \underbrace{d\cos^2\frac{\angle wa}{2}}_{\text{极化部分}} \tag{6.14}$$

同样地,如果天线的极化状态和波的完全极化部分的极化状态相同,则 $\angle wa = 0°$,代入式(6.14)中得

$$p = (1 - d)/2 + d = (1 + d)/2$$

与式(6.13)相同。

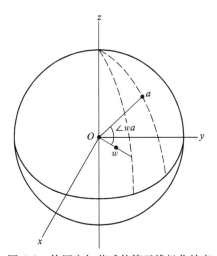

图6.3 使用庞加莱球估算天线极化效率

如3.8.3节所示,庞加莱球面上相对的点表示正交极化状态,当 $\angle wa = 180°$ 时,式(6.12)和式(6.14)表示为

$$p = \frac{1}{2}(1 - d) \qquad \angle wa = 180° \tag{6.15}$$

————————————

① 译者注:原文式(6.12)有误,漏写了极化程度 d。

此时,如果波是完全极化的($d=1$),则$p=0$(表 6.1 中的情形 b);如果波是随机极化的($d=0$),则$p=0.5$。

对于$d=1$的完全极化波,如果$\angle wa=90°$,则式(6.12)和式(6.14)表示为

$$p=\frac{1}{2}, d=1, \angle wa=90° \tag{6.16}$$

例如,如果波是圆极化的(左旋圆极化或右旋圆极化),w位于庞加莱球的极点上。而如果天线是任意的线极化,则a点在赤道上(图 3.4)。此时$\angle wa=90°$,$p=0.5$,这是表 6.1 中的情形 c。又如,假如波是垂直线极化,天线是 45°斜线极化。此时仍由图 3.4 可知,$\angle wa=90°$,$p=0.5$,这是表 6.1 中的情形 d。

将极化效率作为极化程度的函数,且将夹角$\angle wa$作为参数,可以画出图 6.4,图中数值由式(6.12)计算得到。图 6.4 适用于所有可能的波和天线极化的组合。可以清楚地看出,对于所有接收天线,如果波是非极化状态($d=0$),则$p=0.5$;如果波是完全极化($d=1$),则p的取值范围为 0~1。

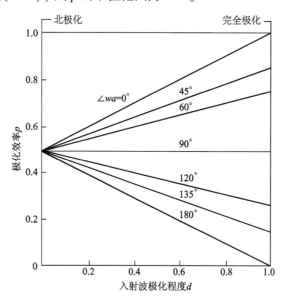

图 6.4　庞加莱球上,入射波完全极化部分与天线极化状态夹角为$\angle wa$时,接收天线的极化效率
注:波的极化程度为d,曲线基于式(6.12)绘制

6.2.2　使用斯托克斯参数估算极化效率

庞加莱球是一种直观的确定极化效率的方法,但对于任意的极化状态,式(6.12)中计算p值时用到的夹角$\angle wa$不易确定。另外,斯托克斯参数虽然不那么直观,但对于任何极化状态都提供了一种简单的计算方法。有关斯托克斯参数

的详细信息,参见 3.5 节。

用斯托克斯参数中表示极化效率[5]:

$$p = \frac{1}{2}\boldsymbol{a}_i^\mathrm{T}\boldsymbol{s}_i = \frac{1}{2}(1 + a_1s_1 + a_2s_2 + a_3s_3) \qquad (6.17)$$

式中:$\boldsymbol{a}_i^\mathrm{T}$ 为 $d = 1$ 时天线的斯托克斯参数 $\boldsymbol{a}_i^\mathrm{T} = [1 \quad a_1 \ a_2 \ a_3]$;$\boldsymbol{s}_i^\mathrm{T}$ 为波的斯托克斯参数 $\boldsymbol{s}_i^\mathrm{T} = [1 \quad s_1 \ s_2 \ s_3]$;T 为矩阵的转置。

如果天线和来波极化匹配(情形 a),$\{a_i = s_i\}$,则式(6.17)变为

$$p = \frac{1}{2}(1 + s_1^2 + s_2^2 + s_3^2) = \frac{1}{2} \times (1 + 1) = 1 \qquad (6.18)$$

这表示 100% 的极化效率,计算时代入了式(3.45)。

如果天线和来波极化正交(情形 b),由式(3.96)得到 $a_1 = -s_1, a_2 = -s_2, a_3 = -s_3$,则式(6.17)变为

$$p = \frac{1}{2}(1 - s_1^2 - s_2^2 - s_3^2) = \frac{1}{2} \times (1 - 1) = 0 \qquad (6.19)$$

这说明没有功率被天线接收。

如果来波是非极化的(情形 d),$[s_i]^\mathrm{T} = [1 \quad 0 \quad 0 \quad 0]$,则

$$p = \frac{1}{2}(1 + a_1 \cdot 0 + a_2 \cdot 0 + a_3 \cdot 0) = \frac{1}{2} \qquad (6.20)$$

式(6.20)表示只有一半的功率被天线接收。

6.2.3　使用极化椭圆估算极化效率

参阅 3.2 节关于极化椭圆的详细描述,用极化椭圆量表示极化效率,可以直接由 6.2.2 节的斯托克斯参数结果推导。先根据式(3.44)和式(4.13)分别写出天线和波的斯托克斯参数:

$$\boldsymbol{a}_i = \begin{bmatrix} 1 \\ \cos(2\varepsilon_a)\cos(2\tau_a) \\ \cos(2\varepsilon_a)\sin(2\tau_a) \\ \sin(2\varepsilon_a) \end{bmatrix}, \boldsymbol{s}_i = \begin{bmatrix} 1 \\ d\cos(2\varepsilon_w)\cos(2\tau_w) \\ d\cos(2\varepsilon_w)\sin(2\tau_w) \\ d\sin(2\varepsilon_w) \end{bmatrix} \qquad (6.21)$$

将式(6.21)代入式(6.17),可得

$$p = \frac{1}{2}\begin{pmatrix} 1 + d\cos(2\varepsilon_a)\cos(2\varepsilon_w)\cos(2\tau_a)\cos(2\tau_w) + \\ d\cos(2\varepsilon_a)\cos(2\varepsilon_w)\sin(2\tau_a)\sin(2\tau_w) + d\sin(2\varepsilon_a)\sin(2\varepsilon_w) \end{pmatrix}$$

$$(6.22)$$

其中,波与天线极化椭圆主轴之间的夹角,即相对倾角是一个重要的参数,其定义为:

$$\Delta\tau = \tau_a - \tau_w \tag{6.23}$$

利用附录式(B.9)化简式(6.22)式,可得

$$p = \frac{1}{2}(1 + d\cos(2\varepsilon_a)\cos(2\varepsilon_w)\cos(2\Delta\tau) + d\sin(2\varepsilon_a)\sin(2\varepsilon_w)) \tag{6.24}$$

如果天线和波的 (ε,τ) 参数是已知的,相当于 ε_a、ε_w 和 $\Delta\tau$ 已知,这时由式(6.22)或式(6.24)来计算极化效率。

[例 6.1]　使用极化椭圆参数,计算表 6.1 中的几种情形对应的极化效率。

情形 a:天线和入射波极化匹配。

$d=1,\varepsilon_a=\varepsilon_w,\Delta\tau=0$,代入式(6.24),有

$$p = \frac{1}{2}(1 + \cos^2(2\varepsilon_w) + \sin^2(2\varepsilon_w)) = 1$$

情形 b:天线和入射波极化正交。

$d=1,\varepsilon_a=-\varepsilon_w,\Delta\tau=90°$,联立式(3.72)和式(6.24),可得

$$p = \frac{1}{2}(1 + \cos^2(2\varepsilon_w)\cos 180° - \sin^2(2\varepsilon_w)) = \frac{1}{2} \times (1 - 1) = 0^①$$

情形 c:圆极化入射波,线极化天线。

此时,由表 3.5 可知,圆极化波:$d=1,\varepsilon_w=45°,\tau_w$ 取任意值。对于一般的线极化天线:$\varepsilon_a=0°,\tau_a$ 取任意值,所以由式(6.24)可得

$$p = \frac{1}{2} \times (1 + 0 + 0) = 0.5$$

情形 d:垂直线极化入射波,45°斜线极化天线($\tau_a=45°$)。

由表 3.5 可知,入射波:$d=1,\varepsilon_w=90°,\tau_w=90°$;天线:$\varepsilon_a=0°,\tau_a=45°$,所以,$\Delta\tau=\tau_a-\tau_w=-45°$,由式(6.24),可得

$$p = \frac{1}{2} \times (1 + 0 + 0) = 0.5$$

情形 e:非极化入射波:$d=0,(\varepsilon_a,\tau_a)$ 取任意值。

由式(6.24)可得

$$p = \frac{1}{2} \times (1 + 0 + 0) = 0.5$$

式(6.24)可方便地应用于任何极化形式,在特殊情况下它会简化。假设波的完全极化部分或天线是纯线性极化的,此时 $\varepsilon_a=0°$ 或 $\varepsilon_w=0°$,式(6.24)变为

---

① 　译者注:原文 sin 函数前误为"+",应该是"-"。

$$p = \frac{1}{2}(1 + d\cos(2\varepsilon)\cos(2\Delta\tau)) \qquad (6.25)$$

式中:ε 为非线极化的参数。

如果波和天线都是线极化($\varepsilon_a = \varepsilon_w = 0°$),则式(6.25)简化为

$$\begin{cases} p = \frac{1}{2}(1 + d\cos(2\Delta\tau)) & (6.26a) \\ p = \cos^2\Delta\tau, d = 1 & (6.26b) \end{cases}$$

式(6.26b)的结果在波与天线极化椭圆主轴重合($\Delta\tau = 0°$)时的 1 和波与主轴正交($\Delta\tau = 90°$)时的 0 之间变化。此外,这个结果可以直接由庞加莱球极化效率公式(6.14)得到,因为线极化情况下,$\angle wa = 2\Delta\tau$。

6.2.4　使用轴比表示极化效率

轴比是一个可直接可测量的参量(见 10.2 节和 10.3 节),因此用轴比来明确表示极化效率在测量中是很实用的。任意轴比天线与波的相互作用是极化研究的一个重要课题,包括本节介绍的任意轴比极化效率的计算。

从极化椭圆参数开始分析,由式(6.23)可知,波与天线极化状态之间的相对夹角 $\Delta\tau = \tau_a - \tau_w$,参数 ε 与轴比之间的关系由式(2.27)得到:

$$\varepsilon_w = \text{arccot}(-R_w), \varepsilon_a = \text{arccot}(-R_a) \qquad (6.27)$$

需要强调的是,轴比 R 有一个符号,正号表示右旋极化,负号表示左旋极化。将式(6.27)代入式(6.24),可得

$$p = \frac{1}{2} + d\frac{4R_aR_w + (R_a^2 - 1)(R_w^2 - 1)\cos(2\Delta\tau)}{2(R_a^2 + 1)(R_w^2 + 1)} \qquad (6.28)$$

对于完全极化波 $d = 1$,有

$$p = \frac{1}{2} + \frac{4R_aR_w + (R_a^2 - 1)(R_w^2 - 1)\cos(2\Delta\tau)}{2(R_a^2 + 1)(R_w^2 + 1)} \qquad (6.29)$$

[例 6.2]　应用轴比计算表 6.1 中的几种情形对应的极化效率。

情形 a:天线和入射波极化匹配。

$d = 1, R_a = R_w, \Delta\tau = 0$,将其代入式(6.29)

$$p = \frac{1}{2} + \frac{4R_w^2 + (R_w^2 - 1)^2\cos 0°}{2(R_w^2 + 1)^2} = \frac{1}{2} + \frac{1}{2} = 1$$

情形 b:天线和入射波极化正交。

$d = 1, R_a = -R_w, \Delta\tau = 90°$,联立式(3.73)和式(6.29),可得

$$p = \frac{1}{2} + \frac{-4R_w^2 + (R_w^2 - 1)^2\cos 180°}{2(R_w^2 + 1)^2} = \frac{1}{2} - \frac{1}{2} = 0$$

情形 c：圆极化入射波，线极化天线。

入射波：$d=1, R_w=1, \tau_w$ 取任意值，对应右旋圆极化波；天线：$R_a=\infty, \tau_a$ 取任意值，对应一般的线极化天线。

由式（6.29）可得

$$p = \frac{1}{2} + \frac{4\dfrac{R_w}{|R_a|} + \left(1 - \dfrac{1}{R_a^2}\right)(R_w^2 - 1)\cos(2\Delta\tau)}{2\left(1 + \dfrac{1}{R_a^2}\right)(R_w^2 + 1)} = \frac{1}{2}$$

情形 d：垂直线极化入射波，45°斜线极化天线（$\tau_a = 45°$）。

入射波：$d=1, R_w=\infty, \tau_w=90°$，对应垂直线极化波；天线：$R_a=\infty, \tau_a=45°$，对应 45°斜线极化天线。

由式（6.29）可得

$$p = \frac{1}{2} + \frac{\dfrac{4}{|R_a||R_w|} + \left(1 - \dfrac{1}{R_a^2}\right)\left(1 - \dfrac{1}{R_w^2}\right)\cos(2\Delta\tau)}{2\left(1 + \dfrac{1}{R_a^2}\right)\left(1 + \dfrac{1}{R_w^2}\right)} = \frac{1}{2}$$

情形 e：非极化入射波。

$d=0$，(R_a, τ_a) 取任意值，由式（6.28）可得

$$p = \frac{1}{2} \times (1 + 0 + 0) = 0.5$$

下面举例说明入射波和天线都是椭圆极化的一般情况。

[例6.3]　应用轴比计算一个椭圆极化波入射到椭圆极化天线时的极化效率。

已知，入射波为轴比等于 1dB 的近似左旋圆极化波，左旋圆极化的接收天线轴比为 3dB，求对应的极化效率。入射波和天线的参数表示如下。

入射波：$R_{w,\text{dB}}=1, |R_w|=10^{1/20}=1.122, R_a=-1.122$

天线：$R_{a,\text{dB}}=3, |R_a|=10^{3/20}=1.4125, R_a=-1.4125$

由式（6.29）可得

$$p = 0.9685 + 0.01904\cos(2\Delta\tau)$$

由于天线与波的极化匹配较好，因此该公式求得的效率非常接近于 1。也就是说，两者旋向相同，轴比值也相对较低。公式中的第二项是效率随波与天线极化椭圆主轴之间的夹角的变化。在这种情况下，它对效率的影响很小。当波与天线极化椭圆主轴重合（$\Delta\tau = 0°$）时，极化效率的最大值为 0.9685，或者说是损耗 0.139dB；当波与天线极化椭圆主轴垂直（$\Delta\tau = 90°$）时，极化效率的最小值为 0.9494，或者说是损耗 0.225dB。最大值和最小值相差 0.086dB 的损耗。

综上所述,当椭圆正交且倾角变化带来 0.086dB 损耗时,最坏情况下的损耗为 0.225dB。这两个值都很小,因此在许多应用中不需要主轴严格对齐。不过,这点在线性极化情形中是不准确的,因为倾斜角度的变化会导致极化失配的大幅波动。这也突出了圆极化系统的一个优点:主轴的对齐与否通常不是关键问题。

当波的完全极化部分或天线是线极化时,波或天线的轴比无穷大,将其代入式(6.28)得到一种特殊情形,即

$$p = \frac{1}{2} + d \frac{(R^2 - 1)\cos(2\Delta\tau)}{2(R^2 + 1)} \tag{6.30}$$

式中:R 为非线极化椭圆的轴比。更进一步,天线和入射波都是线极化,$R = \infty$,式(6.30)简化为式(6.26)。

另一种重要的特例是当波的完全极化部分或天线是圆极化时,式(6.28)变为

$$p = \frac{1}{2} \pm d \frac{|R|}{R^2 + 1} \tag{6.31}$$

如果波是纯圆极化,$|R|$ 就表示天线轴比的大小;反之,如果天线是纯圆极化,$|R|$ 就表示波轴比的大小。式(6.31)中,正号表示旋向相同,负号表示旋向相反。如果波是完全极化,且和天线旋向相同,则 $d = 1$,式(6.31)简化为

$$p = \frac{(|R| + 1)^2}{2(R^2 + 1)} \tag{6.32}$$

我们可以在几个点上来验证这个简单的方程,对于纯圆极化,$|R| = 1, p = 1$,这表示完美匹配;对于线极化,$|R| = \infty$,由式(6.32)得到 $p = 0.5$,上述例子中的情形 c 就是这种情况。

根据式(6.29)可知,如果一个完全极化的椭圆极化波和椭圆极化接收天线具有相同的轴比大小,则

$$p = \frac{1}{2} + \frac{\pm 4R^2 + (R^2 - 1)^2\cos(2\Delta\tau)}{2(R^2 + 1)^2} \tag{6.33}$$

式(6.33)中,正号(负号)表示椭圆极化的波和天线旋向相同(相反)。如果旋向相同,取正号,这说明天线和波主轴重合($\Delta\tau = 0°$),式(6.33)取最大值,即 $p = 1$,这表示 100% 的极化效率。因为天线和波相同极化,这时没有损耗。而如果波和天线具有相同的轴比和旋向,但主轴正交($\Delta\tau = 90°$),式(6.33)简化为

$$p = \frac{4R^2}{(R^2 + 1)^2}, \text{相同的} |R|, \text{相同的旋向}, d = 1, \Delta\tau = 90° \tag{6.34}$$

对于圆极化情况,$|R| = 1$,可得 $p = 1$,即理想匹配;对于线极化情况,$|R| = \infty$,求的 $p = 0$,表示完全失配。这也是正交线性极化期望的理想失配的结果。如果旋向相反,也就是式(6.33)中取负号,并且主轴时一致的($\Delta\tau = 0°$),式(6.33)简化为:

$$p = \frac{(R^2 - 1)^2}{(R^2 + 1)^2}, \text{相同的} |R|, \text{相反的旋向}, d = 1, \Delta\tau = 0° \tag{6.35}$$

对于圆极化情况,$|R|=1$(倾角无关),可得$p=0$,即完全失配;对于线极化情况,$|R|=\infty$,(旋向无关),这时$p=1$,即理想匹配。

极化损耗可以从图6.5所示的路德维希图中方便地查到,它适用于完全极化波的情况[6-7]。如果是部分极化波,就需要使用6.2.7节中的方法。图6.5中每个坐标轴都是波或天线可能的轴比值(dB),包括旋向。圆极化在轴的两端,线极化在每个轴的中心。在横轴上定位接收天线极化状态对应的轴比,在纵轴上定位波的极化状态应的轴比,一对轴比值确定了图表上的一个点。极化损耗值的范围取决于天线与波极化椭圆主轴之间的相对倾斜角,它的极值位于实线(最小值)和虚线(最大值)上。45°实线代表0dB的最小损耗,它表示轴比相等且主轴对齐的情况。所有波和天线轴比相等,旋向相同的情况都位于这条线上。例如,轴比均为4dB的左旋圆极化波入射左旋圆极化天线①,其对应的点在图6.5的左下方。由图可见,最小损耗($\Delta\tau=0°$)为0dB,最大损耗($\Delta\tau=90°$)为1dB。相同旋向纯圆极化的情况位于45°线两端,对应0dB的损耗。最大损耗取决于相对倾斜角和轴比,如在图表的中心处,表示天线和波均为线极化,且主轴正交,这时损耗达到峰值∞了。当然,最小损耗0dB对应天线和波为方向一致线极化的情况。事实上,−45°虚线对应于∞的最大损耗,代表所有等轴比且主轴正交的情况。

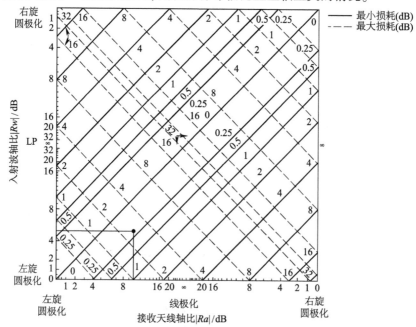

图6.5 路德维希图,表示dB形式的极化损耗,纵轴为完全极化波的轴比值,横轴为天线的轴比值

注:根据主轴之间的相对倾斜角,损耗范围从最小(实线)到最大(虚线)。图中所示的点是例6.4中的情况。

———————————

① 原文误写为"右旋圆极化波入射右旋圆极化天线"。

图 6.5① 所示的路德维希图使用非常简单。首先,在横轴上找到接收天线轴比对应的点,并引出一条垂线;其次,在纵轴上找到波的轴比对应的点,并画一条水平线,两条直线相交确定了一个点;最后,通过在交点处用适当的等高线插值法来读取最大和最小损耗。下面的例子用路德维希图来说明。除了路德维希图,其他的图形方法也是有可能的[8-9]。

[例 6.4]　应用路德维希图确定极化损耗,天线和入射波的极化状态如下。

天线:$|R_a| = 10\text{dB}$,$R_a = -10^{10/20} = -3.16$,左旋椭圆极化;

入射波:$|R_w| = 5\text{dB}$,$R_w = -10^{5/20} = -1.78$,左旋椭圆极化。

图 6.5 中已经标出了相应的点,此处实线对应的最小损耗约为 0.2dB,虚线对应的最大损耗约为 3dB。这个结果可以用式(6.29)来验证。对于 $\Delta\tau = 0°$ 的最小损耗:

$$p = \frac{1}{2} + \frac{4 \times (-3.16)(-1.78) + (3.16^2 - 1)(1.78^2 - 1)\cos 0°}{2 \times (3.16^2 + 1)(1.78^2 + 1)}$$

$$= 0.958 = -0.18\text{dB}$$

对于 $\Delta\tau = 90°$ 的最大损耗为

$$p = \frac{1}{2} + \frac{4 \times (-3.16)(-1.78) + (3.16^2 - 1)(1.78^2 - 1)\cos 180°}{2 \times (3.16^2 + 1)(1.78^2 + 1)}$$

$$= 0.533 = -2.73(\text{dB})$$

因此,极化效率相关的损耗范围为 0.18~2.7dB,这和路德维希图读取的0.2~3dB 基本一致。

6.2.5　使用极化比表示极化效率

3.6 节介绍了极化比的概念,用 ρ_{Lw} 和 ρ_{La} 分别表示入射波和天线的极化比,此处波指完全极化波。对于部分极化的情形,极化效率需要按 6.2.7 节所示方法进行修正。用极化比表示极化效率[10]为

$$p = \frac{|1 + \rho_{Lw}\rho_{La}^*|^2}{(1 + |\rho_{Lw}|^2)(1 + |\rho_{La}|^2)} \tag{6.36}$$

[例 6.5]　应用极化比计算表 6.1 中的几种情形对应的极化效率。

情形 a:天线和入射波极化匹配,$\rho_{La} = \rho_{Lw}$,则

$$p = \frac{|1 + \rho_{Lw}\rho_{La}^*|^2}{(1 + |\rho_{Lw}|^2)(1 + |\rho_{La}|^2)} = \frac{|1 + |\rho_{Lw}|^2|^2}{(1 + |\rho_{Lw}|^2)(1 + |\rho_{Lw}|^2)} = 1$$

情形 b:天线和和入射波极化正交,由式(3.100)可得 $\rho_{La} = -1/\rho_{Lw}^*$,则

---

① 译者注:原文误写为图 6.4。

$$p = \frac{\mid 1 + \rho_{Lw}\rho_{La}^* \mid^2}{(1 + \mid \rho_{Lw} \mid^2)(1 + \mid \rho_{La} \mid^2)} = \frac{\mid 1 + \rho_{Lw}\dfrac{1}{-\rho_{Lw}} \mid^2}{(1 + \mid \rho_{Lw} \mid^2)\left(1 + \dfrac{1}{\mid \rho_{Lw} \mid^2}\right)} = 0$$

情形 c:圆极化入射波,线极化天线。由表 3.3 可知 $\rho_{Lw} = -j$,右旋圆极化;$\rho_{La} = 0$,水平线极化,则

$$p = \frac{\mid 1 + \rho_{Lw}\rho_{La}^* \mid^2}{(1 + \mid \rho_{Lw} \mid^2)(1 + \mid \rho_{La} \mid^2)} = \frac{\mid 1 + 0 \mid^2}{(1 + 1)(1 + 0)} = 0.5$$

情形 d:垂直线极化入射波,$45°$ 斜线极化天线($\tau_a = 45°$),由表 3.3 可知 $\rho_{Lw} = \infty$,$\rho_{La} = 1$,则

$$p = \frac{\mid \dfrac{1}{\rho_{Lw}} + \rho_{La}^* \mid^2}{\left(\dfrac{1}{\mid \rho_{Lw} \mid^2} + 1\right)(1 + \mid \rho_{La} \mid^2)} = \frac{\mid 0 + 1 \mid^2}{(1 + 0)(1 + 1)} = 0.5$$

情形 e:非极化入射波,$d = 0$ 时,由式(6.44)可得
$$p = 0.5$$

6.2.6　使用极化矢量表示极化效率

极化矢量的详细分析可见 3.4 节,用它表示极化效率的公式最为简洁。本节的推导是针对完全极化波的,但结果在 6.2.7 节可以扩展到部分极化波情况。效率计算的方法是将入射波的归一化复矢量 $\hat{\boldsymbol{e}}_w$ 投影到接收天线归一化复矢量 $\hat{\boldsymbol{e}}_a$ 上,可以通过矢量的点乘来计算[4],即

$$p = \mid \hat{\boldsymbol{e}}_w \cdot \hat{\boldsymbol{e}}_a^* \mid^2 \tag{6.37}$$

式(6.37)中的平方是因为极化矢量是基于场的量,而效率是与功率相关的量。

注意,之前 $\hat{\boldsymbol{e}}_a$ 是定义在发射坐标系统中的,这里用来接收,所以这里要用它的共轭复数,这将在 6.3 节中进一步讨论。

我们可以使用极化矢量推导出极化效率的表达式,由式(3.60)可得

$$\begin{cases} \hat{\boldsymbol{e}}_w = \cos\gamma_w(\hat{\boldsymbol{x}} + \rho_{Lw}\hat{\boldsymbol{y}}) \\ \hat{\boldsymbol{e}}_a = \cos\gamma_a(\hat{\boldsymbol{x}} + \rho_{La}\hat{\boldsymbol{y}}) \end{cases} \tag{6.38}$$

将式(6.38)代入式(6.37),可得

$$p = \mid \hat{\boldsymbol{e}}_w \cdot \hat{\boldsymbol{e}}_a^* \mid^2 = \cos^2\gamma_w\cos^2\gamma_a[(\hat{\boldsymbol{x}} + \rho_{Lw}\hat{\boldsymbol{y}}) \cdot (\hat{\boldsymbol{x}} + \rho_{La}^*\hat{\boldsymbol{y}})]^2$$

$$= \frac{|1 + \rho_{Lw}\rho_{La}^*|^2}{\sec^2\gamma_w \sec^2\gamma_a} \tag{6.39①}$$

根据式(3.57)，$|\rho_L| = \tan\gamma$，所以 $1 + |\rho_L|^2 = 1 + \tan^2\gamma = \sec^2\gamma$，将其代入式(6.39)，有

$$p = \frac{|1 + \rho_{Lw}\rho_{La}^*|^2}{(1 + |\rho_{Lw}|^2)(1 + |\rho_{La}|^2)} \tag{6.40}$$

这就证明了式(6.36)。

[**例 6.6**] 应用极化矢量计算表6.1中的几种情形对应的极化效率值。

情形 a：天线和入射波极化匹配，根据式(3.24)，有

$$\hat{\boldsymbol{e}}_a = \hat{\boldsymbol{e}}_w = e_{wx}\hat{\boldsymbol{x}} + e_{wy}\hat{\boldsymbol{y}}$$

联立式(6.37)和式(3.25)，可得

$$p = |\hat{\boldsymbol{e}}_w \cdot \hat{\boldsymbol{e}}_a^*|^2 = |(e_{wx}\hat{\boldsymbol{x}} + e_{wy}\hat{\boldsymbol{y}}) \cdot (e_{wx}^*\hat{\boldsymbol{x}} + e_{wy}^*\hat{\boldsymbol{y}})|^2$$
$$= [|e_{wx}|^2 + |e_{wy}|^2]^2 = 1$$

情形 b：天线和入射波极化正交，由式(3.82)可知，$\hat{\boldsymbol{e}}_a = e_{wy}^*\hat{\boldsymbol{x}} - e_{wx}^*\hat{\boldsymbol{y}}$，则②

$$p = |\hat{\boldsymbol{e}}_w \cdot \hat{\boldsymbol{e}}_a^*|^2 = |(e_{wx}\hat{\boldsymbol{x}} + e_{wy}\hat{\boldsymbol{y}})(e_{wy}\hat{\boldsymbol{x}} - e_{wx}\hat{\boldsymbol{y}})|^2$$
$$= |e_{wx}e_{wy} - e_{wy}e_{wx}|^2 = 0$$

情形 c：圆极化入射波，线极化天线，根据式(3.86)和式(3.83)，可得③

$$\hat{\boldsymbol{e}}_w = \frac{\hat{\boldsymbol{x}} - j\hat{\boldsymbol{y}}}{\sqrt{2}}，右旋圆极化波$$

$$\hat{\boldsymbol{e}}_a = \hat{\boldsymbol{x}}，水平线极化波$$

$$p = |\hat{\boldsymbol{e}}_w \cdot \hat{\boldsymbol{e}}_a^*|^2 = \left|\frac{1}{\sqrt{2}}(\hat{\boldsymbol{x}} - j\hat{\boldsymbol{y}}) \cdot \hat{\boldsymbol{x}}\right|^2 = 0.5$$

情形 d：垂直线极化入射波，45°斜线极化天线($\tau_a = 45°$)，根据式(3.83)和表3.5，可得

$$\hat{\boldsymbol{e}}_w = \hat{\boldsymbol{y}}，\quad 垂直线极化波$$

$$\hat{\boldsymbol{e}}_a = \frac{\hat{\boldsymbol{x}} + \hat{\boldsymbol{y}}}{\sqrt{2}}，\quad 45°斜线极化$$

$$p = |\hat{\boldsymbol{e}}_w \cdot \hat{\boldsymbol{e}}_a^*|^2 = \left|\hat{\boldsymbol{y}} \cdot \frac{1}{\sqrt{2}}(\hat{\boldsymbol{x}} + \hat{\boldsymbol{y}})\right|^2 = 0.5$$

---

① 译者注：原公式有误，少了方括号和平方。

② 译者注：$(e_{wy}\hat{\boldsymbol{x}} - e_{wx}\hat{\boldsymbol{y}})$ 误写为 $(e_{wy}\hat{\boldsymbol{x}} + e_{wx}\hat{\boldsymbol{y}})$。

③ 译者注：原文计算有误，少写了 j。

情形 e：非极化波，$d=0$，$p=0.5$，见 6.2.7 节。

本节介绍的一些极化效率公式非常适用于任意极化状态的数学计算，包括 6.2.2 节中的斯托克斯参数，6.2.3 节和 6.2.4 节中的极化椭圆，6.2.5 节中的极化比，以及 6.2.6 中的极化矢量。这与 6.2.1 节中的庞加莱球法不同，后者需要一些球面几何学的知识。

6.2.7 极化效率分解为非极化分量和完全极化分量

有一些极化效率分析的方法不适用于包含部分极化波的情况，如 6.2.5 节的极化比，6.2.6 节的极化矢量，以及 6.4 节的复电压形式。然而，可以设置任意入射波的极化程度为 1，将其视为完全极化波来估算任意的极化效率值，结果记为 p_c，它可以利用我们所介绍的任何一种完全极化的波与天线的相互作用的方法来求解。

对于一般的部分极化波状态，只要知道波的极化程度 d 和波完全极化部分的极化效率 p_c，就可以求出极化效率 p。一般的计算公式为 $p = 0.5 + d(p_c - 0.5)$，下面进行推导。

首先，考虑一个部分极化波。将其分解为非极化部分和完全极化部分，其中非极化部分的比例为 $1-d$，完全极化部分为 d，则

$$S_{av} = S_u + S_p = (1 - d)S_{av} + dS_{av} \tag{6.41}$$

由式(6.7)可知，被有效口径为 A_e 的天线接收到的有效功率为

$$P = \frac{1}{2}S_u A_e + p_c S_p A_e \tag{6.42}$$

式中：1/2 因子表示入射在任意天线上的非极化波的极化效率，完全极化部分的极化效率 $0 \leqslant p_c \leqslant 1$。

将式(6.41)所示的功率密度代入式(6.42)，可得

$$P = S_{av}A_e\left[\frac{1}{2}(1 - d) + p_c d\right] \tag{6.43}$$

和式(6.7)作对比，得到极化效率为

$$p = \frac{1}{2}(1 - d) + p_c d = \frac{1}{2} + d\left(p_c - \frac{1}{2}\right) \tag{6.44}$$

根据式(6.44)，可以由波与天线的全极化部分的效率 p_c，以及波的极化程度 d 来计算部分极化波的极化效率 p。对于完全极化波，$d=1$，式(6.44)简化为 $p=p_c$。对于非极化波，$d=0$，可得 $p=0.5$。

将式(6.44)和庞加莱球极化效率式(6.14)作对比，可得

$$p_c = \cos^2\frac{\angle wa}{2} \tag{6.45}$$

104

[**例 6.7**]　用完全极化部分的极化效率计算部分极化波的极化效率。

已知某一部分极化波的极化程度 $d = 0.3$，波的完全极化部分和天线的极化状态与例 6.4 相同，即波的轴比是 5dB，天线的轴比是 10dB，并且都是左旋极化。根据例 6.4，波的完全极化部分和天线之间有：$p_c(\Delta\tau = 0°) = 0.958$，$p_c(\Delta\tau = 90°) = 0.533$。所以，根据式(6.44)求得此部分极化波的极化效率为

$$p(\Delta\tau = 0°) = \frac{1}{2} + d\left(p_c - \frac{1}{2}\right) = \frac{1}{2} + 0.3 \times \left(0.958 - \frac{1}{2}\right)$$

$$= 0.637 = -1.96\text{dB}$$

$$p(\Delta\tau = 90°) = \frac{1}{2} + d\left(p_c - \frac{1}{2}\right) = \frac{1}{2} + 0.3 \times \left(0.533 - \frac{1}{2}\right)$$

$$= 0.510 = -2.92\text{dB}$$

根据相对倾角求得的极化损耗的最小值和最大值分别为 1.96dB 和 2.92dB。

6.2.8　极化效率分解为主极化分量和交叉极化分量

在 6.2.7 节中，讨论了将入射波分解为非极化部分和完全极化部分。在实际应用中，将电磁波的功率和极化效率分解为两个正交的极化分量也是很有用的。如 3.8 节所述，任何极化状态都可以用数学方法分解为主极化和交叉极化分量，主极化和交叉极化状态的选取取决于具体应用。例如，考虑一个在发射端和接收端都使用垂直线极化的地面点对点通信系统，其主极化指垂直极化，而交叉极化指水平极化。在双极化通信系统中，有两个主极化状态正交的信道。因此，这样的通信链路可以传输两个主极化状态互不干扰的传输信号。在这样的双极化通信系统中，交叉极化功率电平必须足够低，以免产生互相干扰。

接收系统可用的总功率可表示为极化正交的两部分之和：

$$P = P_{co} + P_{cr} \tag{6.46}$$

这可以想象成具有相同有效口径 A_e 的两个接收天线，分别对应于主极化和交叉极化。天线将捕获正交的功率分量，所以根据式(6.7)，有

$$SA_e = p_{co}SA_e + p_{cr}SA_e \tag{6.47}$$

极化效率 p_{co} 和 p_{cr} 与入射波极化状态和接收天线极化状态相关。这个方程除以总功率 $P = SA_e$，可得

$$1 = p_{co} + p_{cr} \tag{6.48}$$

这个结果既适用于部分极化波，也适用于完全极化波。例如，波是非极化的，$\overline{p_{co}} = \overline{p_{cr}} = 0.5$，式(6.48)成立；对于与主极化态完全匹配的完全极化波，$p_{co} = 1$，$p_{cr} = 0$，式(6.48)仍然成立。

6.3 天线的有效长度矢量

天线的极化、辐射方向图和有效口径可以用一个统一的参量来表示,称为有效长度矢量 h,也称为有效高度矢量。h 是一个复值矢量,描述了天线的相位(时间)和极化(空间)特性,它在接收天线的分析中非常有用。为了引入 h,我们以最简单的短偶极子天线为例进行分析。

短偶极子是一种中心馈电的直线天线,其长度 L 远小于波长,其上电流由馈电端的 I 下降为振子末端的 0,呈三角形分布。它的辐射特性与理想偶极子天线相似,理想偶极子沿长度 L 上有均匀的电流,但长度也远小于波长。图 2.6 所示的短偶极子的方向图和场分布,也适用于理想偶极子。沿 z 轴方向的理想偶极子辐射电场的表达式为[3]

$$E(\theta) = \frac{\mathrm{j}\omega\mu}{4\pi} \frac{\mathrm{e}^{-\mathrm{j}\beta r}}{r} Ih\sin\theta \hat{\boldsymbol{\theta}} \qquad (6.49)^{①}$$

式中:h 为理想偶极子的有效长度,这里和 L 相等。

当 $h = L/2$ 时,式(6.49)即为 2.3 节中讨论的馈电端电流为 I、长度为 L 的短偶极子的辐射场。这是因为短偶极子的三角形电流分布有一个电流矩(电流与相对位置图下面的面积),其值是具有均匀分布电流的理想振子电矩的 $\frac{1}{2}$。保留式(6.49)中偶极子的长度和辐射方向性函数,可以得到图 2.6 所示电小偶极子(理想偶极子或短偶极子)的矢量有效长度[11]为

$$\boldsymbol{h}(\theta) = h\sin\theta \hat{\boldsymbol{\theta}} \qquad (6.50)$$

式(6.50)中包含偶极子辐射的方向性 $\sin\theta$、最大有效长度 h,以及其极化矢量 $\hat{\boldsymbol{\theta}}$。有效长度可以简单地解释为物理长度的投影,在 $\theta = 90°$ 的边射方向,式(6.50)的大小就等于 h。直导线中心馈电的短偶极子就是理想偶极子天线的实用形式。

当 $\theta = 90°$ 时,电小偶极子天线具有最大有效长度矢量。参照图 2.6 和式(6.50),此时 $\boldsymbol{h} = h\hat{\boldsymbol{z}}$。通常天线最大有效长度矢量由下式给出:

$$\boldsymbol{h} = h\hat{\boldsymbol{e}}_a \qquad (6.51)$$

式中:$\hat{\boldsymbol{e}}_a$ 为天线的极化矢量。

除非另有说明,通常假设天线的矢量有效长度取最大值。注意,h 具有长度的单位,理想偶极子有 $h = L$,短偶极子有 $h = L/2$,其中 L 为物理长度。

---

① 译者注:原文有误,公式中少了电流 I。

接收天线将入射的电磁波转换成输出端的电压,这个电压的概念在系统计算中是有用的。由此我们引入了开路复电压 V 的概念,它定义为入射波电场在有效长度矢量上的投影,即

$$V = E^i \cdot h^*$$ (6.52)

这是一个很直观的关系。入射波电场的单位为 V/m,输出电压的单位为 V。波和天线的极化信息也包含在这个矢量的计算式中,如果入射波电场垂直于天线,那么点积的结果为零,即输出电压为 0。这也是真实的结果,因为波和天线是极化正交的。式(6.52)的结果十分有用,我们将利用本节的其余部分讨论有效长度的性质。

此外,式(6.52)中的接收天线可以是任何天线。求共轭复数的运算对短偶极子等线极化天线并不重要,但在一般极化情况下,共轭是必要的,这是因为极化是基于天线发射电磁波的极化状态定义的。为了保持一致性,在所有情况下都遵循这个约定。所以式(6.52)中接收天线的极化表示必须有一个共轭算子,因为从发射到接收的波的极化反向。这可以通过一个由交叉偶极子组成的接收天线来说明,如图6.6所示。这就是图5.7所示的十字交叉天线,但圆极化的旋向不同。右旋圆极化的电磁波沿+z 轴方向入射图示十字交叉天线。接收天线坐标系的 z 轴方向与入射波的 z 轴方向平行,x 轴和 y 轴方向与每个偶极子平行。天线的右旋圆极化特性是基于发射波定义的,共轭运算说明了天线在此处是接收而不是发射。回想在5.1节的讨论,像这样一个互易天线,在发射和接收时具有相同的极化特性。

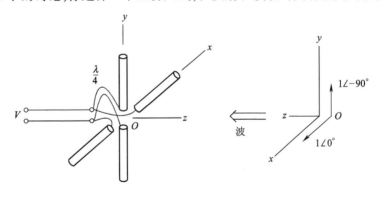

接收天线(右旋圆极化)　　　　　入射波(右旋圆极化)

图6.6　右旋圆极化十字交叉天线接收右旋圆极化波

注:图中表示了入射波的电场分量。天线终端的响应电压 V 为其最大值
(两个偶极子的输出同相叠加)。如果天线用作发射,其将激励+z 方向的右旋圆极化波。

波和天线极化在各自的坐标系中的表示如图6.6所示,即入射波和天线发射的波都在各自坐标系的+z 轴方向上传播。发射电磁波时天线的矢量有效长度为

$$h = h\hat{e}_a = h\frac{\hat{x} - \mathrm{j}\hat{y}}{\sqrt{2}} \tag{6.53}$$

这里将例 3.5 中得到的右旋圆极化的极化矢量代入了式(6.51)。入射波电场表示为

$$E^i = E_0\frac{\hat{x} - \mathrm{j}\hat{y}}{\sqrt{2}} \tag{6.54}$$

所以由式(6.52)得到天线的输出电压为

$$V = E^i \cdot h^* = E_0\frac{\hat{x} - \mathrm{j}\hat{y}}{\sqrt{2}} \cdot h\left[\frac{\hat{x} - \mathrm{j}\hat{y}}{\sqrt{2}}\right]^* = \mathrm{E}_0 h \tag{6.55}$$

式(6.55)表示电磁波由接收天线的最大辐射方向入射时,天线的最大输出电压。

式(6.52)所示的数学方法在所有情况下都适用,但是我们也想知道在不使用矢量的情况下,入射波如何与天线相互作用并输出电压,而且这个结果应该与使用矢量的式(6.52)结果一致。为此,再次分析图 6.6 所示的右旋圆极化波入射到右旋圆极化天线的情况。入射波在接收天线 x 向偶极子中激励电压为 $1\angle 180°$,之所以有 $180°$ 的相位差,是因为波和天线的 x 轴参考方向相反。y 轴方向的偶极子由信号 $1\angle -90°$ 激励,然后由 $\lambda/4$ 的传输线产生 $-90°$ 的相位延迟,最终输出 $1\angle -180° = 1\angle 180°$ 的净电压。y 轴方向和 x 轴方向电压同相叠加,接收天线产生最大输出电压。

综上所述,有效长度为 h 的接收天线在入射电场 E^i 的作用下,输出电压如式(6.52)所示。计算式(6.52)时,矢量 E^i 和 h 以其自身的 x 轴和 y 轴表示。如图 6.6 所示,这里波的传播方向指向天线,接收天线的极化方式和其用作发射时相同。点积实现了波和天线的相互作用,共轭复数解释了天线作为接收天线的工作原理。需要注意的是,一些文献资料没有使用共轭,这就需要根据发射/接收功能的变化进行调整。

极化效率可以用有效长度来表示,为此我们假设接收天线接一个匹配负载 $Z_L = R_a - \mathrm{j}X_a$,而天线自身阻抗为 $Z_L = R_a + \mathrm{j}X_a$。这时接收功率为[3]

$$P = \frac{1}{8}\frac{|V|^2}{R_a} \tag{6.56}$$

将式(6.52)代入式(6.56),可得

$$P = \frac{1}{8R_a}|E^i \cdot h^*|^2 \tag{6.57}$$

这个函数的最大值为

$$P = \frac{1}{8R_a}|E^i|^2|h|^2 \tag{6.58}$$

极化效率是天线对某一极化状态波的接收功率和对与天线极化匹配波的接收功率之比，即

$$p = \frac{P}{P_{\max}} = \frac{|\boldsymbol{E}^i \cdot \boldsymbol{h}^*|^2}{|\boldsymbol{E}^i|^2 |\boldsymbol{h}|^2} = \left|\frac{\boldsymbol{E}^i}{|\boldsymbol{E}^i|} \cdot \frac{\boldsymbol{h}^*}{|\boldsymbol{h}|}\right|^2 = |\hat{\boldsymbol{e}}_w \cdot \hat{\boldsymbol{h}}^*|^2 \qquad (6.59)$$

式中：$\hat{\boldsymbol{e}}_w$ 为入射波电场的复单位矢量。

注意，计算时必须使用相同的终端阻抗，这里我们假设有一个匹配的负载。如果波是由远端极化状态为 $\hat{\boldsymbol{e}}_a$ 的天线激励，而且发射波在到达接收天线前没有去极化的，那么入射波极化 $\hat{\boldsymbol{e}}_w$ 等于 $\hat{\boldsymbol{e}}_a$。接收天线的输出电压可由式(6.52)和式(6.59)可表示为

$$|V| = |\boldsymbol{E}^i \cdot \boldsymbol{h}^*| = \sqrt{p}\,|\boldsymbol{E}^i||\boldsymbol{h}| = E_0 h \sqrt{p} = E_0 h |\hat{\boldsymbol{e}}_w \cdot \hat{\boldsymbol{h}}^*| \qquad (6.60)$$

还是以图6.6中右旋圆极化的波和天线为例，联立式(6.53)、式(6.54)和式(6.60)，可得

$$p = |\hat{\boldsymbol{e}}_w \cdot \hat{\boldsymbol{h}}^*|^2 = \left|\frac{\hat{\boldsymbol{x}} - j\hat{\boldsymbol{y}}}{\sqrt{2}} \cdot \left(\frac{\hat{\boldsymbol{x}} - j\hat{\boldsymbol{y}}}{\sqrt{2}}\right)^*\right|^2 = 1 \qquad (6.61)$$

而如果波是45°斜线极化，则

$$p = |\hat{\boldsymbol{e}}_w \cdot \hat{\boldsymbol{h}}^*|^2 = \left|\frac{\hat{\boldsymbol{x}} + j\hat{\boldsymbol{y}}}{\sqrt{2}} \cdot \left(\frac{\hat{\boldsymbol{x}} - j\hat{\boldsymbol{y}}}{\sqrt{2}}\right)^*\right|^2 = \left|\frac{1}{2}(1 + j)\right|^2 = \frac{1}{2} \qquad (6.62)$$

这个结果对图6.2中圆极化波入射到线极化天线的情形也是正确的。

有效长度与天线常规的参数有关，由式(6.56)和式(6.60)得到天线的接收功率为：

$$P = \frac{1}{8}\frac{|V|^2}{R_a} = \frac{1}{8R_a}E_0^2 h^2 p \qquad (6.63)$$

由式(6.7)可知，接收功率也可以用有效口面表示为

$$P = pSA_e \qquad (6.64)$$

这两个表达式相等，可求出 h：

$$h^2 = 8R_a\frac{SA_e}{E_0^2} = 8R_a\frac{\frac{1}{2\eta}E_0^2}{E_0^2}A_e = 4\frac{R_a}{\eta}A_e \qquad (6.65)$$

则

$$h = 2\sqrt{\frac{R_a}{\eta}A_e} \qquad (6.66)$$

该结果具有长度的量纲，说明了有效口径与有效长度的关系。式(6.66)可推广为包括天线方向性函数和极化，表示为

$$\boldsymbol{h}(\theta,\varphi) = 2\sqrt{\frac{R_a}{\eta}A_e}\,F(\theta,\varphi)\hat{\boldsymbol{h}} \qquad (6.67)$$

最后,我们注意到任意波的复值电场分量可以用类似于推导式(6.55)的方法得到,即

$$E(w,a) = \boldsymbol{E}_w \cdot \hat{\boldsymbol{e}}_a^*$$ (6.68)

式中:$\hat{\boldsymbol{e}}_a$ 是极化状态 w 一个分量方向的单位矢量;$E(w,a)$ 是极化为 a 的假想探头天线对极化为 w 波的响应。

6.4 天线的归一化复数输出电压

极化效率 p 本质上是功率的比值,所以它不包含相位信息。但是完全极化波入射时,天线的输出电压可以包含相位。相位的概念在很多应用中都很重要,如在 10.3.1 节中将要介绍的一些极化测量系统就要用到相位信息。此外,如果一个天线的输出与另一个天线的输出相合并(如阵列天线),相位信息必须被保留。可以使用本节介绍的计算复数输出值电压(包括相位)的方法来进行此类应用的计算。对于极化状态为 w 的入射波和极化状态为 a 的接收天线,天线的输出电压由式(6.52)得到,式中包含幅度和相位的信息。假设入射波极化为 $\hat{\boldsymbol{e}}_w$,电场为 $\boldsymbol{E}_w = E_0 \hat{\boldsymbol{e}}_w$。由式(6.51)可知,有效长度表示为 $\hat{\boldsymbol{h}} = h\hat{\boldsymbol{e}}_a$,所以根据式(6.52)有 $V = E_0 \hat{\boldsymbol{e}}_w \cdot h \hat{\boldsymbol{e}}_a^*$。此时,两端除以幅度 $E_0 h$,即得归一化幅值电压为

$$v(w,a) = \hat{\boldsymbol{e}}_w \cdot \hat{\boldsymbol{e}}_a^*$$ (6.69)

注意,这个方程中的单位矢量表示的是入射波和接收天线在各自坐标系中传输时的复值矢量。因此,波和天线要分开处理,而且根据式(6.69)计算天线和波的相互作用时,不需要单独考虑参考相位或坐标系统。

由这个简单的关系式得到极化状态为 a 的接收天线对极化状态为 w 的入射波的归一化复电压,最重要的是它包含了相位信息。根据 3.4 节介绍的极化矢量的特点可知,当波和天线理想匹配时,$\hat{\boldsymbol{e}}_w = \hat{\boldsymbol{e}}_a$,故 $v(w,a) = 1$。而如果波和天线极化正交,那么 $v(w,a) = 0$。

极化状态为 w 的波和极化状态为 a 的天线,其接收的归一化复数电压也可以由极化椭圆参数 (γ, δ) 来表示。将式(3.41)代入式(6.69),可得

$$\begin{aligned}v(w,a) &= \hat{\boldsymbol{e}}_w \cdot \hat{\boldsymbol{e}}_a^* = (\cos\gamma_w \hat{\boldsymbol{x}} + \sin\gamma_w \mathrm{e}^{\mathrm{j}\delta_w}\hat{\boldsymbol{y}}) \cdot (\cos\gamma_a \hat{\boldsymbol{x}} + \sin\gamma_a \mathrm{e}^{\mathrm{j}\delta_a}\hat{\boldsymbol{y}})^*\\&= \cos\gamma_w \cos\gamma_a + \sin\gamma_w \sin\gamma_a \mathrm{e}^{\mathrm{j}(\delta_w - \delta_a)}\end{aligned}$$ (6.70)

可以通过匹配和正交两种状态来验证公式的正确性。对于极化匹配的状态,$\gamma_w = \gamma_a, \delta_w = \delta_a$,式(6.70)等于 1。对于极化正交的状态,查表 3.4 可知,$\gamma_w = 90° - \gamma_a$,且 $\delta_w = \delta_a \pm 180°$,所以结合附录中的式(B.11)和式(B.10),式(6.70)可变为

$$v(w,a) = \cos\gamma_w \cos(90° - \gamma_w) + \sin\gamma_w \sin(90° - \gamma_w)\mathrm{e}^{\mathrm{j}[\delta_w - (\delta_w \pm 180°)]}$$

$$= \cos\gamma_w\sin\gamma_w + \sin\gamma_w\cos\gamma_w e^{j(\pm 180°)} = 0 \qquad (6.71)^①$$

比较式(6.69)和式(6.37),可以由归一化复电压方便地计算极化效率为

$$p = |v(w,a)|^2 \qquad (6.72)$$

[**例6.8**]   计算右旋圆极化波入射到右旋圆极化天线时的归一化复电压。

分析右旋圆极化波入射右旋圆极化天线,图6.6所示就是这样一个例子。由式(3.86)可知,波和天线的极化矢量为

$$\hat{e}_w = \frac{\hat{x} - j\hat{y}}{\sqrt{2}} \qquad \hat{e}_a = \frac{\hat{x} - j\hat{y}}{\sqrt{2}}$$

代入式(6.69),可得

$$v(w,a) = \hat{e}_w \cdot \hat{e}_a^* = \frac{\hat{x} - jy}{\sqrt{2}} \cdot \frac{\hat{x} + jy}{\sqrt{2}} = 1$$

这表明波与天线应该是完全极化匹配的,而利用式(6.72)得出极化效率$p=1$,再次证明没有极化失配。

6.5   思考题

1. 证明归一化斯托克斯参数可以表示为

$$\begin{cases} s_1 = |e_x|^2 - |e_y|^2 \\ s_2 = 2|e_x||e_y|\cos\delta \\ s_3 = 2|e_x||e_y|\sin\delta \end{cases}$$

2. 利用斯托克斯参数计算垂直极化天线接收右旋圆极化波时的极化效率。

3. 三种不同极化的波具有如下特点。

$$\begin{cases} w_1:非极化波; \\ w_2:左旋椭圆极化, d=1/2, |AR|=3, \tau=135°; \\ w_3:左旋圆极化。 \end{cases}$$

三种不同天线的极化如下。

$$\begin{cases} a_1:水平线极化; \\ a_2:右旋椭圆极化, |AR|=3, \tau=45°; \\ a_3:右旋圆极化。 \end{cases}$$

如果所有天线的有效口径为$1m^2$,所有波的功率密度为$1W/m^2$,计算上述波和天线相互作用时的输出功率(9种组合形式)。

---

① 译者注:原文中,式(6.71)中的第一行下标有误,已改正。

4. 由式（6.24）推导式（6.28）。提示：利用附录中恒等式（B.22）和式(B.24)。

5. 一个轴比为 8dB 的完全极化的右旋椭圆极化波，入射到轴比为 4dB 的右旋椭圆极化天线。利用合适的公式计算最大极化损耗(dB)，并和图 6.5 中的值进行比较。

6. 轴比等于 4dB 的电磁波入射到轴比为 4dB 的天线上，计算下列情形下的极化损耗。

（1）天线和波旋向相同，主轴正交；

（2）天线和波旋向相同，主轴平行；

（3）天线和波旋向相反，主轴正交；

（4）天线和波旋向相反，主轴平行。

7. 一个完全极化波入射到接收天线，它们都是椭圆极化，且轴比为 6dB。使用两种方法求出极化损耗(dB)：利用合适的公式，以及使用图 6.5 路德维希图。

（1）天线和波旋向相同，主轴正交；

（2）天线和波旋向相反，主轴平行。

8. 某一通信连路中的发射天线为右旋极化，轴比为 1dB，且倾斜角为 10°。接收天线也是右旋极化，轴比为 0.7dB，倾斜角为 35°。计算它们之间的极化损耗（dB）。

9. 证明式(6.17)中用 Stokes 参数表示的极化效率，与式(6.36)中用极化比表示的极化效率是一致的。

10. 导出如下用圆极化的极化比表示的极化效率公式。[提示：使用式(3.69)]：

$$p = \frac{1 + |\rho_{Ca}|^2 |\rho_{Cw}|^2 + 2|\rho_{Ca}||\rho_{Cw}|\cos(2\Delta\tau)}{(|\rho_{Ca}|^2 + 1)(|\rho_{Cw}|^2 + 1)}$$

11. 三种波的极化状态如下。

$$\begin{cases} w_1 : 非极化波； \\ w_2 : 右旋圆极化； \\ w_3 : 左旋椭圆极化, d = 0.5, |AR| = 1dB, \tau = 90°。 \end{cases}$$

三种接收天线的极化状态如下。

$$\begin{cases} a_1 : 垂直线极化； \\ a_2 : 左旋圆极化； \\ a_3 : 右旋椭圆极化, |AR| = 2dB, \tau = 135°。 \end{cases}$$

确定所有 9 种入射波和接收天线组合时的极化效率，并将结果绘成表格。

（1）用斯托克斯参数求解；

（2）用轴比求解；

（3）用极化比求解。

12. 针对例6.4中的情形,利用极化比求最大损耗情况下的极化效率。

13. 使用合适的公式,利用轴比来计算以下情况下的极化效率:

（1）波:右旋圆极化;天线:右旋圆极化;

（2）波:右旋圆极化;天线:左旋圆极化;

（3）波:一半功率为右旋圆极化的部分极化波;天线:左旋极化,轴比为3.5dB;

（4）波:轴比为8dB的左旋椭圆极化波,且主轴在垂直方向;天线:轴比为3dB,右旋椭圆极化,主轴和水平方向夹角为30°。

14. 利用斯托克斯参数重新计算13题。

15. 利用极化比重新计算13题。

16. 利用极化矢量重新计算13题。

17. 利用式(3.52)所示的相干矩阵可以计算极化效率:

$$p = \mathrm{Tr}\left\{ \begin{bmatrix} a_{11} & s_{12} \\ a_{21} & s_{22} \end{bmatrix} \begin{bmatrix} a_{11} & s_{12} \\ a_{21} & s_{22} \end{bmatrix} \right\}$$

式中:Tr为方阵中对角线上的元素之和,称为矩阵的"迹"。利用这个方法计算第13题(1)和(2)时的极化效率。

18. 极化程度为0.4的部分极化波,其完全极化部分为右旋椭圆极化。对应轴比为1.5dB,倾斜角为10°。当其入射到轴比为0.5dB、倾斜角为0°的左旋椭圆极化天线上时,计算极化损耗(dB)。

19. ① 利用式(6.37)所示的极化矢量形式的极化效率,证明完全极化波情形时的式(6.48),即 $p_{c,co} + p_{c,cr} = 1$。

② 证明式(6.48)对于部分极化波也成立。

20. 利用式(6.29)所示的轴比形式的极化效率,证明式(6.48)。

21. 证明用天线有效长度矢量表示的极化效率与用极化比表示的极化效率相等,即用式(6.59)推导式(6.39)。

参考文献

[1] IEEE, IEEE Standard for Definitions of Terms for Antennas, Standard 145-2013, 2013.

[2] Mott, H., Polarization in Antennas and Radar, New York: Wiley, 1986.

[3] Stutzman, W. L., and G. A. Thiele, Antenna Theory and Design, Third Edition, New York: Wiley, 2013.

[4] Rumsey, V. H., G. A. Deschamps, M. I. Kales, and J. I. Bohnert, "Techniques for Handling Elliptically Polarized Waves with Special Reference to Antennas," Proceedings of the IRE, Vol. 39, May 1951, pp. 533-552.

[5] Kraus, J. D., Radio Astronomy, Second Edition, Cygnus-Quasar Books, 1986, p. 124. (Originally published

by McGraw-Hill in 1966.)

[6] Ludwig, A. C. , "A Simple Graph for Determining Polarization Loss," Microwave J. , Vol. 19, Sept. 1976, p. 63.

[7] Schrank, H. , "Antenna Designer's Notebook," IEEE Antennas and Propagation Soc. Newsletter, Aug. 1983, pp. 28-29.

[8] Kramer, E. , "Determine Polarization Loss the Easy Way," Microwaves, Vol. 14, July 1975, pp. 54-55.

[9] Milligan, T. , Modern Antenna Design, Second Edition, New York: Wiley, 2005, p. 25.

[10] Beckmann, P. , The Depolarization of Electromagnetic Waves, Boulder, CO: Golem Press, 1968.

[11] Sinclair, G. "The Transmission and Reception of Elliptically Polarized Waves," Proc. of IRE, Vol. 38, Feb. 1950, pp. 148-151.

[12] Hollis, J. S. , T. J. Lyon, and L. Clayton, Microwave Antenna Measurements, Scientific-Atlanta Inc. , Atlanta, 1970, pp. 3-40 (available from MI Technologies).

第7章
双极化系统

7.1 双极化系统概述

若一个电磁系统采用了两种极化,且这两种极化正交,就称它为双极化(dual-polarized)系统。双极化系统有许多应用,通常分为两类,即通信和感知。在通信技术中,双极化通信链路可将容量提高1倍。这是因为正交极化的信道,各自都有自己的发射和接收装置,所以可以在同一时间以相同的频率在同一链路上工作。因为相同的频率在不同的极化上重复使用,所以称为频率复用(frequency reuse)。随着电磁频谱变得越来越拥挤,频率复用的应用需求将会增加。双极化通信系统要求在相同工作频率的信道之间要有足够的隔离。在理想情况下,它们之间应该是正交极化的,这样就可以避免邻道间干扰或串扰。此类系统通常只部署在传播效应不会使信号去极化的情况下,在第8章将讨论去极化的情形。双极化系统工作时一般要求"清晰"的视距链路,如图7.6(a)所示的地面微波通信链路,就是在高架的中继站之间发送信息。

频率复用在卫星通信中也有着广泛的应用。例如,在C波段卫星通信中,上行链路(地球对太空)的工作频率为6GHz,而下行链路(太空对地球)的工作频率为4GHz。图7.1所示为下行链路的频率方案,注意图中相邻频分信道间的频率偏移量为异频雷达收/发机保护频带的一半(20MHz),且相邻复用信道极化正交[①]。频率为14/11GHz的Ku波段卫星通信系统也采用了类似的频率复用方法。实际中,美国国内卫星的奇数或偶数信道被分别分配为垂直极化和水平极化,或者反之。其中预留了12.2~12.7GHz的下行频带,供直播卫星(DBS)服务使用,该服务有32个电视频道,每个频道24MHz,并交替使用左旋圆极化和右旋圆极化。

除了频率复用,双极化系统的第二个主要用途是极化分集(polarization diversity),

---

① 译者注:此处频分信道指图中1、3、5或2、4、6等工作在不同频率的信道,信道间的频率偏移量为:(36+4)÷2=20MHz。复用信道指图中奇数和偶数信道之间通过正交极化实现的频率复用。

即一个信号使用两个正交极化天线接收(或发射)。这里从两个极化正交的接收天线来看,入射波不同的极化分量与传播介质的相互作用不同,衰落也随时间变化。在最简单的分集架构中,接收机两个极化端口输出的信号,其中较大者被选作时间基准。极化分集在提高系统性能方面非常有效,它在非视距通信链路中是一种有效的抑制衰落的方法。

关于极化分集的简单例子有调频(FM)广播和电视,它们都有与极化相关的有趣历史。人们发现人工的射频电子噪声主要是垂直极化,考虑到水平极化比垂直极化具有更好的超视距传播特性,所以美国联邦通信委员会(FCC)选择水平极化天线用于 FM 广播的发射。然而,车载天线常采用垂直极化,如安装在挡风板上的鞭状天线,因为它们比较简单。这就导致了发射和接收极化之间的极化失配。与极化匹配的情形相比,接收信号损失了几分贝[1]。在 20 世纪 60 年代,FCC 允许调频广播同时发射水平极化波和垂直极化波,通常采用圆极化天线来实现。这极大地改善了车辆接收,因为它为用户接收终端提供了多样的极化。1977 年,FCC 准许电视台发射圆极化信号,这改善了室内天线的接收效果,也减少了建筑物等物体反射造成的重影。由于反射与发射的圆极化信号的旋向相反,因此重影信号减少了,这将在 8.3 节中讨论[2]。垂直极化和水平极化的使用(通常使用圆极化实现)为通信信道提供了极化分集的维度。它允许接收机使用垂直或水平极化天线,且在性能上没有太大的差异。

蜂窝通信系统也广泛利用分集技术来提高性能,包括极化分集。在宏蜂窝系统中,分集技术的主要用途是基站对用户终端上行信号的分集接收。典型的蜂窝小区都是分为 3 个 120°扇区,而在高频段就需要更多的扇区。蜂窝网络的分集传统上都是通过空间分集来实现的,即使用两个相距 10λ 的天线。天线接收到的信号经历了不同的传播路径,因此会有不同的多径衰落特性,所以当一个信号处于深度衰落时,另一个信号也有很大可能会被接收到,这将在 9.3 节中讨论。图 7.2(a)所示的基站天线是一个三角形安装的三扇区结构,每个面有 3 个天线覆盖一个扇区。两端的两个天线用于分集接收,中间的天线用于向用户发射下行信号。实际上,这种基本结构还有许多种变形。

空间分集设备不论是机械结构上,还是美观程度上都显得太庞大了。而图 7.2(b)所示的极化分集为基站提供了更紧凑的结构,且与空间分集具有相似的性能。关于分集技术的更多定量分析见 9.6 节。

双极化技术也用于感知系统。本书将在 10.3 节中讨论使用双极化接收机来测量入射波的极化状态,进而推断发射天线的极化。还有一些其他的感知系统的应用,如使用双极化雷达(见 8.6 节)或辐射计(见 8.7 节)可以获得关于目标或场景的附加信息。在实际中,可能也有两个以上极化的系统,称为多极化系统。这时极化不能是正交的,但通常需要尽可能地分离开。例如,在四极化系统中,使用了倾斜角度为 0°、45°、90°和 135°的线极化。

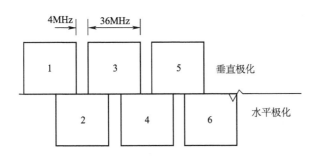

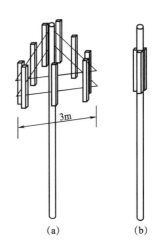

图 7.1　采用频率复用的 C 波段卫星通信下行链路
（卫星对地面站）中的频率和极化规划

图 7.2　典型三扇区基站天线结构
(a)空间分集;(b)极化分集。

本章定义了用于评价双极化系统的物理量,并讨论了此类系统的常用计算方法,正确设计双极化系统需要充分了解这些原理及硬件的限制和实现。

7.2　交叉极化比

任何波或天线的极化都可以进行极化的正交分解。在 3.8 节中,介绍了对于任何给定的极化形态确定其正交极化的几种方法。正交分解后的两个极化状态分别称为主极化状态和交叉极化状态,其中主极化状态通常被视为期望的或标称的极化状态。这可以用一个地面微波中继系统来说明,其采用了垂直线极化和水平线极化,这里的"垂直"和"水平"通常是相对于地球表面而言,如水平表示平行于地球表面。假设有一个信道是标称的垂直极化信道,则该信道的主极化就定义为理想的垂直线极化,相应的理想水平线极化就默认为交叉极化。实际的发射和接收天线并不是理想的,分析中它们都可以分解为主极化和交叉极化分量,或者是期望和非期望的极化分量。描述这种地面链路的另一种,且通常更有意义的方法是直接选择主极化状态作为发射天线的极化,交叉极化状态与之正交。该例中的主极化实际上接近于垂直极化,轴比也不是无限大。理想情况下,接收天线的极化与发射天线的极化相匹配。也就是说,只要接收天线的主极化与发射波极化相同,就没有极化损耗。然而,更严重的是跨信道干扰,如果使用双极化系统,标称的水平极化的接收天线将对相邻信道上的交叉极化分量产生响应,尽管该相邻信道标称是垂直极化的。在这种情况下,分析时最好将极化分解为理想的垂直极化和理想的水平极化。

下面说明如何使用在第 6 章讨论的天线和波相互作用原理来评估双极化系统。设极化状态 w 被分解成相互正交的主极化态 co 和交叉极化态 cr，这种分解适用于描述空间、天线或器件中的波，但要使用与波相关的统一术语。此外，这里假设波的极化等于发射天线的极化，且介质中不发生去极化现象。

首先将波的极化状态 w 分解为主极化状态 co 和交叉极化状态 cr，用复数矢量表示为

$$\boldsymbol{E}_w = E_{co}\hat{\boldsymbol{e}}_{co} + E_{cr}\hat{\boldsymbol{e}}_{cr} \tag{7.1}$$

式中：$\hat{\boldsymbol{E}}_w$ 为波的电场矢量。E_{co} 为电场矢量的主极化分量；E_{cr} 为电场矢量的交叉极化分量；$\hat{\boldsymbol{e}}_{co}$ 为主极化的复单位矢量；$\hat{\boldsymbol{e}}_{cr}$ 为交叉极化复单位矢量。

由式(3.25)和式(3.77)可知，正交分解的性质为

$$\begin{cases} 1 = \hat{\boldsymbol{e}}_{co} \cdot \hat{\boldsymbol{e}}_{co}^* \\ 0 = \hat{\boldsymbol{e}}_{co} \cdot \hat{\boldsymbol{e}}_{cr}^* \end{cases} \tag{7.2}$$

波的交叉极化比(cross-polarization ratio，CPR)定义为交叉极化分量的功率密度与主极化分量的功率密度之比，即

$$\text{CPR} = \frac{S_{cr}}{S_{co}} = \frac{\dfrac{1}{2}E_{cr} \cdot E_{cr}^*}{\dfrac{1}{2}E_{co} \cdot E_{co}^*} = \frac{|E_{cr}|^2}{|E_{co}|^2} \tag{7.3}$$

这里用到了式(3.22)。用 dB 表示 CPR 为

$$\text{CPR(dB)} = 10\lg\text{CPR} \tag{7.4}$$

当 $E_{cr} = 0$，即没有交叉极化分量时，CPR = 0 或 $-\infty$。当 $E_{cr} = E_{co}$ 时，即交叉极化电平和主极化电平一样高，CPR = 1 或 CPR(dB) = 0。也可以利用极化效率计算出 CPR，用主极化和交叉极化的功率密度表示相应的极化效率为

$$p_{co} = \frac{S_{co}}{S_w}, \quad p_{cr} = \frac{S_{cr}}{S_w} \tag{7.5}$$

式中：S_w 为波的功率密度。由此定义 CPR 为

$$\text{CPR} = \frac{p_{cr}}{p_{co}} \tag{7.6}$$

线极化状态时的 CPR 是最容易理解的。图 7.3 所示为主极化是垂直极化、交叉极化为水平极化的线极化波。波的电场方向和主极化方向(垂直极化)的夹角为 $\Delta\tau$，由式(7.6)和式(6.26)，可得

$$\text{CPR}_L = \frac{p_{cr}}{p_{co}} = \frac{\cos^2(90° - \Delta\tau)}{\cos^2\Delta\tau} = \tan^2\Delta\tau \tag{7.7}$$

正如所料，CPR 仅取决于角度 $\Delta\tau$。当波的电场和垂直分量方向一致时，$\Delta\tau = 0°$，

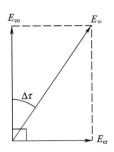

图 7.3　电场强度为 E_w 的线极化波分解为正交分量 E_{cr} 和 E_{co}，

交叉极化比 CPR $= |E_{cr}|^2 / |E_{co}|^2$ ①

$CPR_L = 0$，说明此时没有交叉极化。当波是水平极化时，$\Delta\tau = 90°$，$CPR_L = \infty$，说明波的所有功率都处于交叉极化状态②。图 7.4 说明了 CPR_L 是角度偏移的函数，注意在 $\Delta\tau = 45°$ 时，CPR_L 为 1dB(0)，说明主极化和交叉极化的功率密度相等。

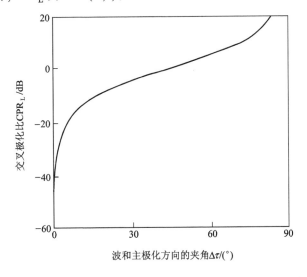

图 7.4　基于式(7.7)的线极化波交叉极化比，它是电场相对于主极化方向的夹角 $\Delta\tau$ 的函数

在上面的情况中，波的极化是一种旋转了期望的角度后的线极化状态。更一般的情况下，波是椭圆极化的。根据波的极化椭圆主轴上的线性分量，可将椭圆极化波的 CPR 表示为③

---

① 译者注：原文有误，未写平方项。

② 译者注：垂直极化时，$\Delta\tau = 0°$；水平极化时，$\Delta\tau = 90°$。原文写反了。

③ 译者注：原文式(7.8)有下标 L，表示线极化，这里定义的是椭圆极化的 CPR，应该去掉。

$$CPR = \frac{|E_{minor}|^2}{|E_{major}|^2} = \frac{1}{|R_w|^2} \tag{7.8}$$

这里用到了式(2.26)。假设期望的线极化波沿着椭圆的长轴,在短轴方向没有波的分量,则 $E_{minor} = 0$, $R_w = \infty$,由式(7.8)得 $CPR = 0$,即不存在交叉极化。这种方式计算 CPR 通常用于轴比较低的波。

如果一个波接近于圆极化,那么可用下面的公式。一个椭圆极化波也可以分解成正交的圆极化分量,每一个分量的轴比为

$$R_{co} = \pm 1, \quad R_{cr} = \mp 1 \tag{7.9}$$

式中:轴比的符号相反,即 $R_{co} = -R_{cr}$,并且 R_{co} 和波具有相同的符号。也就是说,如果波是左旋椭圆极化波,则 $R_{co} = 1$, $R_{cr} = -1$;如果波是右旋椭圆极化波,则 $R_{co} = -1$, $R_{cr} = 1$,将其代入式(6.29)可得

$$\begin{cases} p_{co} = \dfrac{(|R| + 1)^2}{2(R^2 + 1)} \\ p_{cr} = \dfrac{(|R| - 1)^2}{2(R^2 + 1)} \end{cases} \tag{7.10}$$

式中:R 为波的轴比。

由式(7.6)和式(7.10)得圆极化分量的 CPR 为

$$CPR_C = \frac{p_{cr}}{p_{co}} = \frac{(|R| - 1)^2}{(|R| + 1)^2} \tag{7.11}$$

这个结果也可以由式(2.40)中轴比的定义直接推导:

$$|R| = \left| \frac{1 + \dfrac{E_{L0}}{E_{R0}}}{1 - \dfrac{E_{L0}}{E_{R0}}} \right| = \left| \frac{1 + \sqrt{CPR_C}}{1 - \sqrt{CPR_C}} \right| \tag{7.12}$$

如果右旋圆极化是主极化状态,则式中的 $\sqrt{CPR_C}$ 为 E_{L0}/E_{R0};如果左旋圆极化是主极化状态,则 $\sqrt{CPR_C}$ 为 E_{R0}/E_{L0}。用式(7.11)给定的 CPR_C 可求得式(7.12)。CPR_C 和轴比之间的关系曲线如图 7.5 所示。

[例7.1] 利用圆极化分量求轴比为 0.3dB 的波的 CPR。

波的轴比为 0.3dB,则有

$$|R| = 10^{0.3/20} = 1.0351$$

由式(7.11)可得

$$CPR_C(dB) = 20\lg \frac{|R| - 1}{|R| + 1} = 20\lg 0.01727 = -35.26$$

这个结果也可以由图 7.5 得到。

在实际中,常用归一化复电压表示 CPR。根据式(6.72)和式(7.6),可得

120

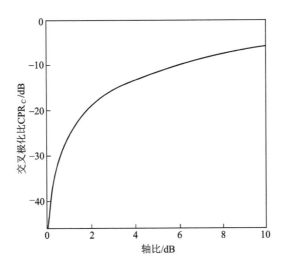

图 7.5　相对于同旋向纯圆主极化状态波的交叉极化比随轴比的关系,曲线基于式(7.12)

$$\text{CPR} = \frac{p_{\text{cr}}}{p_{\text{co}}} = \frac{|v(w,cr)|^2}{|v(w,co)|^2} \qquad (7.13)$$

7.3　交叉极化鉴别率与交叉极化隔离度

　　一般双通道设备的性能用通道间的耦合来衡量,相应的量化参数为隔离度,双极化的无线电系统也是如此。如果两个标称正交极化的通道在同一无线电频道上工作,必须避免通道之间的耦合(如串音)。这种耦合可能是由以下原因引起的:发射天线的高交叉极化、接收天线的高交叉极化,以及传输路径上的去极化。天线极化特性已在 5.2 节中讨论了,介质的去极化将在第 8 章中讨论。在本节中,将讨论如何建立双极化系统的模型并评估耦合效应。

7.3.1　定义

　　常见的双极化无线电链路如图 7.6 所示,它由双极化的发射天线和接收天线,以及传播介质组成。天线具有相互正交的两种极化,而且发射天线和接收天线极化一致,即发射天线的信道 1 与接收天线的信道 1 极化基本相同,发射天线的信道 2 与接收天线的信道 2 极化也相同。这种结构可以实现频率复用(见 7.1 节),即信道 1 和信道 2 以相同的频率同时发射。

　　交叉极化隔离度(cross-polarization isolation,XPI)定义为当发射天线以相同频率、相同功率电平辐射正交极化信号时,同一信道中期望的功率电平与非期望的功

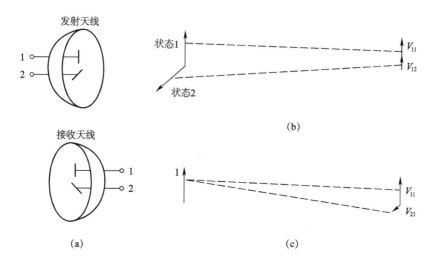

图 7.6　常见的双极化无线链路
(a)天线结构；(b)交叉极化隔离耦合关系；(c)交叉极化鉴别耦合关系

率电平之比[3]。如图 7.6(b)所示，为了说明这个定义，这里认为信道 1 是期望的信道。接收天线的信道 1 与发射天线的信道 1 相匹配，在其上有来自发射天线信道 1 和信道 2 的两个响应。以电压信号表示期望的响应为 V_{11}，其中第一个下标表示接收机的信道，第二个下标表示发射机的信道。因此，V_{11} 表示发射机的信道 1 被激励时，接收机信道 1 的响应信号电压。非期望的响应电压是 V_{12}，这是来自发射天线信道 2 的信号对接收天线信道 1 的贡献。对于理想正交极化，且收发对齐的系统，唯一产生 V_{12} 的可能就是沿着路径上的去极化介质。信道 1 的交叉极化隔离度表示为

$$\mathrm{XPI}_1 = \frac{信道\,1\,中期望的功率电平}{信道\,1\,中非期望的功率电平} = \frac{|V_{11}|^2}{|V_{12}|^2} \qquad (7.14)$$

如果在接收端，没有信号由信道 2 耦合到信道 1，$V_{12}=0$，那么 $\mathrm{XPI}_1 = \infty$。如果来自发射天线的信道 2 和来自发射天线的信道 1 的信号一样多，$V_{12} = V_{11}$，$\mathrm{XPI}_1 = 1$。信道 2 的交叉极化隔离度有相似的定义：

$$\mathrm{XPI}_2 = \frac{|V_{22}|^2}{|V_{21}|^2} \qquad (7.15)$$

XPI 也可以用 dB 表示为

$$\mathrm{XPI(dB)} = 10\lg\mathrm{XPI} \qquad (7.16)$$

因此，如果 XPI=40dB，就意味着在同一接收通道中，期望信号的功率电平比

非期望信号的功率电平高 40dB。在高性能的通信系统中,一般要求 XPI>25dB。

根据式(6.52),接收电压 V_{ij} 可以用天线等效长度来表示。这里 XPI 的定义要求两个发射信道发射相同的功率,但隔离度本质上表征了系统硬件的耦合性能,与输入信号没有任何关系。实际上,如果相邻信道传输功率高很多,那么具有良好隔离度的系统仍会受到干扰。所以,当在接收信道发现干扰功率电平时,必须考虑各种功率的不平衡因素。

和双极化系统相关的定义还有交叉极化鉴别率(cross-polarization discrimination, XPD),它表示接收天线对应于发射天线主极化时的输出功率电平和相同增益接收天线对应于发射天线正交极化时的输出功率电平之比。图7.6(c)可以说明交叉极化鉴别率的耦合关系:发射机的信道 1 被激励,接收端主极化信道输出为 V_{11},交叉极化信道输出为 V_{21}。因此,XPD_1 定义为

$$\mathrm{XPD}_1 = \frac{|V_{11}|^2}{|V_{21}|^2} \tag{7.17}$$

类似地,有

$$\mathrm{XPD}_2 = \frac{|V_{22}|^2}{|V_{12}|^2} \tag{7.18}$$

这里假设两个接收信道的增益是相同的,实际中通常也是这样。

隔离度指标在实际中非常有用。由于信道非理想的极化特性,系统设计师需要知道给定信道上的干扰电平。然而 XPI 很难测量。如图7.6(c)所示,XPD 是可以直接测量的。对发射机的信道 1 进行激励,测量两个接收天线端口的电平,这可以充分表征天线和媒质的特性。实际测量 XPD 并由此推断出 XPI 是非常有用的。如果发射信道的激励相等,接收信道的增益也相等,就称信道的硬件是平衡的,则

$$\begin{cases} \mathrm{XPI} = \mathrm{XPI}_1 = \mathrm{XPI}_2 \\ \mathrm{XPD} = \mathrm{XPD}_1 = \mathrm{XPD}_2 \end{cases} \tag{7.19}$$

此外,如果传播介质在正交轴向上有对称的响应,那么隔离度和鉴别率是相同的,即[4]

$$\mathrm{XPI} = \mathrm{XPD} \tag{7.20}$$

在实际中,许多硬件系统都被设计成平衡的,大多数传播介质也都在正交轴向上具有对称的响应,因此式(7.19)和式(7.20)都成立。不管这些前提条件能否得到验证,通常都认为式(7.20)成立。

在理想情况下,如果天线没有交叉极化响应,而且介质没有去极化,那么信道之间存在无限大的隔离度或鉴别率。在这种理想情况下,就无须输入功率相等、增益相等的假设了。

上述定义可以用极化效率和归一化复电压表示,即

$$\mathrm{XPI} = \frac{p(w, a_{\mathrm{co}})}{p(w_x, a_{\mathrm{co}})} = \frac{|v(w, a_{\mathrm{co}})|^2}{|v(w_x, a_{\mathrm{co}})|^2} \tag{7.21}$$

$$\mathrm{XPD} = \frac{p(w, a_{\mathrm{co}})}{p(w, a_{\mathrm{cr}})} = \frac{|v(w, a_{\mathrm{co}})|^2}{|v(w, a_{\mathrm{cr}})|^2} \tag{7.22}$$

这里用到了式(6.72),其中极化状态 w 为发射机主极化信道激励并入射到接收天线的波状态,而 a_{co} 为接收天线的主极化状态。类似地,极化状态 w_x 为发射机交叉极化信道激励的入射到接收天线的波状态,a_{cr} 为接收天线的交叉极化状态。在后续的研究中,将更多地使用 XPD。因为它等于 XPI,且易于测量。

7.3.2 对偶分解

在计算波与接收天线的相互作用时,为了方便起见,有时将一个波在参考坐标系中分解成两个正交分量,而不是分解成标准的水平和垂直线性分量。这种对偶分解技术的基本思路就是分别分析两个分量,然后再将对应的结果叠加。用 co 表示正交分解的主极化分量,cr 表示交叉极化分量。波的极化状态 w 对应一个归一化的复矢量 $\hat{\boldsymbol{e}}_w$,该矢量可以用 co 和 cr 分量表示为

$$\hat{\boldsymbol{e}}_w = v(w, co)\hat{\boldsymbol{e}}_{\mathrm{co}} + v(w, cr)\hat{\boldsymbol{e}}_{\mathrm{cr}} \tag{7.23}$$

接收天线也有主极化 co 和交叉极化 cr 两个端口,标记为 a_{co} 和 a_{cr}。由式(6.69)得出主极化天线端口的输出为

$$
\begin{aligned}
v(w, a_{\mathrm{co}}) &= \hat{\boldsymbol{e}}_w \cdot \hat{\boldsymbol{e}}_{\mathrm{aco}}^* = v(w, co)\hat{\boldsymbol{e}}_{\mathrm{co}} \cdot \hat{\boldsymbol{e}}_{\mathrm{aco}}^* + v(w, cr)\hat{\boldsymbol{e}}_{\mathrm{cr}} \cdot \hat{\boldsymbol{e}}_{\mathrm{aco}}^* \\
&= v(w, co)v(co, a_{\mathrm{co}}) + v(w, cr)v(cr, a_{\mathrm{co}})
\end{aligned} \tag{7.24}
$$

式(7.24)中的两项分别表示波的主极化和交叉极化分量在接收天线主极化状态 a_{co} 上的投影。对交叉极化分量进行类似的推导,可得

$$v(w, a_{\mathrm{cr}}) = v(w, co)v(co, a_{\mathrm{cr}}) + v(w, cr)v(cr, a_{\mathrm{cr}}) \tag{7.25}$$

应用式(6.72),天线端口的极化效率直接用归一化复电压可表示为

$$
\begin{cases}
p(w, a_{\mathrm{co}}) = |v(w, a_{\mathrm{co}})|^2 \\
p(w, a_{\mathrm{cr}}) = |v(w, a_{\mathrm{cr}})|^2
\end{cases} \tag{7.26}
$$

这些是一般的结果,在计算极化效率时,不需要使用式(7.24)和式(7.25)所示对偶分解的中间过程。如果天线恰好是正交的,那么由式(6.48)可知这些效率之和为1。

[**例 7.2**] 垂直极化波入射垂直极化天线时的对偶分解。

作为验证对偶分解结果的一个简单例子,我们考虑了一个答案已知的情况:垂直线极化波入射到垂直线极化天线上,则

$$\hat{e}_w = \hat{y}, \hat{e}_{aco} = \hat{y}, \hat{e}_{acr} = x \qquad (7.27)$$

令对偶分解的 co 和 cr 状态分别为 45° 和 135° 斜线极化,由表 3.5 得到相应的极化矢量为

$$\begin{cases} \hat{e}_{co} = \dfrac{\hat{x} + \hat{y}}{\sqrt{2}}, 45° 线极化 \\[3mm] \hat{e}_{cr} = \dfrac{-\hat{x} + \hat{y}}{\sqrt{2}}, 135° 线极化 \end{cases} \qquad (7.28)$$

显然,天线垂直极化端口的输出应该是 1,水平极化端口的输出应该是 0,这可以根据式(7.26)来验证,则

$$\begin{cases} p(w, a_{co}) = |v(w, a_{co})|^2 = |\hat{e}_w \cdot \hat{e}_{aco}|^2 = |\hat{y} \cdot \hat{y}|^2 = 1 \\ p(w, a_{cr}) = |v(w, a_{cr})|^2 = |\hat{e}_w \cdot \hat{e}_{acr}|^2 = |\hat{y} \cdot \hat{x}|^2 = 0 \end{cases} \qquad (7.29)$$

利用波的对偶分解可以得到天线端口的归一化复电压,有

$$\begin{cases} v(w, co) = \hat{e}_w \hat{e}_{co}^* = \dfrac{y \cdot (\hat{x} + \hat{y})}{\sqrt{2}} = \dfrac{1}{\sqrt{2}} \\[3mm] v(w, cr) = \hat{e}_w \cdot \hat{e}_{cr}^* = \dfrac{y \cdot (-\hat{x} + \hat{y})}{\sqrt{2}} = \dfrac{1}{\sqrt{2}} \\[3mm] v(co, a_{co}) = \hat{e}_{co} \cdot \hat{e}_{aco}^* = \dfrac{(\hat{x} + \hat{y})}{\sqrt{2}} \cdot \hat{y} = \dfrac{1}{\sqrt{2}} \\[3mm] v(cr, a_{cr}) = \hat{e}_{cr} \cdot \hat{e}_{acr}^* = \dfrac{(-\hat{x} + \hat{y})}{\sqrt{2}} \cdot \hat{x} = -\dfrac{1}{\sqrt{2}} \end{cases} \qquad (7.30)$$

将式(7.30)代入式(7.24)和式(7.25),可得

$$\begin{cases} v(w, co) = v(w, co)v(co, a_{co}) + v(w, cr)v(cr, a_{co}) \\[2mm] \qquad = \dfrac{1}{\sqrt{2}} \dfrac{1}{\sqrt{2}} + \dfrac{1}{\sqrt{2}} \dfrac{1}{\sqrt{2}} = 1 \\[3mm] v(w, a_{cr}) = v(w, co)v(co, a_{cr}) + v(w, cr)v(cr, a_{cr}) \\[2mm] \qquad = \dfrac{1}{\sqrt{2}} \dfrac{1}{\sqrt{2}} + \dfrac{1}{\sqrt{2}} \left(-\dfrac{1}{\sqrt{2}}\right) = 0 \end{cases} \qquad (7.31)$$

7.3.3 极化鉴别率计算

双极化无线系统中的接收天线收到来波的极化状态就是发射天线的极化状

态,而发射天线的极化状态会因为去极化介质的作用而改变。来波与接收天线之间的相互作用决定了链路的隔离度。使用 XPD 评估系统是最方便的,因为它可以直接测量。式(7.22)所示的 XPD 和式(7.13)所示的 CPR 是相似的。不过,接收天线的极化状态 a_{co} 和 a_{cr} 只是标称的正交,而 CPR 表达式中的极化状态 co 和 cr 是严格的正交。XPD 体现了系统的整体效果,如果接收天线有理想正交的状态,则

$$\text{CPR} = \frac{1}{\text{XPD}}, a_{cr}(=cr) \perp a_{co}(=co) \tag{7.32}$$

如前所述,在大多数情况下,隔离度等同于交叉极化鉴别率。因此,结合式(7.20)和式(7.21),可得

$$\text{XPD} = I = \frac{p(w, a_{co})}{p(w_x, a_{co})} \tag{7.33}$$

如果 w 和 w_x 正交,那么在接收端主极化信道没有交叉极化功率。例如,当发射天线端口是完全正交极化,传播介质非去极化的,接收天线与波极化匹配($a_{co} = w$)时,就会出现这种情况。这时,隔离度无穷大。

1. 理想双线极化接收天线

首先,考虑具有理想正交线极化端口的接收天线。设主极化端口为水平极化($a_{co}:\varepsilon_{co} = 0°, \tau_{co} = 0°$),交叉极化端口为垂直极化($a_{cr}:\varepsilon_{cr} = 0, \tau_{cr} = 90°$)。最方便的计算极化效率的方法是使用轴比和倾斜角,考虑到 $R_a = \infty$,由式(6.29)可得

$$\begin{cases} p(w, a_{co}) = \frac{1}{2} + \frac{(R_w^2 - 1)\cos(2\Delta\tau_{co})}{2(R_w^2 + 1)} \\ p(w, a_{cr}) = \frac{1}{2} + \frac{(R_w^2 - 1)\cos(2\Delta\tau_{cr})}{2(R_w^2 + 1)} \end{cases} \tag{7.34}$$

其中

$$\Delta\tau_{co} = \tau_{co} - \tau_w$$

$$\Delta\tau_{cr} = \tau_{cr} - \tau_w = \tau_{co} \pm 90° - \tau_w = \Delta\tau_{co} \pm 90° \tag{7.35}$$

将式(7.34)和式(7.35)代入式(7.22),可得

$$\text{XPD} = \frac{R_w^2 + 1 + (R_w^2 - 1)\cos(2\Delta\tau_{co})}{R_w^2 + 1 - (R_w^2 - 1)\cos(2\Delta\tau_{co})} \tag{7.36}$$

如果波极化椭圆的长轴与天线主极化方向一致,那么 $\Delta\tau_{co} = 0$,式(7.36)简化为

$$\text{XPD} = R_w^2 , \qquad \Delta\tau_{co} = 0° \tag{7.37}$$

如果波的极化椭圆长短轴与接收端天线的主极化和交叉极化状态对齐,这个结果与式(7.8)中的椭圆波的 CPR 互为倒数。对于 $|R_w| = 1$ 的圆极化波,XPD = 1,这说明在双线极化系统中波的交叉极化部分功率与主极化部分功率相同。如果波的轴比为无穷大(线极化波),并且和主极化主轴对齐($\Delta\tau_{co} = 0$),则 XPD = ∞。

对于一般的轴比 $|R_w| = \infty$、倾斜角为 τ_w 的线极化波,式(7.36)简化为:

$$\text{XPD} = \frac{1 + \cos(2\Delta\tau_{co})}{1 - \cos(2\Delta\tau_{co})} = \frac{2\cos^2\Delta\tau_{co}}{2\sin^2\Delta\tau_{co}} = \cot^2\Delta\tau_{co} \tag{7.38}$$

式中,用到了附录中的式(B.23)和式(B.24)。如果波与接收天线主极化状态一致($\Delta\tau_{co} = 0°$),那么式(7.41)给出 XPD = ∞;反之,如果波与接收天线交叉极化状态一致($\Delta\tau_{co} = 90°$),那么 XPD = 0,波与天线主极化状态完全正交。

2. 一般双极化天线

在实际情况中,接收天线的极化状态(a_{co} 或 a_{cr})不是理想的纯线极化或纯圆极化,也不是互相完全正交的。因此,从式(6.29)的一般极化效率表达式出发,利用式(7.22)求得 XPD:

$$\begin{aligned}
\text{XPD} = \frac{p(w, a_{co})}{p(w, a_{cr})} &= \frac{\dfrac{(R_{co}^2 + 1)(R_w^2 + 1) + 4R_{co}R_w + (R_{co}^2 - 1)(R_w^2 - 1)\cos(2\Delta\tau_{co})}{2(R_{co}^2 + 1)(R_w^2 + 1)}}{\dfrac{(R_{cr}^2 + 1)(R_w^2 + 1) + 4R_{cr}R_w + (R_{cr}^2 - 1)(R_w^2 - 1)\cos(2\Delta\tau_{cr})}{2(R_{cr}^2 + 1)(R_w^2 + 1)}} \\
&= \frac{(R_{cr}^2 + 1)\left[(R_{co}^2 + 1)(R_w^2 + 1) + 4R_{co}R_w + (R_{co}^2 - 1)(R_w^2 - 1)\cos(2\Delta\tau_{co})\right]}{(R_{co}^2 + 1)\left[(R_{cr}^2 + 1)(R_w^2 + 1) + 4R_{cr}R_w + (R_{cr}^2 - 1)(R_w^2 - 1)\cos(2\Delta\tau_{cr})\right]}
\end{aligned} \tag{7.39}$$

尽管式(7.39)很复杂,但很容易求出它的值。不过要注意在轴比趋于无穷大的线极化情况下,数值计算要谨慎小心。对于正交线极化接收天线的情形,$R_{co} = R_{cr} = \infty$,$\Delta\tau_{cr} = \Delta\tau_{co} \pm 90°$,式(7.39)简化为式(7.36)。如果波和天线都是理想圆极化,$|R_w|$、$|R_{co}|$ 和 $|R_{cr}|$ 都为 1,式(7.39)变为

$$\text{XPD} = \frac{1 + R_{co}R_w}{1 + R_{cr}R_w} = \infty \tag{7.40}$$

这里取值无穷大是因为 w 和 co 是相同的,即 R_{co} 和 R_w 要么都是+1,要么都是 -1。如果 $R_{co} = +1$(右旋圆极化),那么 $R_{cr} = -1$(左旋圆极化);如果 $R_{co} = -1$(左旋圆极化),那么 $R_{cr} = +1$(右旋圆极化)。因为接收端口的旋向相反,所以 $R_{cr}R_w = -1$ 使得式(7.40)的分母为 0。

非理想的双线极化接收系统的性能会随着接收天线的轴比的减小而恶化。一个实际的模型,使用一个对称接收天线($|R_{co}| = |R_{cr}| = |R_a|$,$R_{cr} = -R_{co}$,$\Delta\tau_{cr} =$

$\Delta\tau_{co}\pm90°$)与入射波极化椭圆主轴对齐的($\Delta\tau_{co}=0°$),式(7.39)简化为:

$$XPD = \frac{(R_a R_w + 1)^2}{(R_a + R_w)^2} \qquad (7.41)$$

以天线轴比为变量,绘制出图7.7所示的XPD曲线,横坐标为波的交叉极化比 $CPR_w = 1/R_w^2$。

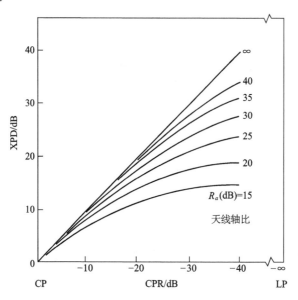

图7.7 标称对称双线极化接收天线($|R_{co}|=|R_{cr}|=|R_a|$,$R_{cr}=-R_{co}$,$\Delta\tau_{cr}=\Delta\tau_{co}\pm90°$)
与入射波极化椭圆主轴一致($\Delta\tau_{co}=0$)时的XPD。曲线由式(7.41)得到

图7.7显示了天线极化纯度对交叉极化鉴别率的影响。如果天线是完美的,$CPR_a = -\infty$ dB,则 $XPD = 1/CPR_w$。随着天线性能的恶化(CPR_a 减小),XPD也会恶化。例如,当 $CPR_w = -20$dB 的波照射 $CPR_a = -20$dB 的天线时,交叉极化鉴别率 $XPD = 14$dB。

3. 近似双圆极化天线

标称双圆极化无线系统的轴比近似为1,XPD仅随着电场旋转略有变化。式(7.39)中分子表示主极化功率,其随旋转波动不大。因为轴比的幅度 $|R_{co}|$ 和 $|R_{cr}|$ 近似为1,所以包含 $(R_{co}^2 - 1)$ 和 $(R_{cr}^2 - 1)$ 的两项可以忽略。

注意,因为波和主极化天线是同一旋向的,分子的中间项是正的,所以天线极化状态接近圆极化时,式(7.39)近似为

$$XPD = \frac{(R_{cr}^2 + 1)}{(R_{co}^2 + 1)} \cdot \frac{(R_{co}^2 + 1)(R_w^2 + 1) + 4R_{co}R_w}{(R_{cr}^2 + 1)(R_w^2 + 1) + 4R_{cr}R_w + (R_{cr}^2 - 1)(R_w^2 - 1)\cos(2\Delta\tau_{cr})}$$

$$(7.42)$$

根据式(7.42),可以利用极化椭圆的方向角分析 XPD 的最大值和最小值,当波的极化椭圆主轴和交叉极化天线极化椭圆主轴垂直时,即 $\Delta\tau_{cr} = 90°$,XPD 取最大值;类似地,当 $\Delta\tau_{cr} = 0°$ 时,XPD 取最小值。由式(7.42)可得

$$\begin{cases} \text{XPD}_{max} = \text{XPD}(\Delta\tau_{cr} = 90°) \approx \dfrac{(R_{cr}^2 + 1)}{(R_{co}^2 + 1)} \cdot \dfrac{(R_{co}^2 + 1)(R_w^2 + 1) + 4R_{co}R_w}{2(R_{cr} + R_w)^2} \\[3mm] \text{XPD}_{min} = \text{XPD}(\Delta\tau_{cr} = 0°) \approx \dfrac{(R_{cr}^2 + 1)}{(R_{co}^2 + 1)} \cdot \dfrac{(R_{co}^2 + 1)(R_w^2 + 1) + 4R_{co}R_w}{2(R_{cr}R_w + 1)^2} \end{cases}$$

$$(7.43)$$

如果天线极化具有相同的轴比大小,且接近圆极化,则 $R_{cr} = -R_{co}$,式(7.43)可简化为

$$\begin{cases} \text{XPD}_{max} \approx \dfrac{(R_{co}^2 + 1)(R_w^2 + 1) + 4|R_{co}||R_w|}{2(R_w - R_{co})^2}, R_{cr} = -R_{co} \\[3mm] \text{XPD}_{min} \approx \dfrac{(R_{co}^2 + 1)(R_w^2 + 1) + 4|R_{co}||R_w|}{2(|R_{co}||R_w| - 1)^2}, R_{cr} = -R_{co} \end{cases}$$

$$(7.44)$$

对于理想圆极化波,XPD 和来波的倾斜角无关,式(7.44)可改写为

$$\text{XPD} \approx \left[\frac{|R_{co}| + 1}{|R_{co}| - 1}\right]^2, \text{理想圆极化波 } |R_w| = 1, R_{cr} = -R_{co} \qquad (7.45)$$

注意,这个结果和式(7.11)结果的相似性。如果天线是理想圆极化的($R_{co} = \pm 1, R_{cr} = \mp 1$),而波的轴比为 R_w,则 XPD 的表达式和式(7.45)形式相同,只是将 $|R_{co}|$ 用 R_w 替代,可得

$$\text{XPD} \approx \left[\frac{|R_w| + 1}{|R_w| - 1}\right]^2, \text{理想圆极化天线 } |R_{cr}| = |R_{co}| = 1 \qquad (7.46)$$

对比式(7.46)和式(7.11),可得

$$\text{XPD} = \frac{1}{\text{CPR}_C}, \text{理想圆极化天线 } |R_{cr}| = |R_{co}| = 1 \qquad (7.47)$$

由式(7.45)求出理想圆极化波的 XPD 值如图 7.8 所示。图中假设主极化天线和交叉极化天线具有相同的轴比,且旋向相反,XPD 表示成天线轴比的函数。当天线轴比($|R_{cr}| = |R_{co}|$)趋近于 1 时,XPD 趋近于无穷大,表明信道的交叉极化鉴别是完美的,因为所有极化都是理想圆极化。例如,如果天线轴比是 1dB,即 $|R_{cr}| = |R_{co}| = 1.122$,由式(7.45)求出 XPD $\approx$ 24.8dB,这也可以从图中读出。这是一个常用的判断系统性能是否良好的阈值,对于理想圆极化波和轴比小于 1dB 的天线,XPD>25dB。

图 7.8 还适用于天线是理想圆极化,横坐标给出波的轴比值的情况,也就是式(7.46)对应的情况。在理想圆极化接收天线的情形中,波的轴比通过测量 XPD

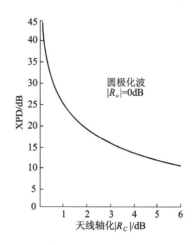

图 7.8 理想圆极化波入射到接收天线上时的 XPD

注:横坐标轴表示天线的轴比,且有 $R_{cr} = -R_{co}$,曲线基于式(7.45)得到。

根据式(7.46),曲线也适用于求解理想圆极化天线($|R_{cr}| = |R_{co}| = 1$)接收不同轴比波时的 XPD。

值来确定,再由式(7.46)求出,即

$$|R_w| \approx \frac{\sqrt{\text{XPD}} + 1}{\sqrt{\text{XPD}} - 1}, \text{理想双圆极化接收天线} \tag{7.48}$$

重复上面的例子,如果 XPD 的测量值为 302(24.8dB),由式(7.48)求出波的轴比为 1.122(1dB)。如果 XPD 为 31.6(15dB),则由式(7.48)求出入射波的轴比为 1.433(3.1dB)。在图 7.8 中也可以找到这两个点。

一般实际情况是波和天线都是近似圆极化,而不是理想圆极化。XPD 值是通过测量主极化和交叉极化天线输出端口的信号电平,并使用式(7.22)来计算。在这种情况下,XPD 值的范围是一个有用的指导,它可以帮助我们了解可能的值是什么,以及用波的轴比为参数的最大值和最小值曲线以图形化的方式最好地表示这些值。图 7.9 所示为根据式(7.44)求得的 XPD 值,它是天线轴比的函数,并且认为接收天线是对称的($R_{cr} = -R_{co}$)。当波的轴比分别取 0.2dB、0.4dB、0.5dB 和 1dB 时,实际的 XPD 值在最大值($\Delta\tau_{cr} = 0°$)和最小值($\Delta\tau_{cr} = 90°$)曲线之间,即实际的 XPD 值依赖于相对倾斜角度 $\Delta\tau_{cr}$,但这经常是未知的。注意,当天线轴比(横坐标)值与波的轴比值相等时,最大值曲线趋于无穷大,这正是波和天线的极化正交情形下的响应。这是因为波和天线具有相同的轴比,而且主轴是正交的,从而造成了理想失配。图 7.9 中的曲线也适用于波的轴比沿横轴发生变化,天线轴比以固定参数给出的情形。

从图 7.9 中的曲线可以看出,对于给定的天线轴比值,存在多个 XPD 值。

130

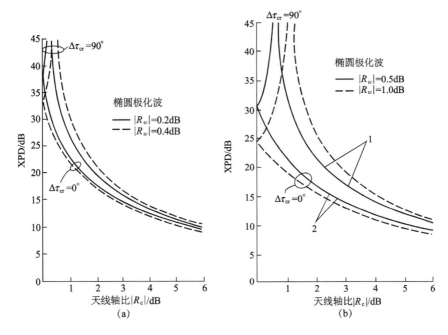

图 7.9　由式(7.44)求得已知轴比的波入射到已知轴比的双极化天线时的 XPD
(a)波的轴比为 0.2dB 和 0.4dB 时的曲线;(b)波的轴比为 0.5dB 和 1dB 时的曲线
注:在每种情况下,曲线 1 表示最大 XPD,曲线 2 表示最小 XPD。
并均已假设接收天线是对称的;$R_{cr} = -R_{co}$。

式(7.46)及图 7.8 所示理想圆极化天线情形,一个轴比值对应唯一的 XPD 值,但这只是特例。例如,理想圆极化波($|R_w| = 0dB$)入射到主极化和交叉极化端口轴比均为 1dB 的天线上,其 XPD = 24.8dB。但是如果入射波不是理想圆极化波,而是轴比等于 0.5dB,天线仍然是每个端口的轴比 1dB,则 XPD 值为 21.3~30.8dB。如果已经测量出了 XPD 的最大值和最小值,则在已知天线轴比的前提下,波的轴比也是可以唯一确定的①。例如,已知天线的轴比为 2dB,XPD 的最大值和最小值分别为 24.8dB 和 15.3dB,则波的轴比必为 1dB。这种测量是通过瞄准入射波的方向,围绕波束最大轴旋转主极化和交叉极化天线进行的。如果天线系统是由双极化馈源馈电的反射面天线组成的,通常难以使天线绕其中心轴旋转。此外,由于反射面和支撑杆等可能不对称,只旋转馈源组件来测量也是不够准确的。

类似地,如果波的轴比已知,且测量得到 XPD 的最大值和最小值,则天线的轴比也可得到。这里仍然假设主极化和交叉极化具有相同的轴比。参考图 7.9(b)

_____

①　译者注:原文误写为天线轴比。

并重复上面的例子,已知波的轴比为 1dB,如果测得 XPD 的最大值和最小值分别为 24.8dB 和 15.3dB,则天线的轴比等于 2dB。

[**例 7.3**] 双圆极化地面站天线。

在弗吉尼亚理工大学有一个双圆极化地面站天线,包括直径 12 英尺(3.66m)的主焦点反射面和机械可旋转的馈电组件。馈电组件由一个馈源喇叭和一个形成近似左旋、右旋圆极化输出的正交模转换器组成。当频率为 11.7 GHz 时,轴比测量值为 0.30dB 和 0.27dB。这两个数值非常接近,可以假设它们相等,从而可以在实际情况中使用图 7.8 和图 7.9。

这是一个具有特别好交叉极化性能的中等大小的天线,表 7.1 的 XPD 值说明了这一点,其中主极化和交叉极化的天线状态分别为 0.3dB(右旋)和 0.27dB(左旋)。当入射波轴比为 0.3dB 或更低时,XPD 约为 30dB 或更大,这是很好的信道输出鉴别率。XPD 值随着波轴比的增大而降低。

表 7.1　例 7.3 天线中 XPD 随入射波轴比的变化

波的轴比 $|R_w|$		XPD 极值/dB	
		最大值	最小值
0	1.000	36.2	36.2
0.3dB	1.0351	55.3	29.7
0.5dB	1.0593	37.6	27.1
0.7dB	1.0839	32.1	25.1
1.0dB	1.1220	27.5	22.7

注:天线极化状态分别为 0.3dB(右旋)和 0.27dB(左旋)。

7.4　双极化系统性能评价

双极化系统的性能由隔离度 I 表征,它可以衡量工作在相同频率和传输路径上的两个信道间的串扰。路径对隔离度的影响将在第 8 章中讨论。在这里,我们考虑天线对系统隔离度的影响,以及用隔离度来评估系统性能。

7.4.1　天线缺陷引起的隔离度恶化

天线的双极化性能由 XPD 表征,因为它可以直接测量。在 7.3.1 节中我们讨论过,假设不存在不对称的路径效应,则对于对称接收系统而言,隔离度与 XPD 是相同的。在本章中,我们完全不考虑路径效应,它将在第 8 章讨论。

对于正交双线极化接收系统,将式(7.8)中波的 CPR 代入式(7.36)中,得到隔离度为

$$I = \frac{1 + \dfrac{1 - \mathrm{CPR_L}}{1 + \mathrm{CPR_L}} \cos(2\Delta\tau_{\mathrm{co}})}{1 - \dfrac{1 - \mathrm{CPR_L}}{1 + \mathrm{CPR_L}} \cos(2\Delta\tau_{\mathrm{co}})}, \text{线极化天线} \tag{7.49}$$

对于纯线极化波,$\mathrm{CPR_L} = 0$ 此式简化为式(7.38)。

下面考虑一个近似的双圆极化接收系统。因为这里没有考虑传播路径上的去极化,入射波 CPR 就等于发射天线辐射波的 CPR,其可以用波的轴比通过式(7.11)表示出来。选择入射波的方向,得到最低的隔离度,从而找到性能的下限,即分析最坏的情况。对一个对称接收系统,最小隔离度由式(7.44)得到,即

$$I_{\min} \approx \frac{(R_{\mathrm{co}}^2 + 1)(R_w^2 + 1) + 4|R_{\mathrm{co}}||R_w|}{2(|R_{\mathrm{co}}||R_w| - 1)^2}, \text{圆极化天线} \tag{7.50}$$

7.4.2　系统隔离度的计算

无线电系统会受到噪声和干扰的"污染",而双极化系统还有一个额外的"污染源",即由于不理想的极化隔离度而引入的串扰。串扰本质上是一种自干扰,它是与有用信息频率相同的独立信息。串扰和干扰都是随机的扰动,都视为噪声。

对于系统计算,必须将各子系统模块的 XPD 组合起来。处理这种问题最简单的方法是考虑每个子系统产生的交叉极化分量,并且将它们当作矢量处理。所以这里我们研究的是电场矢量,而不是输出电压分量。通常对整个系统进行最坏情况分析来评估其性能。电场矢量分析如图 7.10 所示,图中使用了正交的主极分量和交叉极分量。发射天线的 XPD 和收发天线之间的去极化媒质共同激励交叉极化的电场振幅 E_{cr}^t。因为我们忽略了路径的影响,所以从发射机到达接收机的 XPD 就是 XPD_t。接收天线 XPD 记作 XPD_r,引起交叉极化电场幅度为 E_{cr}^r,其与入射波主极化电场 E_{co} 正交。由各种源产生的交叉极化相量分量叠加在接收机上。图 7.10 中的虚线圆圈表示 E_{cr}^r 是如何随其相位而变化的。然而,这个相位信息几乎是得不到的。由于缺乏相位信息,通常需要进行最坏情况的分析。如图 7.10 所示,假设所有交叉极化场都同相叠加,则

$$E_{\mathrm{cr,max}} = E_{\mathrm{cr}}^t + E_{\mathrm{cr}}^r \tag{7.51}$$

式中:幅度值 E_{cr}^t 和 E_{cr}^r 都为非负实数。

接收天线处最坏情况 XPD 的等于系统隔离度,即

$$\begin{aligned}
I_{\min} = \mathrm{XPD_{\min}} &= \left[\frac{E_{\mathrm{cr,max}}}{E_{\mathrm{co}}}\right]^2 \\
&= \left[\frac{E_{\mathrm{cr}}^t}{E_{\mathrm{co}}} + \frac{E_{\mathrm{cr}}^r}{E_{\mathrm{co}}}\right]^2 = \frac{1}{\left[\dfrac{1}{\sqrt{\mathrm{XPD}_t}} + \dfrac{1}{\sqrt{\mathrm{XPD}_r}}\right]^2}
\end{aligned} \tag{7.52}$$

式(7.52)类似于电路理论中的并联阻抗。正如在并联网络中是最小阻抗元件占主导地位,在双极化系统中最差的 XPD 设备占主导地位。例如,如果接收天线为理想的 $XPD_r = \infty$,那么 $XPD_{min} = XPD_t$,系统隔离度仅由来波的极化决定。换句话说,系统隔离将受限于最差(最低) XPD,且等于或低于系统中最低的 XPD。在前面的分析中忽略了二阶效应。也就是说,在级联的子系统中,一些交叉极化信号会在主极化信道中重新出现;不过这很少对系统产生显著影响。

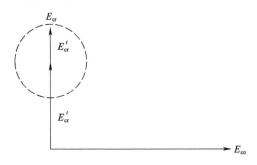

图 7.10 发射天线的 XPD 和收发天线之间的去极化媒质共同产生交叉极化的电场振幅 E'_{cr}

[例 7.4] 非理想收发天线系统的隔离度

某一链路发射和接收天线的 XPD 分别为 30dB 和 36dB,即 1000 和 3981。假设传播路径上没有去极化效应,由式(7.52)得到系统最差情况的 XPD 值为

$$I_{min} = \frac{1}{\left[\dfrac{1}{\sqrt{XPD_t}} + \dfrac{1}{\sqrt{XPD_r}} \right]^2} = \frac{1}{\left[\dfrac{1}{\sqrt{1000}} + \dfrac{1}{\sqrt{3981}} \right]^2}$$

$$= 443.7 = 26.5(dB)$$

因此,系统隔离度为 26.5dB,略低于最差天线 XPD 的 30dB。

无线电系统的性能由载波信噪比(C/N 或 CNR)表征。一般情况下,噪声项由三部分组成。第一部分是传统的热噪声功率 N_t,包括:伴随有用输入信号的噪声,天线从天空、地面和大气中收集的噪声,以及接收机中产生的噪声。第二部分是具有相同极化,且工作于相同频段的其他系统信号的干扰,通常通过天线旁瓣进入接收系统。所有这些信号都与期望的信号无关,表现为类噪声干扰。因此,干扰功率(INT)视为附加噪声。第三部分是双极化系统隔离度 I 不理想,外部功率到达有用的信道,这种不希望的功率与干扰的表现完全一样。将 3 种噪声源以并联网络方式组合,得到网络系统的载波信噪比为

$$\frac{C}{N} = \left[\left(\frac{C}{N_t} \right)^{-1} + \left(\frac{C}{INT} \right)^{-1} + \left(\frac{C}{I} \right)^{-1} \right]^{-1} \tag{7.53}$$

与式(7.52)相似,系统载波信噪比受最差载波噪声的限制。

7.5 极化控制器件

可以将一些硬件电路用于信号处理中来控制极化特性,这在微波或更高频段上反而是容易实现的。除了极化控制,使用频率复用的系统还需要极化分离器件,这通常用正交模耦合器(orthomode transducer, OMT)来实现。OMT 可以分离水平极化和垂直极化信号,也可以分离左旋圆极化和右旋圆极化信号。还有一个相关的功能是频率分离,即使用双工器将两个不同的频率分开。双工器最常见的应用是发射和接收频率的分离:共用的端口连接到天线,其余的两个端口在隔离不需要频率的同时,传输适合发射和接收频带的频率。这使得一副天线系统能够同时完成发射和接收,只是增加了一些成本。本节将介绍极化控制器件(极化器)和 OMT 的工作原理。

7.5.1 极化器

极化器是一种双端口器件,它以一种可控的方式改变波的极化状态。其最常见的形式包括 90°和 180°极化器,90°极化器用于将线极化波转换为圆极化波,反之亦然。180°极化器可以旋转线极化波的极化平面。

分析图 7.11 所示的 90°极化器的工作原理,入射波是圆极化,通常来自天线。极化器将圆波导中的 TE_{11} 模转化为矩形波导中的 TE_{10} 模。为了理解该器件中圆极化波到线极化波的转换过程,将圆极化波分解为平行和垂直于薄介质板的两个线极化分量。介质板能对传输其中的行波起到相位延迟作用,如图 7.11 所示,极化器中的平行于介质板的分量相对于垂直分量将有 90°的相位延迟。实际上,是相比于空气而言,介质材料减慢了波的传播速度。这里的介质板通常可以机械旋转,从而实现极化对齐。当然,介质板会使系统损耗和相关的噪声有一些增加。图 7.11 中入射左旋圆极化波的平行分量超前垂直分量 90°:$E^i_\parallel = 1\angle 90°$,$E^i_\perp = 1\angle 0°$。这就使得两个分量在输出时相位相同:$E^o_\parallel = 1\angle 0°$,$E^o_\perp = 1\angle 0°$。输出波总的电场 E^o 将是相对于介质板的 45°斜线极化。

如果是线极化波($E^i_\parallel = 1\angle 0°$,$E^i_\perp = 1\angle 0°$)入射 90°极化器,并且介质板和电场夹角为 45°,则输出分量为:$E^o_\parallel = 1\angle -90°$,$E^o_\perp = 1\angle 0°$,合成右旋圆极化波输出。通过旋转 90°极化器的介质板,使电场的正交分量同相或异相,可以使椭圆极化波转化为线极化或圆极化。

如图 7.12 所示,180°极化器可以使入射线极化波电场的方向角发生旋转。假设入射电场 E^i 相对于介质板法向的夹角为 α,可以将其分解为平行和垂直两个分量。其中平行分量因为介质板的作用延迟 180°,所以 $E^o_\parallel = -E^i_\parallel$。在理想情况下,垂直分量不会因为介质板而改变相位,即 $E^o_\perp = E^i_\perp$。在输出端,重建输出电场为

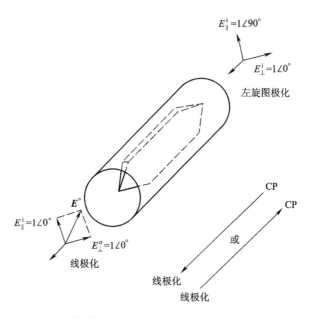

图 7.11　使用90°极化器使左旋圆极化输入的波转换成45°线极化输出波

E°,其方向相对于输入极化旋转 2α。从另一个角度观察180°极化器的作用,可见介质板将输入和输出线极化方向一分为二,这可以观察图 7.12 中的角 $\beta = 90°-\alpha$。

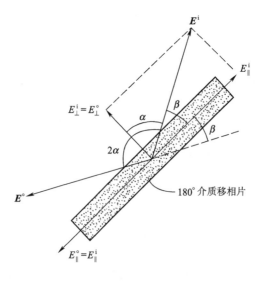

图 7.12　180°极化器将入射线极化波的极化平面 E^i 旋转 2α

注:图中 α 表示 E^i 相对于介质板法向的夹角。波的传播方向为垂直纸面向外,
　　介质板和图 7.11 所示一样,都是置于圆波导中。

90°和180°的极化器经常会级联使用,这将在图 8.11(c)中详细表示。90°极化器使输入圆极化波变成线极化波,通过机械旋转 180°极化器可以改变线极化方向。这种结构有下述两方面的应用:①使任意极化波形在一个端口上满足匹配条件,在另一个端口上满足隔离条件,这个用途将在 10.3.3 节讨论;②完全分离两个正交波,这将在 7.5.2 节中解释[6]。

7.5.2　正交模变换器

正交模变换器也称为正交模耦合器,能在圆形波导中分离正交的 TE_{11} 模。图 7.13 所示为一种输出端口之间隔离度良好的波导正交模变换器(OMT)[7],其输出有水平和垂直两种模式,相应的电场表示为 E_H 和 E_V。也可以用 OMT 分离双圆极化波,这就是通过前述的 OMT 级联 90°极化器和 180°极化器实现的[8](图 8.11(c))。

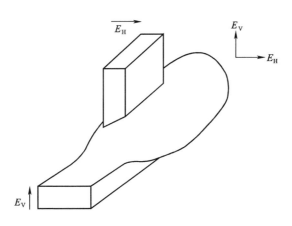

图 7.13　波导正交模变换器

7.5.3　极化栅

由平行导体(如导线、导体带或导体板)构成的用来改变波的极化的栅格称为极化栅。极化栅的作用使平行于网格长边的波分量短路,而垂直于网格的分量则低衰减地在栅格中传播。图 8.2 所示为采用平行导线形式的极化栅示意图,其可以使水平极化波通过,并消除垂直极化波。入射到极化栅上的椭圆极化波,其平行于栅格的分量会被短路,只留下垂直于栅格的分量。这样,椭圆极化就转化为线极化。极化栅单元之间的间距约零点几个波长,这可参见文献[9]。

极化栅的一个常见应用是降低线极化天线的交叉极化电平。例如,偏馈反射面天线辐射的线极化波通常 CPR 较大。为了提高性能,可以在反射面天线的口面上安装极化栅,其方向垂直于期望的线极化波的电场方向,栅格可以大大地减小交叉极化电平。商业化的极化栅的网格间距约为 0.1λ 或更小。

极化栅也可以被用作线-圆极化转换器,这是通过使用多层折线形栅格实现的。每一层本质上都是极化栅格,其将入射的线极化波转换成相对于入射波方向呈 ±45° 的两个线极化分量。该结构还在两个分量之间引入了 90° 相移,从而产生了圆极化透射波。这种极化器能够在一个倍频程范围内产生轴比低至 1dB 的圆极化波[10]。

7.6 思考题

1. 一个双极化无线系统的发射天线信道 1 和信道 2 之间的隔离度为 23dB,且信道 1 传输功率为 10W,信道 2 传输功率为 20W。接收天线信道 1 和信道 2 之间的隔离度为 20dB,计算信道 1 中相对于期望信号的干扰电平。

2. 在对偶分解技术中,极化效率很容易写出以下的形式:

$$p(w, a_{co}) = p(w, co)p(co, a_{co}) + p(w, cr)p(cr, a_{co})$$

(1)证明这个关系式是错误的;

(2)用上式计算例 7.2,来验证结果的不同。

3. 对 $p(w, a_{co}) = \cos^2 \Delta\tau$ 的线极化情形进行对偶分解,其中线极化入射波相对于线极化天线主极化状态 a_{co} 的倾斜角为 $\Delta\tau$,co 和 cr 表示任意线极化的两个正交分量。

4. 利用对偶分解技术求解下列情形下天线主极化端口的极化效率,co 和 cr 分别表示左旋圆极化和右旋圆极化状态。

(1)入射波是右旋圆极化,天线主极化是左旋圆极化;

(2)入射波是垂直线极化,天线主极化是左旋圆极化。

5. 当波的轴比等于 0 和 0.5dB 时,验证表 7.1 中的结果。

6. 轴比为 0.5dB 的电磁波入射到主极化和交叉极化轴比都是 0.3dB 的双极化天线上,使用式(7.39)中的一般形式和式(7.44)中的近似形式计算 XPD 极值。并将这些值与从图 7.8 中读取的值一起制成分贝表。

7. 证明线极化情形下,式(7.49)简化为式(7.38)。

8. 某一卫星发射天线的 XPD 为 28dB,信号在雨中传输后有效 XPD 衰减至 21dB,接收天线的 XPD 是 31dB,计算最坏情况下的下行 XPD。

9. 计算第 8 题中情形下的最佳 XPD 值。

10. 如式(7.51)所示,在计算系统总的 XPD 时,需要场量求和。不过在计算系统载波噪声比时,需要噪声功率求和,请解释。

11. 利用类似于并联网络中电流分量相加的加性噪声概念,推导出式(7.53)的 C/N 公式。

12. 说明式(7.52)中已明确包含路径的去极化效应。

13. 分别画出左旋和右旋椭圆极化波入射 90° 极化器时输入端和输出端的电场:

(1) 介质片沿着极化椭圆的主轴;

(2) 介质片沿着极化椭圆的副轴。

参考文献

[1] Volakis, J. L., (ed.), Antenna Engineering Handbook, Fourth Edition, New York: McGraw-Hill, 2007, Section 39.3.

[2] Johnson, R. C. (ed.), Antenna Engineering Handbook, Third Edition, New York: McGraw-Hill, 1993, Section 28-4.

[3] IEEE Standard Definitions of Terms for Radio Wave Propagation, IEEE Standard 211-1997, 1997.

[4] Watson, P. A., and M. Arbabi, "Cross-Polarization Isolation and Discrimination," Electronics Letters, Vol. 9, 1973, pp. 516-517.

[5] Ha, Tri T., Digital Satellite Communications, Second Edition, New York: McGraw-Hill, 1990, Sec. 4.2.

[6] Kitsuregawa, T., Satellite Communications Antennas: Electrical and Mechanical Design, Norwood, MA: Artech House, 1990, Sec. 1.3.3.

[7] Rizzi, P. A., Microwave Engineering: Passive Circuits, Englewood Cliffs, NJ: Prentice- Hall, 1988, Sec. 8-4.

[8] Allnutt, J. E., Satellite-to-Ground Radiowave Propagation, London: Peter Peregrinus, 1989, p. 263.

[9] Silver, S. (ed.), Microwave Antenna Theory and Design, MIT Radiation Laboratory Series, Vol. 12, McGraw-Hill, 1949, pp. 449-450. Available from IET at www.theiet.org.

[10] Young, L., L. A. Robinson, and C. A. Hacking, "Meander-Line Polarizer," IEEE Trans. on Ant. & Prop., Vol. AP-21, May 1973, pp. 376-378.

[11] Chu, R.-S., and K.-M. Lee, "Analytical Model of a Multilayered Meander-Line Polarizer Plate with Normal and Oblique Plane-Wave Incidence," IEEE Trans. on Ant. & Prop., Vol. AP-35, June 1987, pp. 652-661.

第8章
去极化介质及系统应用

8.1 引言

电磁波在介质中传播,介质会影响波的振幅、相位和极化。对于宽带信号,介质有时会引起色散效应,即波的特性与频率相关,这在某些情况下非常重要。本章将讨论各种传播介质对电磁波极化的影响,以及幅度的衰减、方向的改变等其他影响。电磁波与介质相互作用(反射、散射或通过介质的传输)过程中,其极化特性如何变化呢?首先讨论一些基本原理;然后考虑一些应用场景,包括通信系统、雷达和辐射测量系统。在本章中还讨论几种去极化效应的补偿方法。

8.2 去极化介质原理

电磁波与某种介质相互作用的过程中,若波的极化状态会改变,这种介质就称为去极化介质(depolarizing medium)。通常去极化介质不仅能改变电磁波极化,也能改变电磁波传播的方向。图 8.1 所示为适用于所有去极化介质的坐标系和参考极化的示意图,其中散射体是将入射波的功率向多个方向重新分配的物体。它可以是任何介质、界面或物体,在分析中通常假设其为平面。反射体可以被视为仅在一个方向上散射的散射体(如将在 8.3.1 节中讨论的平面反射体例子)。图中垂直于散射体表面的法线 $\hat{n}$ 和入射波的传播方向 $\hat{u}^i$,形成入射平面;法线 $\hat{n}$ 和出射波(散射或传输波)的传播方向 $\hat{u}^s$,形成散射平面。入射波是平面电磁波,其电场 E^i 包含平行极化分量 $E^i_{\parallel}$ 和垂直极化分量 $E^i_{\perp}$ 两部分,其中前者平行于入射面,后者垂直于入射面。这些相量分量可以具有任意大小和相位,它们合成后就会呈现出一定的极化状态。如图 8.1 所示,出射波的与入射波类似。不过对于大多数类型的散射体来说,散射波直到与散射体相距很远时才成为局部平面波。

最简单的常规散射模型是 Beckmann 提出的去极化模型[1],该模型中采用在 3.6 节中讨论过的极化比 ρ_L 描述入射波和出射波的极化状态,散射体导致的去极化效应可以通过 4 个散射系数得到。虽然出射波依赖于入射波的极化状态,但散射系数不是这样。此外,出射波还取决于散射体的电特性及入射角和出射角。图 8.1 中,θ_i 表示入射角,这是入射波方向与表面法线的夹角,θ_s 表示出射角,是散射波方向与表面法线的夹角;φ_s 表示散射波相对于入射波水平分量的夹角。如果不存在散射体,那么出射极化状态 ρ_L^s 与入射极化状态 ρ_L^i 相同,而且波的方向没有改变,即 $\varphi_s = 0°$,$\theta_i + \theta_s = 180°$。

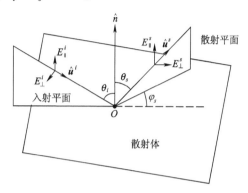

图 8.1　常规去极化散射问题的坐标系和参考极化方向

如果散射体是反射平面,则散射波的出射角就等于入射角($\theta_s = \theta_i$),且 $\varphi_s = 0°$,这符合斯涅尔反射定律(Snell's law of reflection)。但是相对于入射波,反射波的极化状态会产生变化。

为了分析散射引起的去极化问题,这里将入射波电场分解为平行极化分量和垂直极化分量,然后这些分量与散射体相互作用,合成出射电场。首先将入射电场和散射电场分解为正交分量:

$$\boldsymbol{E}^i = E_\perp^i \, \hat{\boldsymbol{u}}_\perp^i + E_\parallel^i \, \hat{\boldsymbol{u}}_\parallel^i \tag{8.1}$$

$$\boldsymbol{E}^s = E_\perp^s \, \hat{\boldsymbol{u}}_\perp^s + E_\parallel^s \, \hat{\boldsymbol{u}}_\parallel^s \tag{8.2}$$

通常经过散射体之后,散射波的每个分量都可能被改变,并且功率可以从一个分量转移到另一个分量上。对这个过程进行建模描述,散射电场分量可分解为

$$E_\perp^s = D_{\perp\perp} E_\perp^i + D_{\perp\parallel} E_\parallel^i \tag{8.3a}$$

$$E_\parallel^s = D_{\parallel\perp} E_\perp^i + D_{\parallel\parallel} E_\parallel^i \tag{8.3b}$$

或者

$$\begin{bmatrix} E_\perp^s \\ E_\parallel^s \end{bmatrix} = \begin{bmatrix} D_{\perp\perp} & D_{\perp\parallel} \\ D_{\parallel\perp} & D_{\parallel\parallel} \end{bmatrix} \begin{bmatrix} E_\perp^i \\ E_\parallel^i \end{bmatrix} \tag{8.3c}$$

式中:$\boldsymbol{D}$ 为去极化矩阵(depolarization matrix),矩阵的元素称为极化系数(polarization coefficients),如系数 $D_{\perp\parallel}$ 就表示平行极化分量经过散射转换成垂直极化分量的部分;类似地,$D_{\parallel\perp}$ 表示垂直极化电分量经过散射转换成平行极化电

场分量的部分。若平行和垂直极化分量的方向与散射体的对称轴一致,则交叉项系数 $D_{\perp\parallel}$ 和 $D_{\parallel\perp}$ 为零,然而这并不意味着没有去极化的可能性。

根据 3.6 节中介绍的极化比的概念,用式(8.3b)除以式(8.3a),可以很容易地推导出散射体去极化的通解,即

$$\rho_{L}^{s} = \frac{E_{\parallel}^{s}}{E_{\perp}^{s}} = \frac{D_{\parallel\parallel}\dfrac{E_{\parallel}^{i}}{E_{\perp}^{i}} + D_{\parallel\perp}}{D_{\perp\perp} + D_{\perp\parallel}\dfrac{E_{\parallel}^{i}}{E_{\perp}^{i}}} = \frac{D_{\parallel\parallel}\rho_{L}^{i} + D_{\parallel\perp}}{D_{\perp\perp} + D_{\perp\parallel}\rho_{L}^{i}} \qquad (8.4)$$

这里使用平行极化分量和垂直极化分量之比定义极化比。根据这一个通用的公式,由入射波极化状态 ρ_{L}^{i} 和介质的极化系数,就可以得到散射波极化状态 ρ_{L}^{s},即散射波的极化依赖于散射体的特性和入射波极化。

对于任意极化状态入射波,式(8.4)可以得到其散射波的极化状态,所需的只是计算或测量这 4 个极化系数。根据式(8.3),将平行极化分量和垂直极化分量交替设置为零,可以求解出极化系数为

$$\begin{cases} D_{\perp\perp} = \dfrac{E_{\perp}^{s}}{E_{\perp}^{i}}\bigg|_{E_{\parallel}^{i}=0} & D_{\perp\parallel} = \dfrac{E_{\perp}^{s}}{E_{\parallel}^{i}}\bigg|_{E_{\perp}^{i}=0} \\[4mm] D_{\parallel\perp} = \dfrac{E_{\parallel}^{s}}{E_{\perp}^{i}}\bigg|_{E_{\parallel}^{i}=0} & D_{\parallel\parallel} = \dfrac{E_{\parallel}^{s}}{E_{\parallel}^{i}}\bigg|_{E_{\perp}^{i}=0} \end{cases} \qquad (8.5)$$

电磁波若通过非去极化介质(如空气),其所有的极化状态不会改变。这种情况下去极化矩阵主对角线上元素相等,非对角线上元素为 0,即

$$D_{\perp\perp} = D_{\parallel\parallel}, D_{\perp\parallel} = 0, D_{\parallel\perp} = 0 \qquad (8.6)$$

这时,式(8.4)可简化为

$$\rho_{L}^{s} = \rho_{L}^{i} \qquad (8.7)$$

特别地,如果介质没有改变波的任何参量(既没有去极化,也没有衰减),那么 $D_{\perp\perp} = D_{\parallel\parallel} = 1, D_{\perp\parallel} = D_{\parallel\perp} = 0$。这时去极化矩阵是单位矩阵,空气就是一个典型例子。

根据极化系数公式,去极化介质可以表现出一些有趣的特性,Beckmann 对此进行了深入地讨论[1],在这里直接给出和应用关系最密切的一些结论。除了对于任何入射波都不会改变极化状态的非去极化介质,经过介质的电磁波,通常只有两个特征极化(characteristic polarizations),在某些情况下只有一个特征极化①。这些性质正式表述如下。

定理 8.1 除完全非去极化介质之外,入射波通过其他每一种散射介质时,至少在一个(通常是两个)散射方向上电磁波的极化状态不会发生改变。

---

① 译者注:电磁波的无数个极化状态分量中,通过介质后极化状态不变的分量称为特征极化。

推论 8.1 对于每一种散射介质,经过其中的电磁波会有一个、两个或无限多个入射极化状态不发生去极化。

式(8.6)所示的非去极化介质对应于上述无限多个入射极化状态不发生去极化的情况。在满足式(8.6)的前提下,求解式(8.4)可得 $\rho_L^s = \rho_L^i$。然后将式(8.4)左边的 ρ_L^s 换为 ρ_L^i,求解一元二次方程得到不去极化时入射波极化比为[1]

$$\rho_L^i = \frac{1}{2D_{\perp\parallel}}\left[D_{\parallel\parallel} - D_{\perp\perp} \pm \sqrt{(D_{\parallel\parallel} - D_{\perp\perp})^2 + 4D_{\perp\parallel}D_{\parallel\perp}}\right] \quad (8.8)$$

对于非去极化的介质,式(8.6)适用,但式(8.8)未必适用。因为将式(8.6)代入式(8.8),结果是 $\dfrac{0}{0}$ 型的不定式。

电磁波通过仅一个入射极化状态不改变的介质,其实例是极化栅。它由平行且间隔很近的导体线或导体带构成,详见 7.5.3 节。图 8.2 中所示的极化栅是由等间隔的垂直导体线构成的,在图中选择合适的坐标系,使入射电场的垂直极化分量平行于栅格($E_\parallel^i$),入射电场水平极化分量垂直于栅格($E_\perp^i$)。

如图 8.2(a)所示,垂直极化波入射时,极化栅中的导线将会使电场短路,不再向前传输。实际上,栅格会产生一个反射电磁波,但是这里关注的是栅格的传输特性,即前向散射特性。水平极化电磁波入射的情形如图 8.2(b)所示,电磁波会通过栅格并且不发生变化①。这种介质结构中仅有的一种极化特性不发生改变,满足推论 8.1。更一般的斜线极化波入射的情形如图 8.2(c)所示,经过极化栅格之后,垂直极化分量截止,水平极化分量通过。总之,不管输入极化状态如何,只有水平极化分量输出。换句话说,极化栅的目的就是去除不需要的垂直分量。综上所述,只有一个极化状态不变时对应的极化系数为

$$D_{\perp\perp} = 1, D_{\parallel\parallel} = 0, D_{\perp\parallel} = 0, D_{\parallel\perp} = 0 \quad (8.9)$$

根据式(8.9)和式(8.4)可简化为

$$\rho_L^s = 0 \quad (8.10)$$

这从数学上证明了只有水平极化分量通过栅格后不去极化。

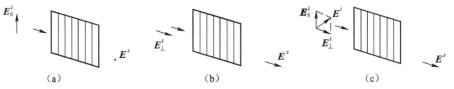

图 8.2　极化栅入射波和散射(透射)波的电场示意图
(a)垂直极化电场无法通过栅格;(b)水平极化电场经过栅格且极化不变;
(c)一般的斜线极化入射情况,经过栅格后电场的垂直分量截止,水平极化通过。

———————

① 译者注:这里描述的水平极化波、垂直极化波是相对地面而言的;电场的平行分量和垂直分量($E_\parallel^i$ 和 $E_\perp^i$)是相对于极化栅格而言的。

关于去极化介质的另一个非常普遍的推论如下。

推论8.2 电磁波在一种介质中传播,如果有3种特征极化状态不变,那么该介质就根本不是去极化介质。

对于这个结论可以进一步说明:满足式(8.7)的非去极化介质,通过其中的电磁波有无数个极化状态不发生变化(有无数个特征极化)。结合推论8.1可知,这是两个以上极化状态不发生变化的唯一情形。所以如果存在3种极化状态不变,那么必然意味着无数个极化状态不变,也就是说该介质根本不能去极化。这一结果也意味着只需要3次计算或测量就可以得出介质根本不去极化的结论。

最普通的去极化介质具有两个相互正交的特征线极化,即电磁波通过时有两个极化状态不去极化。如果坐标系的两个正交轴分别与特征极化方向相同,如垂直和水平,这样就不会出现交叉极化项,对于有两个特征极化的介质,有

$$D_{\perp\parallel} = D_{\parallel\perp} = 0 \tag{8.11}$$

根据式(8.11),式(8.4)可简化为

$$\rho_L^s = \frac{D_{\parallel\parallel}}{D_{\perp\perp}}\rho_L^i = q\rho_L^i \tag{8.12}$$

对于有两个特征极化的介质,这里引入了去极化因子(depolarization factor):

$$q = \frac{D_{\parallel\parallel}}{D_{\perp\perp}} \tag{8.13}$$

式(8.13)也适用于一个特征极化的介质。例如,图8.2中的极化栅只允许水平极化分量输出($D_{\parallel\parallel} = 0$)。故$q = 0$和$\rho_L^s = 0$,表明散射波是水平极化的。

表8.1总结了具有两个特征线介质的极化特性。仍然假设不变的两个特征极化为垂直线极化和水平线极化,分别对应于$\rho_L^i = \infty$和$\rho_L^i = 0$。雨水就是这样一个典型的例子,对此将在8.4.2节中进一步讨论。

表8.1 介质的去极化特性(两个特征线极化为
水平极化(HP)和垂直极化(VP),且$q \neq 0$)

入射极化		散射极化		
极化状态	ρ_L^i	ρ_L^s	极化状态	备注
HP	0	0	HP	不去极化
VP	∞	∞	VP	不去极化
任意	ρ_L^i	$\rho_L^s = q\rho_L^i$		去极化

还有一种情况是对称去极化介质,其满足

$$D_{\perp\parallel} = D_{\parallel\perp} \tag{8.14}$$

这是一种后向散射过程和传输过程常见的情形[1]。

通过互易性的讨论,可以总结出去极化理论的一般处理方法。在线性各向同

性的介质中,极化状态为 ρ_1 的波从 A 点传播到 B 点时,会因去极化效应变为状态 ρ_2。在介质中反向传播时(B 点到 A 点),极化状态也会由 ρ_1 转换为 ρ_2,这就是位置互易性,但并非所有介质都能如此[1]。

8.3 界面去极化

一种常见的电磁波传播类型是不同介质之间存在分界面,人们希望了解分界面对电磁波极化的影响。具体应用包括利用遥感技术通过后向散射识别介质的问题,这里的遥感技术会涉及雷达或辐射测量学。电磁波的传输也会涉及分界面问题,如可以通过电离层反射实现高频(HF)远距离通信。本节中着重研究分界面上的极化效应。

8.3.1 界面极化效应的一般表述

如图 8.3 所示,许多界面的情形可以用平面波斜入射到无限大平面边界上的典型问题来建模。这时,图 8.1 中的散射波就是指反射波和透射波,或者称为折射波。有时会用术语"镜面反射"来强调界面相对于波长来说又大又平坦。图 8.3 中所示的电场相量必须包括相位变化($-\beta s$),其中 s 表示沿出射波方向离开界面的距离,相位的参考点是界面($z = 0$)。请注意,图 8.3 中反射电场矢量的平行分量与入射面平行,故在垂直入射($\theta_i = 0$)的情景下,$E_\parallel^i$ 和 $E_\parallel^r$ 极化方向相同。反射角和透射角由介质 1 和介质 2 的本构参数确定,包括介电常数 ε_1 和 ε_2、磁导率 μ_1 和 μ_2,以及电导率 σ_1 和 σ_2。由基本电磁理论可知,反射角等于入射角。而且,斯涅耳折射定律要求入射波单位距离上的相移必须与反射波和透射波的相移相匹配,所以反射定律和折射定律表示为

$$\theta_r = \theta_t \tag{8.15a}$$

$$\beta_1 \sin \theta_i = \beta_2 \sin \theta_t \tag{8.15b}$$

其中,$\beta = \omega \sqrt{\mu\varepsilon}$。结合式(8.15),得到透射角为

$$\theta_t = \arcsin\left(\frac{\sqrt{\mu_1\varepsilon_1}}{\sqrt{\mu_2\varepsilon_2}}\sin \theta_i\right) \tag{8.16}$$

根据图 8.3 中所示的参考方向,首先,将入射波电场矢量分解为平行分量和垂直分量,表示出反射波和透射波的极化。然后,分析每个分量与分界面的相互作用。最后,将出射波的分量重新组合,以确定反射波和透射波的极化形态。下面先是给出了每个分量的求解,然后将这些结果推广到一般极化情况。

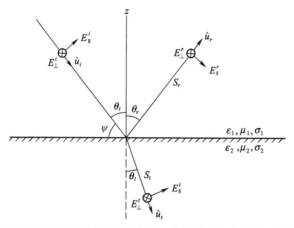

图 8.3　无限大平面界面上的透射和反射(介质 1 中的平面波入射到无限大的平面界面上，
入射角为 θ_i ，反射角 θ_r ，透射角为 θ_t)

首先，分别定义每个正交分量的反射系数(Γ)和透射系数(T)分别为

$$
\begin{cases}
\Gamma_\parallel = \dfrac{E^r_\parallel}{E^i_\parallel} & \Gamma_\perp = \dfrac{E^r_\perp}{E^i_\perp} \\[3mm]
T_\parallel = \dfrac{E^t_\parallel}{E^i_\parallel} & T_\perp = \dfrac{E^t_\perp}{E^i_\perp}
\end{cases}
\tag{8.17}
$$

其中，用到的都是 $z=0$ 分界面上的电场，它们都是复数，包括分界面处分量的幅度和相位。幅度和相位的变化导致去极化。

反射系数和透射系数是入射角(θ_i)和出射角(θ_r 和 θ_t)，以及介质本构参数的函数。应用分界面处电场和磁场满足的边界条件，可得

$$
\Gamma_\parallel = \frac{\eta_2 \cos\theta_t - \eta_1 \cos\theta_i}{\eta_2 \cos\theta_t + \eta_1 \cos\theta_i}
\tag{8.18a}
$$

$$
T_\parallel = \frac{2\eta_2 \cos\theta_i}{\eta_2 \cos\theta_t + \eta_1 \cos\theta_i}
\tag{8.18b}
$$

$$
\Gamma_\perp = \frac{\eta_2 \cos\theta_i - \eta_1 \cos\theta_t}{\eta_2 \cos\theta_i + \eta_1 \cos\theta_t}
\tag{8.18c}
$$

$$
T_\perp = \frac{2\eta_2 \cos\theta_i}{\eta_2 \cos\theta_i + \eta_1 \cos\theta_t}
\tag{8.18d}
$$

其中，一般介质的本征阻抗 η 表示为

$$
\eta = \sqrt{\frac{j\omega\mu}{\sigma + j\omega\varepsilon}}
\tag{8.19}
$$

如果介质阻抗匹配($\eta_1 = \eta_2$)，根据式(8.18)可得

$$\Gamma_\parallel = \Gamma_\perp = 0, T_\parallel = T_\perp = 1 \tag{8.20}$$

这表明在这种条件下不会产生反射,入射波通过分界面时特性不发生任何变化,故这种分界面没有任何影响。

一个重要的特殊情况是理想导体(perfect electric conductor,PEC),详见 8.3.2 节的解释。假设介质 2 是理想导体,即 $\sigma_2 = \infty$,由式(8.19)可知 $\eta_2 = 0$。在实际中,大多数金属都是良导体,其导电特性非常好,可近似视为理想导体。导体会呈现短路特性,根据式(8.18)可得 PEC 分界面特性为

$$\Gamma = \Gamma_\parallel = \Gamma_\perp = -1, T = T_\parallel = T_\perp = 0 \tag{8.21}$$

注意,这些值适用于所有入射角。这里反射系数等于-1,意味着无论电场的线极化方向如何,其都将在反射时极化反向。当然,这时必然没有场传输到 PEC 中($T = 0$)。反射系数的值直接通过 PEC 分界面电场的边界条件求得,即在 $z = 0$ 的 PEC 分界面上,介质 1 中总电场的切向分量为零,即 $E^r_{\tan} + E^i_{\tan} = 0$ 或 $E^r_{\tan} = -E^i_{\tan}$,从而得出:

$$\Gamma = \frac{E^r_{\tan}}{E^i_{\tan}} = \frac{-E^i_{\tan}}{E^i_{\tan}} = -1 \tag{8.22}$$

对于 $\theta_i = 0°$ 的垂直入射情况,根据式(8.15)和式(8.16)得出 $\theta_r = \theta_t = 0°$。则式(8.18)简化为

$$\Gamma = \Gamma_\parallel = \Gamma_\perp = \frac{\eta_2 - \eta_1}{\eta_2 + \eta_1} \tag{8.23a}$$

$$T = T_\parallel = T_\perp = \frac{2\eta_2}{\eta_2 + \eta_1} \tag{8.23b}$$

图 8.3 中,无论是斜入射还是垂直入射,平行和垂直极化分量的参考方向选择是一致的。显然,垂直入射时两个极化方向上的反射系数和透射系数分别相等,即 $\Gamma_\perp = \Gamma_\parallel$,$T_\perp = T_\parallel$。注意,式(8.20)和式(8.21)中分别描述的相同介质和理想导体的情况也满足式(8.23)。

另一种常见情况是界面两侧均为电介质。通常假设它们均为非磁性介质($\mu_1 = \mu_2 = \mu_0$),而且是无耗的($\sigma_1 = \sigma_2 = 0$)。实际中,经常遇到这种情况,联立式(8.18)与式(8.15),可得

$$\Gamma_\parallel = -\frac{\cos\theta_i - \frac{\varepsilon_1}{\varepsilon_2}\sqrt{\frac{\varepsilon_2}{\varepsilon_1} - \sin^2\theta_i}}{\cos\theta_i + \frac{\varepsilon_1}{\varepsilon_2}\sqrt{\frac{\varepsilon_2}{\varepsilon_1} - \sin^2\theta_i}} \tag{8.24a}$$

$$T_\parallel = \frac{2\cos\theta_i\sqrt{\frac{\varepsilon_1}{\varepsilon_2}}}{\cos\theta_i + \frac{\varepsilon_1}{\varepsilon_2}\sqrt{\frac{\varepsilon_2}{\varepsilon_1} - \sin^2\theta_i}} \tag{8.24b}$$

$$\Gamma_\perp = \frac{\cos\theta_i - \sqrt{\dfrac{\varepsilon_2}{\varepsilon_1} - \sin^2\theta_i}}{\cos\theta_i + \sqrt{\dfrac{\varepsilon_2}{\varepsilon_1} - \sin^2\theta_i}} \tag{8.24c}$$

$$T_\perp = \frac{2\cos\theta_i}{\cos\theta_i + \sqrt{\dfrac{\varepsilon_2}{\varepsilon_1} - \sin^2\theta_i}} \tag{8.24d}$$

将上面公式中的介电常数替换为由下式给出的复有效介电常数,这些结果也可以应用于损耗介质,即

$$\varepsilon_c = \varepsilon - j\frac{\sigma}{\omega} \tag{8.25}$$

损耗通过电导率 σ 来体现。若理想电介质的电导率为零,则式(8.25)简化为 $\varepsilon_c = \varepsilon$。若介质 2 是理想导体($\sigma_2 = \infty$,且 $\varepsilon_c = \infty$),则式(8.24)简化为式(8.21)。

与界面平行或垂直极化的入射波不会在反射或折射波中产生交叉极化分量,故式(8.12)~式(8.14)适用。对于反射情况,比较式(8.5)和式(8.17),可得

$$\Gamma_{\parallel} = D_{\parallel} \qquad \Gamma_\perp = D_{\perp\perp} \tag{8.26}$$

根据式(8.6),对于非去极化介质有 $D_{\parallel} = D_{\perp\perp}$,然后根据式(8.26),在非去极化界面上,有

$$\Gamma_{\parallel} = \Gamma_\perp \tag{8.27}$$

其中,一个实例是波沿分界面法向入射,参见式(8.23)。

综合式(8.13)和式(8.26),可以得出分界面上的去极化因子的表达式为

$$q = \frac{\Gamma_{\parallel}}{\Gamma_\perp} \tag{8.28}$$

若分界面两侧介质阻抗匹配,将式(8.20)代入式(8.28)可得 $q = 0$,这对应于无去极化的情景。若介质 2 是理想导体,将式(8.21)代入式(8.28)可得 $q = 1$,因为在这种情景下平行和垂直极化的反射系数都相同,且两者都等于−1。

对于一般的介质且垂直入射的情形,将式(8.23a)代入式(8.28)可得 $q = 1$,反射波或透射波的去极化均不存在。

如上所述,分析分界面上任意极化波的去极化过程,首先将入射电场分解为平行极化分量和垂直极化分量,然后对这些分量应用反射和透射定律,并且重构反射后的电场。入射电场矢量由式(8.1)给定,根据式(8.2)和式(8.17)可得散射(反射和透射)电场的矢量形式,即

$$\boldsymbol{E}^r = E_\perp^r \hat{\boldsymbol{u}}_\perp^r + E_{\parallel}^r \hat{\boldsymbol{u}}_{\parallel}^r = \Gamma_\perp E_\perp^i \hat{\boldsymbol{u}}_\perp^r + \Gamma_{\parallel} E_{\parallel}^i \hat{\boldsymbol{u}}_{\parallel}^r \tag{8.29a}$$

$$\boldsymbol{E}^t = E_\perp^t \hat{\boldsymbol{u}}_\perp^t + E_{\parallel}^t \hat{\boldsymbol{u}}_{\parallel}^t = T_\perp E_\perp^i \hat{\boldsymbol{u}}_\perp^t + T_{\parallel} E_{\parallel}^i \hat{\boldsymbol{u}}_{\parallel}^t \tag{8.29b}$$

这些矢量公式可以用矩阵形式表示为

$$\begin{bmatrix} E^r_\perp \\ E^r_\parallel \end{bmatrix} = \begin{bmatrix} \varGamma_\perp & 0 \\ 0 & \varGamma_\parallel \end{bmatrix} \begin{bmatrix} E^i_\perp \\ E^i_\parallel \end{bmatrix}$$

$$\begin{bmatrix} E^t_\perp \\ E^t_\parallel \end{bmatrix} = \begin{bmatrix} T_\perp & 0 \\ 0 & T_\parallel \end{bmatrix} \begin{bmatrix} E^i_\perp \\ E^i_\parallel \end{bmatrix}$$

(8.30)

由式(8.29)中的分量和传播方向,可以构造出远离分界面的电场完整表达式为

$$\begin{cases} \boldsymbol{E}^r(s_r) = \left[E^r_\perp \hat{\boldsymbol{u}}^r_\perp + E^r_\parallel \hat{\boldsymbol{u}}^r_\parallel \right] e^{-\mathrm{j}\beta_r s_r} \\ \boldsymbol{E}^t(s_t) = \left[E^t_\perp \boldsymbol{u}^t_\perp + E^t_\parallel \boldsymbol{u}^t_\parallel \right] e^{-\mathrm{j}\beta_t s_t} \end{cases}$$

(8.31)

这些是任意入射波的反射波和透射波,在距离分界面 s_r 和 s_t 处的电场表达式。当然,所有波极化信息都包含在垂直极化分量和平行极化分量中。

分界面问题也可以用圆极化分量来表示,可以通过矩阵表示直接进行推导。首先根据式(3.67),从线极化和圆极化相量之间的转换开始分析。正交线极化分量表示的左、右旋圆极化的电场矢量的矩阵形式为

$$\begin{bmatrix} E_L \\ E_R \end{bmatrix} = \frac{1}{\sqrt{2}} \begin{bmatrix} 1 & -\mathrm{j} \\ 1 & \mathrm{j} \end{bmatrix} \begin{bmatrix} E_\perp \\ E_\parallel \end{bmatrix}$$

(8.32)

这里用具有一般性的正交线极化电场分量 $E_\perp$ 和 $E_\parallel$ 代替了更具体的 x 和 y 分量(E_1 和 E_2)。将该表达式求逆,就可以得到用圆极化分量表示的线极化分量:

$$\begin{bmatrix} E_\perp \\ E_\parallel \end{bmatrix} = \frac{1}{\sqrt{2}} \begin{bmatrix} 1 & 1 \\ \mathrm{j} & -\mathrm{j} \end{bmatrix} \begin{bmatrix} E_L \\ E_R \end{bmatrix}$$

(8.33)

从分界面反射回来的波,平行电场分量的参考方向与入射波相反(图8.3),根据式(8.33),从圆极化分量转换为线极化分量为

$$\begin{bmatrix} E^r_\perp \\ E^r_\parallel \end{bmatrix} = \frac{1}{\sqrt{2}} \begin{bmatrix} 1 & 1 \\ -\mathrm{j} & \mathrm{j} \end{bmatrix} \begin{bmatrix} E^r_L \\ E^r_R \end{bmatrix}$$

(8.34)

取式(8.34)的逆运算,可实现从线极化到圆极化的转换:

$$\begin{bmatrix} E^r_L \\ E^r_R \end{bmatrix} = \frac{1}{\sqrt{2}} \begin{bmatrix} 1 & \mathrm{j} \\ 1 & -\mathrm{j} \end{bmatrix} \begin{bmatrix} E^r_\perp \\ E^r_\parallel \end{bmatrix}$$

(8.35)

将式(8.29a)代入式(8.35)中,这种分界面上反射电场矩阵公式即可用反射系数重构如下:

$$\begin{bmatrix} E^r_L \\ E^r_R \end{bmatrix} = \begin{bmatrix} \varGamma_C & \varGamma_X \\ \varGamma_X & \varGamma_C \end{bmatrix} \begin{bmatrix} E^i_L \\ E^i_R \end{bmatrix}$$

(8.36a)

其中

$$\Gamma_C = \Gamma_{LL} = \Gamma_{RR} = \frac{1}{2}(\Gamma_\perp - \Gamma_\parallel) \tag{8.36b}$$

$$\Gamma_X = \Gamma_{LR} = \Gamma_{RL} = \frac{1}{2}(\Gamma_\perp + \Gamma_\parallel) \tag{8.36c}$$

如果电磁波经过分界面没有去极化($\Gamma_X = 0$),式(8.36c)中$\Gamma_\parallel = -\Gamma_\perp$,那么由式(8.36b)可得$\Gamma_C = \Gamma_\perp$。

对于去极化分界面,考虑一个纯右旋圆极化波($E_L^i = 0$)入射的例子,并设入射右旋圆极化波电场的振幅为1($E_R^i = 1$)。然后根据式(8.36a)得出主极化反射波场为$E_R^r = \Gamma_C$,由于反射而产生的交叉极化场为$E_L^r = \Gamma_X$。

圆极化电磁波通过界面透射的公式类似于式(8.36),即

$$\begin{bmatrix} E_L^t \\ E_R^t \end{bmatrix} = \begin{bmatrix} T_C & T_X \\ T_X & T_C \end{bmatrix} \begin{bmatrix} E_L^i \\ E_R^i \end{bmatrix} \tag{8.37a}$$

其中

$$T_C = T_{LL} = T_{RR} = \frac{1}{2}(T_\perp + T_\parallel) \tag{8.37b}$$

$$T_X = T_{LR} = T_{RL} = \frac{1}{2}(T_\perp - T_\parallel) \text{①} \tag{8.37c}$$

作为验证,根据式(8.20)知非去极化分界面上$T_\parallel = T_\perp$。根据式(8.37)可得$T_C = T_\perp = T_\parallel$且$T_X = 0$。所以,电磁波通过分界面之后,波的极化状态保持不变。

综上所述,式(8.36)和式(8.37)表明,使用线极化反射和透射系数,可很容易地评估分界面上圆极化波分量的反射和透射。式(8.36a)和式(8.37a)中的圆极化反射和透射矩阵存在交叉极化项,用下标X标识,即在界面上,一种圆极化分量与另一种圆极化分量之间存在耦合。对于非去极化分界面,式(8.27)成立,交叉极化反射系数Γ_X将变为零。通常情况下,如果纯圆极化电磁波波入射到分界面上,那么在其反射波和透射波中将出现左旋圆极化和右旋圆极化分量。也就是说,出射波的极化将是椭圆极化。

8.3.2　理想导体平面的反射

电磁波的反射在通信、遥感和许多其他应用中非常重要。本节和8.3.3节将讨论两种最重要的反射场景:理想导体的反射和真实地面的反射。假设空气与介质的分界面是平面且无限大,这时表面的不平整度小于波长,而表面的尺寸远大于

---

① 译者注:原文有误,公式中的"-"写成了"+"

波长。

理想导体和无限大平面的假设往往很容易满足,如铜、铝、铁等常见金属都具有很大的电导率(大于 $10^7\,\mathrm{S/m}$),它们对电磁波的反射系数都近似等于理想导体的反射系数。波与理想导体平面的相互作用可以用之前的式(8.21)来表征。如图 8.4(a)所示,理想导体假设对于所有入射角均适用。根据式(8.15a),反射角度等于入射角。反射系数通常用掠射角(grazing angle)表示,掠射角是入射射线与界面平面所成的角度,是入射角的余角,即

$$\psi = 90° - \theta_i \qquad (8.38)$$

因为介质 2 是理想导体,其电导率为 $\sigma_2 = \infty$,根据式(8.19)可得其本质阻抗 $\eta_2 = 0$。根据式(8.18a)和(8.18c)可得 $\varGamma_\parallel = \varGamma_\perp = -1$。从图 8.4(a)所示的反射电场可以看出,反射系数值为-1,因为不论是垂直入射还是斜入射,电场都在反射面上发生反转。在垂直入射($\theta_i = 0°$)的情况下,平行极化和垂直极化的结果相同。如图 8.4(a)所示,垂直入射时的入射电场分量和反射电场分量彼此幅度相同且方向相反。因此,分界面上的合成电场(两个电场求和)为零。这符合电磁波边界条件:在介质与理想导体分界面上,合成电场的切向分量为零。

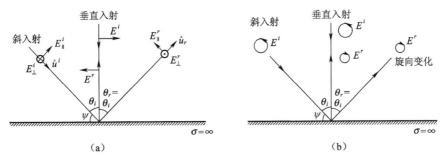

图 8.4　电磁波在理想导体平面上的反射,大多数金属近似为理想导体
(a)线极化;(b)圆极化。

如果圆极化波在理想导体平面上反射,就会发生一个非常有趣的现象。反射波仍然是圆极化波,但旋向改变。如图 8.4(b)所示,右旋圆极化入射波从平面导体反射后边变为左旋圆极化波。之所以会发生这种旋向的变化,是因为电磁波的平行分量和垂直分量都反向了,同时保持了它们幅度相等、极化正交的关系。然而,电磁波的传播方向是相反的,从而导致了电磁波旋向的反转(见本章思考题3)。

8.3.3　地面反射

受若干因素的影响,真实地球表面的反射和相关的去极化效应相当复杂。根

据式(8.24a)和(8.24c)，可知反射系数取决于入射角。此外，根据式(8.25)可知地面的电特性随频率而变化，并且随地点的不同变化很大。不同的土壤类型、水及冰的介电常数和电导率都随频率发生变化[2]。通常对于大多数类型的土壤，当频率大于10MHz时，电导率及损耗会随着频率迅速增加。

图8.5描述了在超高频段(UHF)典型反射系数与掠射角的关系，地面相对介电常数 $\varepsilon_r = 15 + j0$。在 $\psi = 0°$ 或 $\theta_i = 90°$ 的掠入射情况下，垂直极化和平行极化的反射系数值为

$$\Gamma = \Gamma_\parallel = \Gamma_\perp = -1 \tag{8.39}$$

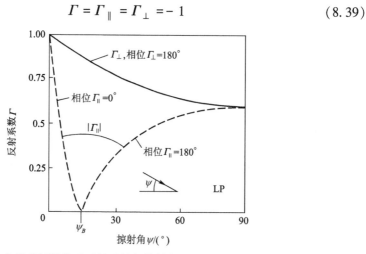

图 8.5　在超高频段典型反射系数与掠射角的关系 ($\varepsilon_r = 15 + j0$)

这是不依赖介电常数值的一般结果，可以将 $\theta_i = 90°$ 代入式(8.24a)和式(8.24c)中得到，也可以在图8.5中查到。根据式(8.24b)和式(8.24d)，可以计算出传输系数为零，表明电磁波没有透入介质2。

随着掠射角从零开始增加，反射系数从单位1开始减小。当掠射角 $\psi = 90°$ 时，表示垂直入射，根据式(8.23a)可得

$$\Gamma = \Gamma_\parallel = \Gamma_\perp = -\frac{\sqrt{\varepsilon_r} - 1}{\sqrt{\varepsilon_r} + 1}, \frac{\eta_2}{\eta_1} = \frac{1}{\sqrt{\varepsilon_r}} \tag{8.40}$$

若 $\varepsilon_r = 1$，则 $\Gamma = 0$，这意味着没有反射，因为两种介质拥有同样的介电常数。

当入射角等于布儒斯特角(Brewster angle)时，平行极化的反射系数为零 ($\Gamma_\parallel = 0$)。布儒斯特角也称为极化角(polarizing angle)，根据式(8.24a)，使其分子为零，可以求出布儒斯特角，即

$$\psi_B = \arccos\left(\sqrt{\frac{\varepsilon_r}{1 + \varepsilon_r}}\right) \tag{8.41}$$

式中：ε_r 为相对介电常数。图8.5中，$\varepsilon_r = 15$，对应的布儒斯特角 $\psi_B = 14.5°$。以

布儒斯特角入射到分界面上的电磁波,反射过程中基本上可以消除其平行极化分量。从图 8.5 中还可以看到,当掠射角大于布儒斯特角时,$\Gamma_\parallel$ 的相位会改变 180°。也就是说,电场矢量发生了反转。根据式(8.41),当相对介电常数为 1 时,可以求得 $\psi_B = 45°$。但这是不切实际的极限情况,因为介质是相同的,而且也不会发生反射。随着相对介电常数从 1 开始增加,布儒斯特角 ψ_B 将会减小。对于较大的 ε_r 值,ψ_B 接近掠入射。

在阳光明媚的日子里,平静的湖面附近会发生布儒斯特角效应。当太阳在低空时,阳光的反射会导致眩光,从而使水面以下的能见度降低。这时,太阳光的掠射角低于布儒斯特角。而当太阳高悬天空时,阳光可以穿透水面照亮水下物体。在这种情况下,湖面就像偏光太阳镜一样使大部分水平极化的光通过,垂直极化的波反射回来,从而避免了眩光。在实际应用中,使用偏光太阳镜可以更好地观察水下目标。

图 8.5 给出了入射波的线极化分量对应反射系数,而图 8.6 给出的是圆极化的反射系数与掠射角的关系。图 8.6 中所示为入射圆极化波的主极化和交叉极化分量对应的反射系数。如果这里入射波是右旋圆极化波,那么 Γ_C 对应右旋圆极化分量的反射系数,而 Γ_X 对应交叉反射系数,即左旋圆极化。注意,图 8.6 中的主极化反射系数和交叉极化反射系数曲线在布儒斯特角处相交。在布儒斯特角 ψ_B 处 $\Gamma_\parallel = 0$,根据式(8.36)可得

$$\Gamma_C(\psi_B) = \Gamma_X(\psi_B) = \frac{1}{2}\,\Gamma_\perp(\psi_B) \tag{8.42}$$

这说明两种圆极化的反射系数在布儒斯特角处相等。但是,在布儒斯特角处只有平行线极化波才会发生无反射的情景。

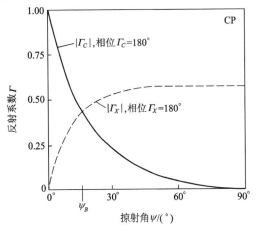

图 8.6　圆极化波入射时的主极化 Γ_C 和交叉极化 Γ_X 的反射系数

注:该值适用于 UHF 频段下的典型地面,$\varepsilon_r = 15 + j0$。

[**例 8.1**]　求 UHF 频段下土壤的反射系数。

在 UHF 频段,湿地的相对介电常数为 $\varepsilon_r = 15$。电导率约为 $10^{-1} \, \text{S/m}^{[2]}$。根据式(8.25),1000MHz 的复介电常数为

$$\varepsilon_c = \varepsilon - j\frac{\sigma}{\omega} = \varepsilon_0\left(\varepsilon_r - j\frac{\sigma}{2\pi f \varepsilon_0}\right) = \varepsilon_0(15 - j1.8) \approx 15\,\varepsilon_0$$

复介电常数的虚部比实部小得多,故忽略它。现在验证图 8.5 和图 8.6 中的一些要点。对于图 8.5 中线极化的情景,在垂直入射情况下,使用式(8.40)计算 $\varepsilon_r = 15$ 的反射系数:

$$\Gamma(\psi = 90°) = \Gamma_{\parallel}(\psi = 90°) = \Gamma_{\perp}(\psi = 90°)$$

$$= -\frac{\sqrt{\varepsilon_r} - 1}{\sqrt{\varepsilon_r} + 1} = -\frac{\sqrt{15} - 1}{15 + 1} = -0.59$$

这一点可以在图 8.5 中的曲线上找到。根据式(8.21)可知,这种情况类似于垂直入射($\psi = 90°$)到理想导体平面($\Gamma = -1$)的情况。当掠射角逐渐减小时,$\Gamma_{\perp}$ 逐渐变为 -1。根据式(8.41),在 $\Gamma_{\parallel} = 0$ 处可求得布儒斯特角为

$$\psi_B = \arccos\left(\sqrt{\frac{\varepsilon_r}{1 + \varepsilon_r}}\right) = \arccos\left(\sqrt{\frac{15}{1 + 15}}\right) = 14.5°$$

图 8.5 中曲线上 $|\Gamma_{\parallel}|$ 的零值点对应于这个角度值。

在这个例子中,如果是圆极化波入射,相应的反射系数如图 8.6 所示。注意,其中两条曲线在布儒斯特角处交叉,根据式(8.42)和式(8.24c)的求得交点处的反射系数为

$$\Gamma_C(14.5°) = \Gamma_X(14.5°) = \frac{1}{2}\Gamma_{\perp}(14.5°) = -\frac{0.875}{2} = -0.44$$

在图 8.6 中的两条曲线上都可以找到布儒斯特角对应的这个反射系数值。

在掠入射的情况下($\psi = 0°$,$\theta_i = 90°$),由图 8.5 或式(8.24)得到线极化的反射系数为

$$\Gamma_{\perp}(\psi = 0°) = -1 \quad \Gamma_{\parallel}(\psi = 0°) = -1 \text{①} \tag{8.43}$$

这些系数符合图 8.3 中约定的参考方向,因此可以看到在掠入射时,两个电场矢量都反转。如图 8.4(a)所示,这实际上对应的是理想导体平面的情形。当掠射时平面介质分界面上圆极化波的反射系数可以将式(8.43)代入式(8.36)中,可得

$$\Gamma_C(\psi = 0°) = \frac{1}{2}(\Gamma_{\perp} - \Gamma_{\parallel}) = \frac{1}{2} \times (-1 - 1) = -1 \tag{8.44}$$

---

① 译者注:原文中有误,由式(8.24)可知两个值都是 -1。

154

$$\Gamma_X(\psi = 0°) = \frac{1}{2}(\Gamma_\perp + \Gamma_\parallel) = \frac{1}{2} \times (-1 + 1) = 0 \qquad (8.45)$$

上述点可以在图 8.6 中找到。

图 8.7 所示为几个不同掠射角的右旋圆极化入射波经地面反射后的极化状态。如前所述,垂直入射的反射波是反向的圆极化,即左旋圆极化。需要注意的是,一般地面的反射系数的大小并不等于 1,故反射波振幅会减小,图中用较小的圆圈表示。不过对于平静水面,其反射系数的大小接近 1。极化旋向的反转可以理解为入射波的两个正交线极化分量都有大约 180°的相移。根据图 8.5,垂直入射情况下,有

$$\Gamma_\perp(\psi = 90°) = \Gamma_\parallel(\psi = 90°) \approx |\Gamma| \angle 180° \qquad (8.46)$$

每个线极化分量产生大约 180°的相移,会导致入射圆极化波在被反射后旋向反转,就像遇到理想导体时一样(见 8.3.2 节和思考题 3)。如图 8.6 所示,随着掠射角逐渐减小,Γ_X 逐渐增大。这个交叉极化分量的增大,会导致反射波越来越椭圆化,如图 8.7 所示。图 8.5 中,当掠射角等于布儒斯特角时,平行极化分量的反射系数变为零。在这种情况下,反射波中平行分量消失,反射波呈线极化且与入射面垂直,故以布儒斯特角入射的圆极化波在反射后变为线极化波。一般有损耗介质中的平行极化反射系数幅度不会完全等于零,只是在布儒斯特角处达到最小值。所以反射波为线极化波,但不是水平方向。对于小于布儒斯特角的掠射角,反射波不是纯粹的圆极化,它与入射的纯圆极化波有相同的旋向。

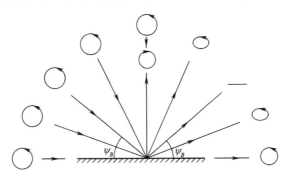

图 8.7　右旋圆极化波以不同角度入射真实地面时,反射波的极化特性

注:图中显示了每条射线对应的椭圆极化。

8.4　双极化通信系统路径中的去极化介质

通信、雷达和辐射计系统中经常涉及双极化。对于这种场景的分析分为两个部分:①沿传播路径介质与波的相互作用;②发射机和接收机处波与天线的相互作

用。在 8.2 节和第 6 章中已经讨论过这两个部分,本节将为通信链路中沿路径的去极化提供了一个统一的通用公式。通常这被称为传输问题,其应用也不仅限于通信。去极化效应在某些应用中是不期望出现的,相应的补偿措施将在 8.5 节中讨论。雷达和辐射测量应用分别在 8.6 节和 8.7 节中讨论。

8.4.1　去极化介质的一般关系式

通信系统通常由一个发射机和一个远程接收机构成。在许多通信系统中,发射机和接收机之间的直线路径上没有大的障碍物,如山丘和建筑物,本书的讨论中也忽略这些障碍物。这里要研究的是沿路径引入去极化介质(如雨水)而导致的接收信号变化问题。在初始条件(畅通路径)下到达接收机的电场强度称为入射场 E^i;当介质特性沿路径变化时,到达接收机的电场也会发生变化。通常信号的幅度、相位和极化都会改变,而且频率也可能改变,但频率的变化将会单独考虑。改变后的场称为去极化场 E^d,在通信应用中这是前向波的场。特别需要指出的是,E^d 与 E^i 的区别仅在于新引入介质的影响而产生的变化,就像在 8.2 节和 8.3 节中介绍的那样。因此,若通信路径不变,则 $E^d = E^i$。沿路径传播的场总是会遇到扩散损耗和相移,即发射机激励的电场 E^t 发生如下改变,即

$$E^i = \frac{\mathrm{e}^{-\mathrm{i}\beta r}}{4\pi r} E^t \tag{8.47}$$

式中:r 为沿链路的路径长度。

式(8.47)中的自由空间路径球面扩散因子 $1/r$ 不包括在后续讨论中。

传播介质的影响由 8.2 节介绍的去极化矩阵 D 来表征。根据式(8.3c)的广义形式可以求得离开去极化介质的电场分量(散射场)为

$$\begin{bmatrix} E_1^d \\ E_2^d \end{bmatrix} = \begin{bmatrix} D_{11} & D_{12} \\ D_{21} & D_{22} \end{bmatrix} \begin{bmatrix} E_1^i \\ E_2^i \end{bmatrix} \tag{8.48}$$

式中:下标 1 和 2 表示任意两个正交极化,但通常都是典型的"正交对":水平线极化和垂直线极化,或者左旋圆极化和右旋圆极化。也就是说,(1,2) 代表 (H,V) 或 (L,R),其中 H = HP,V = VP,R = RHCP,L = LHCP。如果是对称的去极化介质,有 $D_{21} = D_{12}$,如式(8.14)所示。

对于常见的水平线极化和垂直线极化,其中下标 (1,2) 即为 (H,V),而且一般可以沿任意方向旋转。这种情况下,对称介质的去极化矩阵为

$$D = \begin{bmatrix} D_{11} & D_{12} \\ D_{21} & D_{22} \end{bmatrix} = \begin{bmatrix} D_{\mathrm{HH}} & D_{\mathrm{HV}} \\ D_{\mathrm{HV}} & D_{\mathrm{VV}} \end{bmatrix} \tag{8.49}$$

最常见的去极化介质具有两个不变的特征极化,这里标识为 ⊥ 和 ∥。则 (1,2) 对应为 (⊥,∥),应用式(8.11)和式(8.3c),可得

156

$$\begin{bmatrix} E_\perp^d \\ E_\parallel^d \end{bmatrix} = \begin{bmatrix} D_{\perp\perp} & 0 \\ 0 & D_{\parallel\parallel} \end{bmatrix} \begin{bmatrix} E_\perp^i \\ E_\parallel^i \end{bmatrix} = \boldsymbol{D}_c \begin{bmatrix} E_\perp^i \\ E_\parallel^i \end{bmatrix} \tag{8.50}$$

式中: $\boldsymbol{D}_c$ 为具有两个正交特征线极化介质的去极化矩阵。

图8.8(a)给出了这种介质的一个实例——雨水。 $\perp$ 轴和 $\parallel$ 轴与介质的特征轴对齐,它们是雨滴的长轴和短轴。为简单起见,假设所有雨滴的长轴都对齐。从 (H,V) 到 $(\perp,\parallel)$,以及从 $(\perp,\parallel)$ 到 (H,V) 的坐标转换表示为

$$\begin{bmatrix} E_\perp \\ E_\parallel \end{bmatrix} = \begin{bmatrix} \cos\theta & \sin\theta \\ -\sin\theta & \cos\theta \end{bmatrix} \begin{bmatrix} E_H \\ E_V \end{bmatrix} = \boldsymbol{R} \begin{bmatrix} E_H \\ E_V \end{bmatrix}$$

$$\begin{bmatrix} E_H \\ E_V \end{bmatrix} = \begin{bmatrix} \cos\theta & -\sin\theta \\ \sin\theta & \cos\theta \end{bmatrix} \begin{bmatrix} E_\perp \\ E_\parallel \end{bmatrix} = \boldsymbol{R}^{\mathrm{T}} \begin{bmatrix} E_H \\ E_V \end{bmatrix} \tag{8.51}$$

如图8.8(a)所示, θ 表示两组坐标轴之间相对旋转角度,即雨滴相对于水平方向的倾斜角; $[R]$ 表示 (H,V) 轴到 $(\perp,\parallel)$ 轴的旋转矩阵。现在可以基于使用特征轴 $(\perp,\parallel)$ 的去极化矩阵,写出沿任意轴 (H,V) 的通用去极化矩阵。将式(8.51)代入式(8.50),可得

$$\begin{bmatrix} E_\perp^d \\ E_\parallel^d \end{bmatrix} = \boldsymbol{D}_c \begin{bmatrix} E_\perp^i \\ E_\parallel^i \end{bmatrix} = \boldsymbol{D}_c \boldsymbol{R} \begin{bmatrix} E_H^i \\ E_V^i \end{bmatrix} \qquad \begin{bmatrix} E_\perp^d \\ E_\parallel^d \end{bmatrix} = \boldsymbol{R} \begin{bmatrix} E_H^d \\ E_V^d \end{bmatrix}$$

则

$$\begin{bmatrix} E_H^d \\ E_V^d \end{bmatrix} = \boldsymbol{R}^{\mathrm{T}} \boldsymbol{D}_c \boldsymbol{R} \begin{bmatrix} E_H^i \\ E_V^i \end{bmatrix} = \boldsymbol{D} \begin{bmatrix} E_H^i \\ E_V^i \end{bmatrix} \tag{8.52}$$

因为矩阵 $\boldsymbol{R}$ 的逆等于它的转置,故去极化矩阵从 $(\perp,\parallel)$ 特征轴旋转到 (H,V) 轴的转换为

$$\boldsymbol{D} = \boldsymbol{R}^{\mathrm{T}} \boldsymbol{D}_c \boldsymbol{R} \tag{8.53}$$

非去极化的介质服从式(8.6)。再者,若介质不衰减电磁波,则 $\boldsymbol{D}_c$ 对于任何轴方向都是单位矩阵。根据式(8.51)和式(8.53)可得

$$\boldsymbol{D} = \boldsymbol{R}^{\mathrm{T}} \boldsymbol{D}_c \boldsymbol{R} = \begin{bmatrix} \cos\theta & -\sin\theta \\ \sin\theta & \cos\theta \end{bmatrix} \begin{bmatrix} 1 & 0 \\ 0 & 1 \end{bmatrix} \begin{bmatrix} \cos\theta & \sin\theta \\ -\sin\theta & \cos\theta \end{bmatrix} = \begin{bmatrix} 1 & 0 \\ 0 & 1 \end{bmatrix} \tag{8.54}$$

普通双特征极化介质沿特征轴上的幅度和相位变化不相等,这里将其表示为

$$\boldsymbol{D} = \begin{bmatrix} D_{\perp\perp} & 0 \\ 0 & D_{\parallel\parallel} \end{bmatrix} = D_{\perp\perp} \begin{bmatrix} 1 & 0 \\ 0 & q \end{bmatrix} \tag{8.55}$$

式(8.55)的结果取决于 q 和 $D_{\perp\perp}$,其中 q 是在(8.13)中定义的去极化因子。具体地分析是:不论 $D_{\perp\perp}$ 取何值,只要 $q=1$,式(8.55)中第二个矩阵将成为单位矩阵,这意味着介质没有去极化特性。再明确一些,如果 $D_{\perp\perp}=1$ 且 $q=1$,意味着介质对波没有影响,即幅度、相位和极化都不变;如果 $D_{\perp\perp} \neq 1$,且 $q=1$,表示电场沿 $\perp$ 轴和 $\parallel$ 轴以相同的方式改变,即在特征极化上有相同的幅度和(或)相位变

化,仍然意味着介质将没有去极化特性。

将式(8.55)代入式(8.53),可以得到用去极化因子表示的去极化矩阵为

$$\boldsymbol{D} = \begin{bmatrix} D_{11} & D_{12} \\ D_{21} & D_{22} \end{bmatrix} = D_{\perp\perp} \begin{bmatrix} \cos^2\theta + q\sin^2\theta & (1-q)\cos\theta\sin\theta \\ (1-q)\cos\theta\sin\theta & q\cos^2\theta + \sin^2\theta \end{bmatrix} \quad (8.56)$$

对于 $q = 1$ 非去极化介质,式(8.56)中的矩阵可以还原为单位矩阵。如果旋转角 θ 为零,则应将式(8.56)简化为式(8.55)。

通过去极化介质传播的电磁波也可以分解为圆极化分量来分析。将式(8.48)中下标(1,2)用圆极化状态 (L, R) 替换,可得用圆极化电场分量表示的公式:

$$\begin{bmatrix} E_L^d \\ E_R^d \end{bmatrix} = \begin{bmatrix} D_{LL} & D_{LR} \\ D_{RL} & D_{RR} \end{bmatrix} \begin{bmatrix} E_L^i \\ E_R^i \end{bmatrix} = \boldsymbol{D}_{CP} \begin{bmatrix} E_L^i \\ E_R^i \end{bmatrix} \quad (8.57)$$

去极化矩阵 $\boldsymbol{D}_{CP}$ 中的元素可根据式(8.37b)表示为

$$\begin{cases} D_{LL} = D_{RR} = \dfrac{1}{2}(D_{\perp\perp} + D_{\parallel\parallel}) \\[2mm] D_{LR} = D_{RL} = \dfrac{1}{2}(D_{\perp\perp} - D_{\parallel\parallel}) \end{cases} \quad (8.58)$$

将式(8.58)代入式(8.13),可得

$$\boldsymbol{D}_{CP} = \begin{bmatrix} D_{LL} & D_{LR} \\ D_{RL} & D_{RR} \end{bmatrix} = \frac{1}{2}\boldsymbol{D}_{\perp\perp} \begin{bmatrix} 1+q & 1-q \\ 1-q & 1+q \end{bmatrix} \quad (8.59)$$

对于 $q = 1$,矩阵简化为单位矩阵,对应于非去极化。

8.4.2 无线路径上雨水的影响

无线电波在雨中传播,其幅度、相位和极化都会发生变化。在几千兆赫兹以上的频段,雨水对地面和卫星链路的影响都非常明显。由于链路功率余量较低,地空间通信链路对降雨特别敏感。雨水不仅会降低双极化链路上每个极化的信号电平,还会产生交叉极化分量。由降雨引起的去极化效应在双极化链路上尤其令人困扰,这将在第9章中进一步讨论。虽然降雨是无线电波最常见的天气障碍,但实际上所有水凝物(包括雪和冰晶),都会带来问题。晴空也会带来损耗,但去极化效应不明显。这里主要关注降雨,因为它是最常见的天气因素。

雨水是一种有损耗的介质,它会吸收并散射入射功率。在微波频段,其引起信号的衰落随频率的提高而增大。在地面链路上,雨水导致的损耗取决于传播路径上雨水的范围和降雨的强度。地空卫星链路的传播路径是倾斜的,其相对于水平方向形成一个仰角 ε。该路径上雨水充沛的路段通常比地面链路上的短。卫星链路的衰减以 dB 为单位随频率迅速增加,在 $10 \sim 30$GHz 范围内约为频率比的 1.9 次

幂[3]。例如,对于工作在 12GHz,且有 4dB 衰减的卫星链路,当在 30GHz 工作时,衰减将再乘一个因子 $(30/12)^{1.9} = 5.7$,即 30GHz 时的衰减为 $4 \times 5.7 = 22.8$dB。一般来说,对于卫星链路,考虑功率衰减的限制,工作频率不得高于 20GHz;但考虑到去极化的影响,工作频率则需要不低于 20GHz。也就是说,在低频下信号没有衰减到引起信号丢失的程度,但是雨水会产生严重的去极化效应(低 XPD),正交极化通道之间的串扰会严重到无法接受。在上述实例中,12GHz 时 4dB 的衰减不会影响链路性能,但去极化效应可能会成为一个严重问题。在 30GHz 时,22.8dB 的衰减可能会导致信号中断,不过这时链路去极化影响不大。

雨水的去极化原理极其复杂,但是这个过程可以通过前述的极化原理来解释。不同情况下,雨滴的大小和形状分布各不相同,小雨由小的球形水滴组成,仅在高频(数千兆赫)下才会引起明显的衰减,而且不会引起去极化。球形雨滴对任何极化的入射波都呈现相同形状的圆形轮廓,因此对所有极化及极化分量的影响相同。这是可以使无数个极化不受影响的非去极化介质的一个很好的例子(见 8.2 节中的推论 8.1)。中高强度降雨的雨滴较大,直径约为 4mm。球形雨滴发生变形,其长轴接近水平方向。由于雨滴的非球形形状,其变成各向异性的介质,因此会引发去极化效应。大部分雨滴呈扁球形(门把手形),而且通常如图 8.8(a)所示排列。实际上,雨滴的倾斜角分布在平均倾斜角 θ 附近,但是去极化过程与对齐雨滴模型相同。

图 8.8(a)中排列的扁圆球体雨滴模型,通过对单个雨滴的观察,可以解释整个充满雨水的路径。图 8.8(b)所示的单个水滴代表一种雨介质,其中扁球形的水滴呈直线排列,并具有长轴和短轴 ($\perp$, $\parallel$)。根据文献[4],可以得到式(8.59)中去极化矩阵中的各项,即

$$\begin{cases} D_{\parallel\,\parallel} = \mathrm{e}^{-\alpha_{\parallel} L} \mathrm{e}^{-\mathrm{j}\beta_{\parallel} L} \\ D_{\perp\,\perp} = \mathrm{e}^{-\alpha_{\perp} L} \mathrm{e}^{-\mathrm{j}\beta_{\perp} L} \end{cases} \tag{8.60}$$

且

$$q = \frac{D_{\parallel\,\parallel}}{D_{\perp\,\perp}} = \mathrm{e}^{-\Delta\alpha L}\,\mathrm{e}^{-\mathrm{j}\Delta\beta L} \tag{8.61}$$

式中:$\alpha_{\perp}$ 和 $\alpha_{\parallel}$ 均为对应 $\perp$ 和 $\parallel$ 线极化的衰减常数(Np/m);$\beta_{\perp}$ 和 $\beta_{\parallel}$ 均为对应 $\perp$ 和 $\parallel$ 线极化的相位常数(rad/m);L 为降雨区的路径长度(m);Δa 为衰减常数差值(Np/m),$\Delta\alpha = \alpha_{\parallel} - \alpha_{\perp}$;$\Delta\beta$ 为相位常数差值(rad/m),$\Delta\beta = \beta_{\parallel} - \beta_{\perp}$;$q$ 为传播因子的差值,即去极化因子。

涉及 α 的指数是衰减因子,涉及 β 的指数是相移因子。

由于雨滴在 $\perp$ 方向上比 $\parallel$ 方向上的尺度大一些,因此沿长轴方向的线极化分量会有更大的衰减,则

$$|q| = \left| \frac{D_{\parallel\,\parallel}}{D_{\perp\,\perp}} \right| = \frac{\mathrm{e}^{-\alpha_{\parallel} L}}{\mathrm{e}^{-\alpha_{\perp} L}} > 1 \tag{8.62}$$

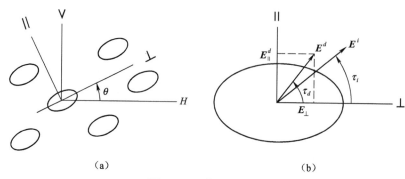

（a）　　　　　　　　　　　　　　　　　　　　　　（b）

图 8.8　雨水的去极化

(a)雨滴以角度 θ 倾斜;(b)入射和去极化电场分量显示了雨滴引起的倾斜角度的变化。

如图 8.8(b)所示,仅使用衰减的差值就能很容易地证明和描述去极化过程。入射在水滴上的电场 E^i 在倾斜角 τ_i 处为线极化,根据式(8.50)和式(8.55),可得

$$\begin{bmatrix} E_\perp^d \\ E_\parallel^d \end{bmatrix} = \begin{bmatrix} D_{\perp\perp} & 0 \\ 0 & D_{\parallel\parallel} \end{bmatrix} \begin{bmatrix} E_\perp^i \\ E_\parallel^i \end{bmatrix} = D_{\perp\perp} \begin{bmatrix} 1 & 0 \\ 0 & q \end{bmatrix} \begin{bmatrix} E_\perp^i \\ E_\parallel^i \end{bmatrix} \tag{8.63}$$

则

$$\begin{cases} E_\perp^d = D_{\perp\perp} E_\perp^i \\ E_\parallel^d = D_{\parallel\parallel} E_\parallel^i = q D_{\perp\perp} E_\parallel^i \end{cases} \tag{8.64}$$

如果 $|q| > 1$,由式(8.62)与式(8.64),可得

$$\frac{|E_\parallel^d|}{|E_\perp^d|} = |q| \frac{|E_\parallel^i|}{|E_\perp^i|} > \frac{|E_\parallel^i|}{|E_\perp^i|} \tag{8.65}$$

这更直接地表明,沿长轴方向($\perp$)的电场比沿短轴方向($\parallel$)的电场衰减更大,该结果在图 8.8(b)中用长度比例矢量进行了说明。当利用这些分量重建去极化电场 E^d 时,其方向需要朝向短轴旋转,这可以根据式(8.65)直接得到

$$\frac{|E_\parallel^d|}{|E_\perp^d|} = \tan\tau_d > \tan\tau_i = \frac{|E_\parallel^i|}{|E_\perp^i|} \Rightarrow \tau_d > \tau_i \tag{8.66}$$

线极化取向的旋转当然意味着去极化。

综合考虑相移差值和衰减差值,式(8.64)可变为

$$\frac{E_\parallel^d}{E_\perp^d} = q \frac{E_\parallel^i}{E_\perp^i}, \text{或} \rho_L^d = q \rho_L^i \tag{8.67}$$

根据式(8.12),如果不沿着特征轴移动,差分相移效应就会将线极化变为椭圆极化。因为极化状态的相位差 δ 在穿过介质时发生了变化,所以导致极化改变。在大约 10GHz 以下的频段,差分相移效应占主导地位;在大约 20GHz 以下的频段,差分衰减效应占主导地位[5]。因此,高于 20GHz 的雨衰可能严重到足以引起通信

中断,从而使去极化效应的影响量级无关紧要[6]。

前述数学推导会有一个非常有趣的结果:倾斜角 $\tau_i = 45°$ 的线极化具有与圆极化相同的去极化特性。这可以将 $\theta = 45°$ 代入式(8.56),就简化成了式(8.59)所示的圆极化去极化矩阵。

[**例8.2**]   计算频率20GHz地面链路上降雨引起的去极化。

地面微波链路工作频率为20GHz,沿其视距遇到一个2km的降雨区域,降雨速率为20mm/h(中等降雨强度)。这里有两个信道:一个是45°斜线极化;另一个是与其正交的135°斜线极化。雨滴的主轴都是水平的,即没有倾斜。在降雨速率20mm/h 的情况下,20GHz 时垂直极化和水平极化的衰减常数分别为 1.7dB/km 和 2.0dB/km。因此,α_V 和 α_H 分别为 0.1957Np/km 和 0.2303Np/km。现分析由降雨引起的交叉极化①。

首先,在不倾斜的情况下,$\perp$ 和 $\parallel$ 方向分别意指 H 和 V 方向,根据式(8.61)可得去极化系数为

$$|q| = e^{-\Delta\alpha L} = e^{-(\alpha_V - \alpha_H)L} = e^{-(0.1957 - 0.2303)\times 2} = 1.0717$$

当入射波的倾斜角为 $\tau_i = 45°$ 时,根据图8.8(b)和式(8.66)计算出射波的倾斜角为

$$\tau_d = \frac{|E_\parallel^d|}{|E_\perp^d|} = \arctan|q| = \arctan|1.0717| = 47.0°$$

线极化输入电场矢量的倾斜角变化为 $\Delta\tau = \tau_d - \tau_i = 47.0° - 45° = 2°$。那么根据式(7.7)得出射波的交叉极化电平为

$$\text{CPR}_L = \tan^2\Delta\tau = \tan^2 2° = 0.00122 = -29.1\text{dB}$$

因此这种情况下,正交通道之间的隔离度为 29.1dB,参见式(7.32)和式(7.33)。对于大多数通信链路,这是完全可以接受的。但是,如果 20mm/h 的雨水范围是 10km 而不是 2km,那么隔离度将降低至 15.3dB,这对于双极化系统来说是无法接受的。此外,降雨 10km 时引发的衰减约为 19dB,这也可能使得信号功率降低而导致链路无法使用。

衰减 A 随降雨强度和降雨范围而增加,可表示为

$$A = \alpha_s L_{\text{eff}} = a R^b L_{\text{eff}}(\text{dB}) \tag{8.68}$$

式中:R 为降雨强度(mm/h),即降雨速率;L_{eff} 为有效路径长度(km),即降雨范围;α_s 为衰减率,即恒定降雨速率 R 下每千米路径上的衰减,它随降雨速率的增加而增加。在 100GHz 的频率以下,它也随着频率的增加而增加。超过 100GHz 则相对恒定[5]。α_s 在几千兆赫以下远远小于 1dB/km,在 10GHz 时升至 1dB/km 或更

---

①   译者注:原文中数值的分析示例:$\alpha_V(\text{dB}) = 20\lg\alpha_V = -1.7\text{dB/km}$,求得 $\alpha_V = 0.8222$;$\alpha_V(N_p) = \ln 0.8222 = -0.1957\text{Np/km}$。$N_p$ 表示奈培。

高,而在100GHz时高达30dB/km。衰减与频率的相关性包含在根据经验得出的常数 a 和 b 中。因为衰减对波的极化状态也很敏感,所以 a 和 b 也是极化的函数[7]。

有效路径长度等于均匀降雨时沿路径的实际降雨范围,对于一般的情况,用它来表征沿路径降雨的空间和时间变化。对于地面链路,文献[8]给出了有效路径长度的模型。对于卫星链路,文献[9]给出了一个简单的模型。文献[10]中有一个更全面的模型。

交叉极化与降雨衰减的关系是可以预测的。因此对于给定的衰减值,可以很容易地求出双极化链路上的 XPD。对于地面链路,根据链路的衰减 A 可以求得XPD 为[8]

$$XPD = 15 + 30\lg f - V\lg A \tag{8.69}$$

其中,当 $8\text{GHz} \leqslant f \leqslant 20\text{GHz}$ 时, $V = 12.8 f^{0.19}$;当 $20\text{GHz} < f \leqslant 35\text{GHz}$ 时, $V = 22.6$ 。

基于对 10~30GHz 范围内工作的星地无线链路的广泛测量分析,文献[11]中构建了一个简单的经验模型来预测卫星链路的 XPD,它是衰减及链路参数的函数:

$$XPD = 14 + 17.3\lg f - 42\lg(\cos\varepsilon) - 19\lg A \tag{8.70}$$

式中: f 为频率(GHz); ε 为倾斜路径的仰角(°); A 为衰减(dB)。前置常数 14 是一个平均值,实际上和以下参数有一定的关系:雨滴倾斜角的均值和标准差、极化的倾角,以及扁球形雨滴的比例,更多详细内容请参阅文献[11]。此外,国际电联也有一个类似的模型[10]。

图 8.9 所示为工作频率等于 11.6GHz 的 SIRIO 卫星链路,使用式(8.70)求出的 XPD 与衰减 A 的关系曲线。实际中,对卫星进行了 3 年的测量,数据与图 8.9 吻合得很好[12]。注意,XPD 在此频率下会随着衰减迅速恶化。当衰减达到 5dB 时,XPD 将会降低到 20dB,这对于大多数应用来说是不可接受的。

卫星链路上的余量通常为 10dB 左右。也就是说,如果降雨衰减超过 10dB,那么接收机将丢失信号。根据式(8.70),对 10GHz、20GHz 和 30GHz 时仰角为 40° 的 10dB 衰减进行评估,XPD 值分别为 17.2dB、22.4dB 和 25.5dB。在大多数双极化链路上,在 30GHz 时 25.5dB 的 XPD 值是可以接受的,但在 10GHz 和 20GHz 时的 XPD 值或许不可接受。从该实例可以看出,XPD 随着频率的增加而变得更好,但是对于给定的降雨率,衰减随频率的增加而大大增加,这通常会成为限制因素。

通常对 A 和 XPD 进行统计量化,并表示为一年中等于或超过给定 A 和 XPD 值的时间百分比。一般将通信链接的可靠性设定为优于 99.99%,也就是中断率不超过 0.01% 中断,或者每年中断时间不超过 53min。全世界降雨率的统计数据可参阅文献[13]。总而言之,预测降雨对通信链路影响的步骤如下。

(1) 指定可靠性级别,即一年中可容忍的总中断百分比。

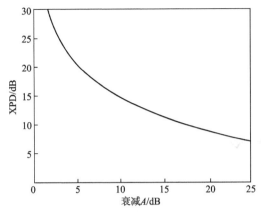

图 8.9　工作在 11.6GHz 卫星链路的 XPD 相对于衰减的关系

注:卫星链路位于弗吉尼亚州布莱克斯堡,仰角为 10.7°,纬度为 37°,海拔为 600m。

数值通过式(8.70)计算,SIRIO 卫星的 3 年实测数据与该模型非常吻合[12]。

(2) 在链路上找出与指定的可靠性相关的降雨率的链路中断级别对应的衰减 A,参见式(8.68)和文献[13]。

(3) 根据式(8.69)或式(8.70),利用步骤(2)中找到的衰减,计算 XPD 值。然后将 A 和 XPD 的计算值与性能可接受时的规格参数进行比较,判断可靠性是否实现。

8.4.3　系统计算及天线的影响

将传播介质沿通信链路的去极化特性与天线特性综合考虑,可以确定整个系统的性能。在双极化系统中,主要的性能指标是信号强度和通道间隔离度的变化,这些可以在功率公式的基础上进行处理。但是在某些情况下,相位信息很重要,所以这里使用保留相位信息的电压表示法。通过式(6.52)计算与天线的电场相互作用,可以获得路径上有去极化介质的双通道接收机(通常是标称的正交极化)的接收电压:

$$\begin{cases} V_1^r = \boldsymbol{E}^r \cdot \boldsymbol{h}_1^* = \boldsymbol{E}^r \cdot h_{r1}\hat{\boldsymbol{e}}_{r1}^* \\ V_2^r = \boldsymbol{E}^r \cdot \boldsymbol{h}_2^* = \boldsymbol{E}^r \cdot h_{r2}\hat{\boldsymbol{e}}_{r2}^* \end{cases} \tag{8.71}$$

式中: $\boldsymbol{E}^r$ 为到达接收机的电场; e_{r1} 和 e_{r2} 均为信道 1 和信道 2 上接收天线归一化极化矢量; h_{r1} 和 h_{r2} 均为与信道 1 和信道 2 相关的接收天线有效长度,假设信道 1 和信道 2 上的天线增益相同,则 $h_{r1} = h_{r2} = h_r$。

接收到的电场被正交分解成水平分量和垂直分量。根据式(8.71)和式(3.41),并考虑到接收极化的相互作用,给出两个信道中的接收电压为

163

$$\begin{cases} V_1^r = (E_H^r \hat{\boldsymbol{x}} + E_V^r \hat{\boldsymbol{y}}) \, h_r \, (\cos \gamma_1^r \hat{\boldsymbol{x}} + \sin \gamma_1^r \, e^{j\delta_1^r} \hat{\boldsymbol{y}}) \; * \\ V_2^r = (E_H^r \hat{\boldsymbol{x}} + E_V^r \hat{\boldsymbol{y}}) \, h_r \, (\cos \gamma_2^r \hat{\boldsymbol{x}} + \sin \gamma_2^r \, e^{j\delta_2^r} \hat{\boldsymbol{y}}) \; * \end{cases}$$

化简上式可得

$$\begin{cases} V_1^r = E_H^r \, h_r \cos \gamma_1^r + E_V^r \sin \gamma_1^r \, e^{-j\delta_1^r} \\ V_2^r = E_H^r \, h_r \cos \gamma_2^r + E_V^r \sin \gamma_2^r \, e^{-j\delta_2^r} \end{cases} \tag{8.72}$$

接收天线的信道 1 和信道 2 不必完全正交。这种方法可以完全表征实际系统的硬件特性,将式(8.72)转换成矩阵形式:

$$\begin{bmatrix} V_1^r \\ V_2^r \end{bmatrix} = h_r \boldsymbol{A}_r^* \begin{bmatrix} E_H^r \\ E_V^r \end{bmatrix} \tag{8.73}$$

式中: $\boldsymbol{A}_r$ 为双通道接收天线矩阵,可表示为

$$\boldsymbol{A}_r = \begin{bmatrix} \cos \gamma_1^r & \sin \gamma_1^r \, e^{j\delta_1^r} \\ \cos \gamma_2^r & \sin \gamma_2^r e^{j\delta_1^r} \end{bmatrix} \tag{8.74}$$

注意,式(8.47)中提及的自由空间损耗并不包括在上述的讨论中。通过将式(8.3c)所示的去极化矩阵引入式(8.73),可以推导出介质的影响,即

$$\begin{bmatrix} V_1^r \\ V_2^r \end{bmatrix} = h_r \boldsymbol{A}_r^* \boldsymbol{D} \begin{bmatrix} E_H^t \\ E_V^t \end{bmatrix} \tag{8.75}$$

式(8.75)将接收的电压分量与发射电场分量相关联,根据发射机处的电压求得接收电压的最后一步是计及来自双通道发射机的电场分量。发射机的系统模型类似于式(8.73)所示的接收机模型,将该表达式求逆即可得到电场分量:

$$\begin{bmatrix} E_H^t \\ E_V^t \end{bmatrix} = h_t^{-1} \boldsymbol{A}_t^{\mathrm{T}} \begin{bmatrix} V_1^t \\ V_2^t \end{bmatrix} \tag{8.76}①$$

式中: $\boldsymbol{A}_t$ 为双通道发射天线矩阵,则

$$\boldsymbol{A}_t^{\mathrm{T}} = \begin{bmatrix} \cos \gamma_1^t & \cos \gamma_2^t \\ \sin \gamma_1^t \, e^{j\delta_1^t} & \sin \gamma_2^t \, e^{j\delta_2^t} \end{bmatrix} \tag{8.77}$$

结合式(8.75),得到完整的路径耦合表达式[14]为

$$\begin{bmatrix} V_1^r \\ V_2^r \end{bmatrix} = h_r \, h_t^{-1} \boldsymbol{C} \begin{bmatrix} V_1^t \\ V_2^t \end{bmatrix} \tag{8.78}$$

式中: $\boldsymbol{C}$ 为路径耦合矩阵,可表示为

$$\boldsymbol{C} = \boldsymbol{A}_r^* \boldsymbol{D} \boldsymbol{A}_t^{\mathrm{T}} \tag{8.79}$$

式(8.79)所示的路径耦合矩阵包括发射和接收天线的所有极化效应,还包括

---

① 译者注:原文下标有误,应该是 h_t^{-1},不是 h_r^{-1}。

沿路径介质的影响,即考虑了介质引入的衰减、相移和极化效应。天线的极化状态参数为 (γ,δ);除了发射机和接收机通道中的增益相等,不做其他假设。信道可以是任意的极化状态。因为考虑了天线的不理想和介质的去极化,路径耦合矩阵包括所有通道耦合因素。

[例8.3] 一种使用正交双极化天线的晴空路径通信链路。

为了获得使用这种简洁方法分析天线传播特性的经验,这里考虑一些已知的结果。路径是晴空,且发射端和接收端的正交线极化天线对齐,适用于自由空间的去极化矩阵是式(8.54)所示的单位矩阵,所以式(8.79)简化为

$$C = C^o = A_r^* \, A_t^T$$

正交线极化的发射和接收天线分别沿水平和垂直方向,对于发射天线,有

$$\gamma_1^t = 0°, \gamma_2^t = 90°, 选定 \delta_2^t = 0°$$

对接收天线有

$$\gamma_1^r = 0°, \gamma_2^r = 90°, 选定 \delta_2^r = 0°$$

将上述参数代入式(8.74)和式(8.77),使 A_t^T 和 A_r^* 都是单位矩阵,从而 C 也是单位矩阵。根据式(8.78)可得

$$V_1^r = V_1^t, V_2^r = V_2^t$$

这里假设发射和接收天线为 $h_t = h_r$。正如所料,理想的线极化天线和畅通无阻的路径可提供理想的性能。

现在假设天线是理想圆极化,信道(1,2)标记为(L,R),则对于发射天线,有

$$\gamma_1^t = 45°, \delta_1^t = 90°; \gamma_2^t = 45°, \delta_2^t = -90°$$

对于接收天线,有

$$\gamma_1^r = 45°, \delta_1^r = 90°; \gamma_2^r = 45°, \delta_2^r = -90°$$

将上述参数代入式(8.74)和式(8.77),可得

$$C = C^o = A_r^* \, A_t^T = \frac{1}{\sqrt{2}}\begin{bmatrix} 1 & -j \\ 1 & j \end{bmatrix} \frac{1}{\sqrt{2}}\begin{bmatrix} 1 & 1 \\ j & -j \end{bmatrix} = \begin{bmatrix} 1 & 0 \\ 0 & 1 \end{bmatrix}$$

所以当使用理想圆极化天线,且在晴空中传播时,正交信道之间没有耦合。

下面推导一般天线和路径条件的耦合矩阵,从中找出交叉极化和衰减值对应的公式。将式(8.78)展开可得

$$V_1^r = h_r h_t^{-1}(C_{11} V_1^t + C_{12} V_2^t) = V_{11}^r + V_{12}^r \tag{8.80}$$

$$V_2^r = h_r h_t^{-1}(C_{21} V_1^t + C_{22} V_2^t) = V_{21}^r + V_{22}^r$$

当两个发射信道激励相等($V_1^t = V_2^t = 1$)时,根据式(7.14)可得信道1中的交叉极化隔离,即

$$\text{XPI}_1 = \frac{|V_{11}^r|^2}{|V_{12}^r|^2} = \frac{|h_r h_t^{-1} C_{11} V_1^t|^2}{|h_r h_t^{-1} C_{12} V_2^t|^2} = \frac{|C_{11}|^2}{|C_{12}|^2} \tag{8.81}$$

同理,对于信道 2,有

$$\mathrm{XPI}_2 = \frac{|C_{22}|^2}{|C_{21}|^2} \tag{8.82}$$

在存在介质干扰时,信号强度通常会降低,这称为衰减或衰落。假设发射信道 1 被激励,而信道 2 停止($V_1^t = 1$, $V_2^t = 0$),则衰落定义为信道 1 中晴空路径与受干扰路径上的接收功率之比,即

$$A_1 = \frac{|V_1^r(清空路径)|^2}{|V_1^r(受干扰路径)|^2} = \frac{|C_{11}^o|^2}{|C_{11}|^2} \tag{8.83}$$

例如,若在受干扰路径上接收到的信号电压是晴空路径上的 1/2,则由式(8.83)的衰减等于 4dB,或者等于 6dB。

同理,对于信道 2,有

$$A_2 = \frac{|C_{22}^o|^2}{|C_{22}|^2} \tag{8.84}$$

对于理想天线, $|C_{11}^o| = |C_{22}^o| = 1$,则式(8.83)和式(8.84)变为

$$A_1 = \frac{1}{|C_{11}|^2}, A_2 = \frac{1}{|C_{22}|^2} \tag{8.85}$$

综上分析,从耦合矩阵中推导公式来确定衰减和隔离,这对总结系统评估的步骤很有帮助。首先,从发射天线、介质和接收天线属性中得到式(8.79)所示的系统耦合矩阵;其次,使用式(8.80)得到每个信道中的接收电压;最后,使用式(8.81)~式(8.85)求得隔离度和衰减值,同时还可以从式(8.80)中得到相位信息。通常,可以测得两个信道之间的相对相位。这个相对相位作为介质干扰的函数会有一定的波动,有时是非常有用的,如通过双极化接收机对卫星信标的监控,可以探测大气中的冰层[15]。

[**例 8.4**]   无线链路上非理想天线的信道隔离。

若某一通信链路发送端的天线是双线极化,并不完全正交,则

$$\varepsilon_1^t = 0°, \varepsilon_2^t = 0°; \tau_1^t = 2°, \tau_2^t = 89°$$

但接收天线是完全正交线极化,即

$$\varepsilon_1^r = 0°, \varepsilon_2^r = 0°; \tau_1^r = 0°, \tau_2^r = 90°$$

4 个天线具有相同的有效长度 h,求两个信道之间的隔离。

首先,根据式(3.7)式(3.8)可得天线的极化状态分别为

$$\gamma_1^t = 2°, \delta_1^t = 0°; \gamma_2^t = 89°, \delta_2^t = 0°;$$

$$\gamma_1^r = 0°, \delta_1^r = 0°; \gamma_2^r = 90°, \delta_2^r = 0°$$

然后将这些值与式(8.79)、式(8.81)和式(8.82)联合计算,可得

$$\mathrm{XPI}_1 = 15.1\mathrm{dB}$$

$$\mathrm{XPI}_2 = 29.1\mathrm{dB}$$

8.4.4　法拉第旋转引起的去极化

在卫星链路等一些传播路径上,电磁波要穿过电离层。这会导致某些频段的无线电波极化特性发生改变,所以在设计和使用此类链路时必须考虑这种效应。

电离层存在于地球表面上方 50km~2000km 的范围内,名称得源于太阳的电磁辐射使这一层的大气粒子电离。电离层中的自由电子和地球磁场一起为法拉第旋转(Faraday rotation)传播现象创造了条件。本书从电波传播的角度来探讨法拉第旋转,而不是给出详细的物理解释,具体可参见文献[16]。法拉第旋转也发生在光学频段,据此人们发明了旋光仪来推断物质的化学性质[1]。

如果线极化波通过电离层传播,如从地球到卫星的路径,线极化电场的方向角将旋转一个角度。假设链路仰角为 30°,则由文献[5]可得电离层中法拉第旋转角为

$$\Delta\tau = 108\frac{TEC}{f^2}(°) \tag{8.86}$$

式中:TEC(total electron content)为总的电子含量,它等于沿着传播路径上电子密度的积分,而电子密度又等于垂直于该路径的每平方米面积上的电子数量。

TEC 的量值在 $10^{16} \sim 10^{19}$ 个$/m^2$ 之间变化,最小值出现在午夜,最大值出现在午后。法拉第旋转角在特高频段(UHF)尤为明显,但其随频率的平方而减小。例如,有一个卫星终端,假设其俯仰角为 30°,TEC $= 10^{18}$。其在 300MHz、1000MHz 和 3000MHz 时的旋转角分别为 1188°、108° 和 12° 的旋转[5]。这种幅度的旋转会导致线极化卫星链路上的极化失配严重,并导致双线极化链路上的隔离度显著降低。实际上,多数 UHF 频段地对空通信链路都使用圆极化来避免此类问题。

电离层是具有两种特征极化的介质,即左旋圆极化和右旋圆极化,差分衰减可以忽略不计。实际上,电离层在 UHF 频段几乎没有引入衰减,因此式(8.57)所示的圆极化去极化模型可简化为

$$\begin{bmatrix} E_L^d \\ E_R^d \end{bmatrix} = \begin{bmatrix} e^{j\delta_L} & 0 \\ 0 & e^{j\delta_R} \end{bmatrix} \begin{bmatrix} E_L^i \\ E_R^i \end{bmatrix} \tag{8.87}$$

则

$$E_L^d = e^{j\delta_L} E_L^i, E_R^d = e^{j\delta_R} E_R^i \tag{8.88}$$

相位角 δ_L 和 δ_R 不相等,导致图 8.10 所示的线极化波极化改变。在图 8.10(a)中,入射波是水平线极化的。而在图 8.10(b)中,入射电场矢量分解为圆极化分量,这些左旋圆极化和右旋圆极化分量分别经历 δ_L 和 δ_R 的相移。重构后出射波仍然是线极化波,但其电场相对于入射线极化波的电场旋转了角度 $\Delta\tau$。当穿过电离层的传播距离为 z 时,旋转角度 $\Delta\tau$ 为

$$\Delta\tau = \frac{\delta_L - \delta_R}{2} = \frac{\beta_L - \beta_R}{2}z \tag{8.89}$$

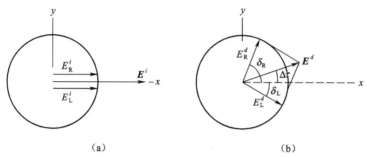

（a）　　　　　　　　　　　　　（b）

图 8.10　线极化波经历法拉第旋转

（a）入射波的电场分解为圆极化分量；（b）法拉第旋转角度 $\Delta\tau$ 后的电场。

式（8.89）中法拉第旋转角度可以通过电场矢量的表达式来证明，下面从图 8.10（a）所示的入射波电场矢量开始分析，即

$$\boldsymbol{E}^r = \boldsymbol{E}^d(z = 0) = \sqrt{2}\,E_0\hat{\boldsymbol{x}} \tag{8.90}$$

将其分解为正交圆极化分量，每个分量有自己的相位常数，即

$$\boldsymbol{E}^d = \boldsymbol{E}_L^d(z) + \boldsymbol{E}_R^d(z) = \frac{E_0}{\sqrt{2}}(\hat{\boldsymbol{x}} + \mathrm{j}\hat{\boldsymbol{y}})\,\mathrm{e}^{-\mathrm{j}\beta_L z} + \frac{E_0}{\sqrt{2}}(\hat{\boldsymbol{x}} - \mathrm{j}\hat{\boldsymbol{y}})\,\mathrm{e}^{-\mathrm{j}\beta_R z} \tag{8.91}$$

这里应用了式（3.65），当 $z = 0$ 时，其简化为式（8.90）。

当波在介质中传播距离 z 之后，通过数学运算对电场矢量重新推导可得

$$\boldsymbol{E}^d = \boldsymbol{E}_L^d(z) + \boldsymbol{E}_R^d(z) = \frac{E_0}{\sqrt{2}}\left[\hat{\boldsymbol{x}}(\mathrm{e}^{-\mathrm{j}\beta_L z} + \mathrm{e}^{-\mathrm{j}\beta_R z}) + \mathrm{j}\hat{\boldsymbol{y}}(\mathrm{e}^{-\mathrm{j}\beta_L z} - \mathrm{e}^{-\mathrm{j}\beta_R z})\right]$$

$$= \frac{E_0}{\sqrt{2}}\,\mathrm{e}^{-\mathrm{j}\frac{\beta_L + \beta_R}{2}z}\left[\hat{\boldsymbol{x}}(\mathrm{e}^{-\mathrm{j}\frac{\beta_L - \beta_R}{2}z} + \mathrm{e}^{\mathrm{j}\frac{\beta_L - \beta_R}{2}z}) + \mathrm{j}\hat{\boldsymbol{y}}(\mathrm{e}^{-\mathrm{j}\frac{\beta_L - \beta_R}{2}z} - \mathrm{e}^{\mathrm{j}\frac{\beta_L - \beta_R}{2}z})\right]$$

最终可得

$$\boldsymbol{E}^d = \sqrt{2}\,E_0\mathrm{e}^{-\mathrm{j}\frac{\beta_L + \beta_R}{2}z}\left[\hat{\boldsymbol{x}}\cos\Delta\tau + \hat{\boldsymbol{y}}\sin\Delta\tau\right] \tag{8.92}$$

式（8.92）在推导中应用了附录中的式（B.7）。如图 8.10（b）所示，括号中的表达式实际上是与 x 轴夹角为 $\Delta\tau$ 方向上的单位矢量。因此，式（8.89）中的 $\Delta\tau$ 即为法拉第旋转角，这个推导的过程还说明了矢量分解在极化分析中的有用性。

8.5　去极化补偿和自适应系统

在实际工作中，无线电系统没有理想的纯极化状态。例如，对于一个典型的单

极化系统,发射机和接收机的极化略有不同,造成的后果就是极化失配带来小的损耗,有关极化效率详细讨论见 6.1 节。在双极化应用中,极化不纯会导致隔离性能下降。在频率复用通信系统中,可以使两个正交极化的信道在同一无线链路上运行;遥感系统也经常使用双正交极化接收系统。无论哪种情况,轻微的极化不纯就会导致从信道 1 到信道 2 的耦合,这种性能的下降通常是由不理想的天线造成的。本节中将讨论去极化补偿(depolarization compensation,DC)技术,即通过减少不希望的系统极化特性来补偿极化隔离的降低,至少要部分地补偿。除了不理想的硬件会导致信道之间的隔离度降低,如 8.4 节所述,传播介质还会降低隔离度,这种情况下的隔离度是随时间变化的。

去极化补偿有静态和动态两种实现形式。在静态去极化补偿系统中,极化特性不随时间变化。但是在动态去极化补偿系统中,极化特性会随着时间变化,从而可以跟踪由传播介质的去极化效应引起的接收机的极化变化。例如,可以对雨水去极化进行补偿,用以保持高的极化隔离度。静态系统和动态系统中用于去极化补偿的技术是相似的,不过在动态系统中,跟踪的目标是时变的。例如,在遥感应用中,通过测量信号的振幅和相位并减去通常由天线引起的残余 XPD,然后可以用软件进行去极化补偿[5]。

最简单的极化补偿方案是在纯线极化的系统中,旋转发射或接收天线,从而使线极化的发射和接收天线调整方向对齐。在大多数无线电系统中,这个对齐过程在安装时即已完成,无须进一步调整。但在星地通信系统中,法拉第旋转会导致线极化波在穿过地球大气层过程中发生旋转(见 8.4.4 节)。这种影响是时变的,所以可能需要极化跟踪(如旋转接收天线)来补偿,但可以使用圆极化来规避此问题。

通过适当的系统设计或静态补偿,可以减小天线的去极化效应,使隔离度达到30dB 或更高的量级。另外,介质的去极化效应会产生实质性的影响,而且这种影响可能随时间变化。无线路径上的雨水就是一个典型的例子,所以在这里将具体讨论。考虑在晴朗的天气下,有一个具有理想正交极化信道的双线极化无线链路。导致去极化的因素有两个,即由介质引入的两个正交极化状态之间的差分相移(differential phase shift,DPS)和差分衰减(differential attenuation,DA)。差分相移使极化改变但保持信号的正交性,而差分衰减则破坏了极化状态的正交性[17]。现在来证明这些结论,进而帮助理解相关原理。

考虑以复数矢量形式表示的两个一般的正交极化状态

$$\begin{cases} \hat{\boldsymbol{e}}_1^i = \cos\gamma\hat{\boldsymbol{x}} + \sin\gamma\mathrm{e}^{\mathrm{j}\delta}\hat{\boldsymbol{y}} \\ \hat{\boldsymbol{e}}_2^i = -\sin\gamma\mathrm{e}^{-\mathrm{j}\delta}\hat{\boldsymbol{x}} + \cos\gamma\hat{\boldsymbol{y}} \end{cases} \tag{8.93}$$

其中,使用式(3.78)、式(3.82)和式(3.41)。因为满足了式(3.77),所以这两个矢量正交。如果介质在 x 轴和 y 轴之间引入了差分相移 $\Delta\phi$,那么出射状态为

$$\begin{cases} \hat{\boldsymbol{e}}_{1\phi}^o = \cos\gamma \ e^{j\Delta\phi}\hat{\boldsymbol{x}} + \sin\gamma e^{j\delta}\hat{\boldsymbol{y}} \\ \hat{\boldsymbol{e}}_{2\phi}^o = -\sin\gamma \ e^{j\Delta\phi}\hat{\boldsymbol{x}} + \cos\gamma\hat{\boldsymbol{y}} \end{cases} \tag{8.94}$$

因为这两个矢量仍然正交,由式(3.77)可得

$$\hat{\boldsymbol{e}}_{1\phi}^o \cdot \hat{\boldsymbol{e}}_{2\phi}^{o\,*} = -\cos\gamma\sin\gamma \ e^{j2\Delta\phi}e^{-j\delta} + \sin\gamma\cos\gamma \ e^{j\delta} = 0 \tag{8.95} ①$$

因为介质引入了差分衰减,出射波的状态为

$$\begin{cases} \hat{\boldsymbol{e}}_{1k}^o = k\cos\gamma\hat{\boldsymbol{x}} + \sin\gamma e^{j\delta}\hat{\boldsymbol{y}} \\ \hat{\boldsymbol{e}}_{2k}^o = -k\sin\gamma e^{-j\delta}\hat{\boldsymbol{x}} + \cos\gamma\hat{\boldsymbol{y}} \end{cases} \tag{8.96}$$

式中:k 为 x 分量相对于 y 分量的幅度变化因子。

根据正交性式(3.77),有

$$\hat{\boldsymbol{e}}_{1k}^o \cdot \hat{\boldsymbol{e}}_{2k}^o = (-k^2 + 1)\cos\gamma\sin\gamma \ e^{j\delta} \neq 0 \tag{8.97}$$

这就证明差分衰减破坏了正交性,除非 $k = 1$(无差分衰减)。

这种情形可以用图 8.8(b)所示线极化状态来说明:将 ⊥ 轴作为 x 轴,∥ 轴作为 y 轴,首先将输入波电场分解为 x 分量和 y 分量。因为雨滴在水平面上更厚,所以 x 分量比 y 分量衰减更大。然后重构出射波,会发现其线极化的电场相对于输入电场发生了逆时针旋转,这就是去极化的一种表现形式。除了这种差分衰减,如8.4.2 节所述,雨水还会引起差分相移。

如图 7.13 所示,7.5.2 节介绍的正交模耦合器(OMT)用于将波分解为正交分量,如双线极化。在双极化通信系统的接收端,可以用 OMT 恢复出两个信道中的信息。在感知系统中,OMT 可以用来激励两路极化状态正交的输出信号。如果介质引入了去极化效应,有时可以旋转 OMT 来改善输出信道之间的极化隔离。但是这需要设计一个补偿网络,下面将进行讨论。

在通常情况下,去极化补偿的原理并不复杂,即在正交的方向上引入与传播介质中发生的相同大小的差分相移和差分衰减[6],去极化补偿网络即用于此。补偿网络中有用于调节移相量和衰减量的装置,因为系统和传播介质的极化特性随时间发生变化,所以补偿网络中的调整量须通过控制器和相关算法来随时调整。

一般来说,去极化补偿必须感知和控制 4 个独立的参数,每个正交极化信道上两个,通常是在每个信道上检测出导频音的振幅和相位[17-18]。补偿网络和相关算法有两种基本形式:恢复法和对消法。如图 8.11(a)所示,恢复法采用可变移相器和可变衰减器,两者均可调整[17-19]。这是对介质所引起的差分衰减和相移的直接补偿。图 8.11(b)所示的对消法通过使用两个耦合路径在信道之间引入少量的信号交叉耦合,避免了任何机械校准,每路都有可变的振幅和相位。图 8.11(b)

---

① 译者注:原文公式有误:(1)因为矢量点乘后是标量,所以 $\hat{x}$ 和 $\hat{y}$ 两个单位矢量要删掉;(2)漏了 $e^{j2\Delta\phi}$ 项;(3)前一项中 $e^{-j\delta}$ 写成了 $e^{j\delta}$。

中还标注了 4 个必需的参数,文献[5]和[20]中有关于实现去极化补偿网络的介绍。

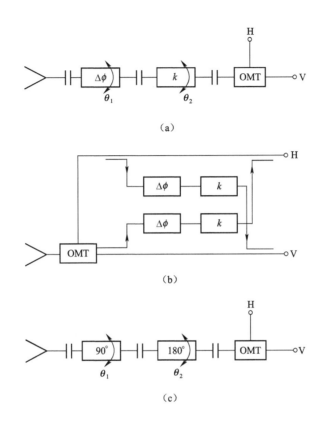

图 8.11　去极化补偿网络
注:图 8.11(c)中的网络仅用于补偿介质引起的差分相移
(a)恢复法;(b)对消法;(c)基于差分相移的极化分离。

　　最后,介绍一个具有指导意义的补偿网络的例子,即如何实现差分相移网络,这也进一步解释了 7.5 节中讨论的极化器的原理。如图 8.11(c)所示,该网络由一个 90°极化器串联一个 180°极化器组成,两者均机械可旋转。通过控制两个参数 (θ_1, θ_2) 可以实现对任意极化波的匹配,也可以将在仅产生差分相移的介质中传播的波分离出正交极化分量。它的优点是不用可变的移相器,只需要固定移相量。90°极化器可使输入的圆极化或椭圆极化波变成线极化。若输入的是椭圆极化波,则须将 90°极化片的 θ_1 角沿椭圆极化主轴对齐,然后将 180°极化片机械旋转,使 θ_2 角对准输出线极化的方向。

171

8.6 雷达中的极化

利用电磁波进行遥感,需要接收来自目标的电磁波,而且无源和有源的技术都可以用于遥感中。无源遥感也称为辐射测量学(radiometry),它的理论基础是任何温度高于0K的物体都借助于自身热能向外辐射电磁波。辐射计(radiometer)就是用于检测此类辐射的接收机,8.7节将对此进行讨论。有源遥感利用发射机照射目标,利用接收机测量从目标散射的波。雷达就是有源遥感中常用设备之一,也是本节讨论的主题。散射计(scatterometer)类似于专门用于感知海洋表面和近地表的风等目标的雷达。与常规雷达不同,它不提供距离等范围信息。与光学感知相比,这些技术的优点是不受白天黑夜和天气条件的限制。

8.6.1 雷达基础

雷达由发射机、发射天线、接收天线和接收机组成。如果发射机和接收机位于同一位置,就称为单站(monostatic)雷达。如图8.12所示,单站雷达通常使用同一副天线用于发射和接收,这里需要使用射频开关完成发射机、接收机和天线之间的切换。如果发射机和接收机是分开的,就称为双站(bistatic)雷达。天线方向图主波束峰值对准目标或扫描目标所在区域,雷达根据发射脉冲从发射天线到接收天线的时间间隔 T 来测量天线和目标之间的距离。对于单站雷达,距离就是 $r = cT/2$①。测距雷达是车辆中常见的雷达,用于告警附近的目标。本书后续的分析中假设雷达是单站的,但原理适用于所有雷达。这种分析还适用于成像系统,如合成孔径雷达(synthetic aperture radar,SAR)。

如果目标是运动的,就可以使用多普勒雷达(Doppler radar)确定其速度。发射连续波信号,目标的运动会改变返回信号的频率。回波信号的频率与从发射机到目标直线上的相对速度分量成正比,相对于发射信号频率,若物体相对远离,则回波信号频率将降低;若物体接近,则频率增加。例如,警用雷达就使用了可检测车辆速度的多普勒系统。此外,探地雷达发射单个脉冲以形成宽带频谱,可以用于确定地球表面以下物体的形状和位置。

雷达接收到的信号功率(P_r)与其发射机功率(P_t),发射和接收天线的增益(G_t 和 G_r),到目标的距离(r)和雷达散射截面 σ(radar cross section,RCS, σ)有关。根据雷达方程可得[21]

---

① 译者注:原文误为乘以2。

$$P_r = P_t \frac{\lambda^2 G_r G_t}{(4\pi)^3 r^4} \sigma \qquad (8.98)$$

RCS 是一个面积量,它是基于目标再辐射各向同性入射功率而定义的目标等效面积。通常人们只关心在接收机方向上散射的功率,并假设目标的散射是各向同性的,这时雷达接收的信号功率与 RCS 成正比。接收到的功率随着距离的增加而衰减,且衰减比率为 $1/r^4$。这是因为根据式(6.49)可知,发射波的电场正比于 $1/r$,所以发射功率密度正比于 $1/r^2$,从目标返回信号的功率密度又经历了一个 $1/r^2$。

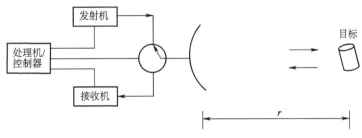

图 8.12　单站雷达构成示意图

8.6.2　极化雷达

从目标反射的回波取决于入射波的极化及目标的形状,因此每种极化的雷达回波信号提供了关于目标的额外信息。目标回波的极化可能与入射波有很大不同,也就是说,交叉极化电平会显著增大。例如,在 8.3.2 节中看到的,入射在平板上的圆极化波,经反射后旋向改变,从而使反射波与入射波的极化完全正交。

目标的散射波取决于以下因素:①入射波,包括入射角和极化;②目标的特性,包括其大小、形状和组成;③接收天线位置和极化。当然,雷达的工作频率也是一个重要的参数。频率越高,波长越短,能够提供目标形状的细节越丰富。极化雷达(polarimetric radar)可以测量目标散射波的全部矢量性质,从而得到目标的极化特性。雷达散射截面可以综合发射和接收天线的极化进行测量,对于普通雷达而言,它是单个数字。而对于极化雷达,它则呈现为矩阵形式。有关极化雷达的更多信息,可参见文献[22, 23, 24]。在常规极化雷达中,通常发射的是正交的线极化波,而接收的只是主极化波。如果使用多极化雷达(multipolarized radar),那么可以收集更多信号信息,包括交叉极化信息及相关的相位信息。例如,对存在水平极化(H)和垂直极化(V)的双极化雷达,将会收集到 HH、HV、VH 和 VV 4 种组合的数据,其中第一个字母表示发射极化,第二个字母表示接收极化。能够随时间改变其极化状态的雷达称为极化捷变雷达(polarization agile radar,PAR)。

一般雷达问题的模型如图 8.1 所示,单站雷达的散射方向参考发射方向,称为后向散射,也就是在 $-u^i$ 方向($\varphi = 180°$, $\theta_s = \theta_i$)。这里必须选择一个固定的坐标系来描述极化,通常使用后向散射对准的约定,即极化矢量参考雷达天线的坐标系[22]。这就允许使用以前的所有分析和推导。

根据观测到的场景是点状目标还是分布式目标,对雷达问题的处理方法有所不同。注意,分布式目标通常由随机分布的目标组成,如土壤表面、海浪或植被覆盖层等。下面就来分析这些不同目标类型的雷达。

1. 点状雷达目标

点状雷达目标(point radar target,PRT)指目标的角度范围小于雷达天线的波束宽度。如果点目标的时间波动远大于雷达采样间隔,那么称为确定性目标[25]。对于确定性的点目标,则其散射特性可以用一个与时间无关的散射矩阵表示。根据文献[26,27],散射电场返回雷达接收机的分量表示为

$$E^s = \begin{bmatrix} E_1^s \\ E_2^s \end{bmatrix} = \frac{1}{\sqrt{4\pi} r} \begin{bmatrix} S_{11} & S_{12} \\ S_{21} & S_{22} \end{bmatrix} \begin{bmatrix} E_1^i \\ E_2^i \end{bmatrix} = \frac{1}{\sqrt{4\pi} r} SE^i \qquad (8.99)$$

式中: E^i 包含入射到目标上的电场分量,下标 $(1,2)$ 表示两个极化,通常取为 (H,V) 或 (R,L)。

对于线极化情形,1 对应于 H,2 对应于 V,则散射矩阵为

$$S = \begin{bmatrix} S_{HH} & S_{HV} \\ S_{VH} & S_{VV} \end{bmatrix} \qquad (8.100)$$

如果是单站雷达,那么 $S_{VH} = S_{HV}$;如果目标是旋转对称的,那么 $S_{VH} = S_{HV} = 0$。快速连续地发射 H 和 V 极化的信号,然后测量两种极化的接收场强,就可以测量式(8.100)中的参量。

散射矩阵中每一项 S_{ij} 是复数,其中第一个下标 i 表示散射极化,第二个下标 j 对应于入射极化。雷达必须测量接收场分量相对于发射场的幅度和相位。式(8.99)中的因子 $1/r$ 表示离开有限大小的目标,并到达雷达接收机的散射场的球面波特性,入射场强 E^i 是由式(8.47)中的发射场强 E^t 引起的。

散射矩阵的性质类似于式(8.49)的去极化矩阵。不同之处在于,去极化矩阵是一个传输矩阵,仅表示沿传播路径引入的波的变化。相反,散射矩阵包含了散射场,因为它包含了雷达回波的来源——目标的影响。进一步说明,如果沿传输路径没有障碍物,那么去极化矩阵将简化为式(8.54)所示的单位矩阵,并且接收信号不变;相反,如果不存在雷达目标,那么散射矩阵变为零矩阵,没有信号返回到雷达。

一旦确定了散射矩阵,就可以完全地表征目标特性,并可根据式(8.100)计算目标在任何入射极化下的极化响应。散射矩阵有 8 个未知量:4 个幅度和 4 个相位。对称性($S_{VH} = S_{HV}$)将未知量减少为 6 个。实际中,将一个相位设为基准,所

以仅需要测量两个相对相位。总之,测量 5 个参数(3 个幅值和两个相对相位)即可得到目标的散射矩阵。文献[22,28,29]中介绍了极化测定雷达硬件实现的实例。

雷达的首要参量就是 RCS,即目标的有效散射面积。对于入射和散射极化状态的任何组合,从散射矩阵元素可求得的 RCS[27]可表为:

$$\sigma_{ij} = |S_{ij}|^2 [\text{m}^2], i,j = \text{H 或 V} \tag{8.101}$$

常规雷达通常工作于单极化状态,RCS 是标量,表示目标在该极化下的回波面积。注意式(8.101)与范围,即距离 r 无关。

如前所述,散射矩阵 S 代表线极化电场的散射过程。它是一个"全相量"和"全矢量"表示方法,即同时包含了目标引入的极化和相位变化。散射过程的矢量性质通过散射矩阵项来说明,这些项表征了主极化和交叉极化的线极化响应,即散射矩阵包含了描述目标极化响应的所有信息。

圆极化天线的散射矩阵推导类似于式(8.79)对应的传输情景,将 1 对应于 L,2 对应于 R:有

$$S_c = A_r S A_t^T = \frac{1}{\sqrt{2}} \begin{bmatrix} 1 & j \\ 1 & -j \end{bmatrix} \begin{bmatrix} S_{HH} & S_{HV} \\ S_{VH} & S_{VV} \end{bmatrix} \begin{bmatrix} 1 & 1 \\ j & -j \end{bmatrix}$$

则

$$S_c = \frac{1}{\sqrt{2}} \begin{bmatrix} 1 & j \\ 1 & -j \end{bmatrix} \begin{bmatrix} S_{HH} + jS_{HV} & S_{HH} - jS_{HV} \\ S_{VH} + jS_{VV} & S_{VH} - jS_{VV} \end{bmatrix} \tag{8.102}$$

对比式(8.79)可见,对于单站雷达情景,接收天线矩阵中不存在复共轭的计算,这是由于目标散射造成了场的逆向传播。类似地,差异也会在分界面上的反射和透射中遇到,见式(8.36)和式(8.37)。最终,将 $S_{VH} = S_{HV}$ 条件代入式(8.102),可得

$$S_{LL} = \frac{1}{2}(S_{HH} - S_{VV}) + jS_{HV}$$

$$S_{LR} = \frac{1}{2}(S_{HH} + S_{VV}) = S_{RL}$$

$$S_{RR} = \frac{1}{2}(S_{HH} - S_{VV}) - jS_{HV} \tag{8.103}$$

接下来的例 8.5 中说明了对球形导电目标时的极化雷达的工作原理,它说明了散射矩阵用于不同极化的情况。其他散射体的极化散射矩阵请参阅文献[26]。

[例 8.5] 金属球的极化散射。

一个半径 a 远大于几个波长的金属球,其 RCS 就是一个简单的标量值:

$$\sigma = \pi a^2 a \gg \lambda \tag{8.104}$$

由于目标的对称性,这对于任何方向或倾斜角的线极化入射波均有效,有

$$\sigma_{HH} = \pi a^2 \quad \sigma_{VV} = \pi a^2 \tag{8.105}$$

目标的对称性还意味着在目标处不会产生交叉极化,有

$$\sigma_{HV} = 0 \quad \sigma_{VH} = 0 \tag{8.106}$$

然后,得到导体球 RCS 的完整矩阵为

$$S = \sqrt{\pi a^2} \begin{bmatrix} -1 & 0 \\ 0 & -1 \end{bmatrix} \tag{8.107}$$

式中:负号用来解释导体反射时 180°的相位变化。

式(8.107)中的散射矩阵充分表征了球体的矢量散射特性,它也可用于其他极化。这里来验证双圆极化雷达的结果,将发射机和接收机的信道 1 设定为左旋圆极化,信道 2 设定为右旋圆极化。将式(8.107)中的线极化散射矩阵代入式(8.103)可得出圆极化散射矩阵为

$$S_C = \sqrt{\pi a^2} \begin{bmatrix} 0 & -1 \\ -1 & 0 \end{bmatrix} \tag{8.108}$$

这个圆极化散射矩阵意味着主极化响应 S_{LL} 和 S_{RR} 为零,这是因为从金属表面反射的左旋圆极化波变成了右旋圆极化。交叉极化响应为 $|S_{LR}| = |S_{RL}| = \sqrt{\pi a^2}$。

大导电球体对任意极化的极化响应也称为极化定标[①],图 8.13(a)所示为相同发射和接收双极化天线的主极化响应,使用倾斜角 τ 和椭圆度角 ε 表示极化状态。由于球形目标的对称性,因此极化响应不依赖于倾斜角,而是很大程度上取决于 ε。当入射波为线极化时,$\varepsilon = 0°$,这时极化响应取最大值;而当入射波为圆极化时,$\varepsilon = \pm 45°$,极化响应为零。图 8.13(b)所示为交叉极化响应,对于 $\varepsilon = 0°$ 的线极化波,没有交叉极化响应;对于 $\varepsilon = \pm 45°$ 的圆极化波,交叉极化响应最大。

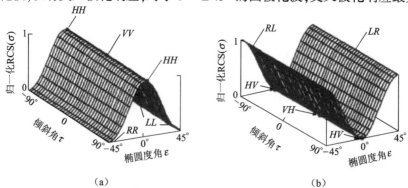

(a)   (b)

图 8.13 极化雷达对大导电球的极化响应,显示了反向散射 RCS 对最大值的归一化值
(a)接收极化为发射极化的主极化;(b)接收极化为发射极化的交叉极化。

---

① 译者注:原文为 polarization signature,直译为"极化签名"。此处翻译为"极化定标",意指可以作为散射的标准。

球体的散射特性雷达工程中得到了很好的应用。雷达信号路径上的雨水会造成杂波或不必要的回波。但是,如果雷达使用相同旋向的圆极化发射和接收天线,并且雨水不是很强,这时雨滴近似为球体。回波信号将是旋向反转的圆极化信号,它被接收天线极化隔离,如例 8.5 所示。但是实际中,由于目标表面的两次反射,会将旋向变回到初始入射圆极化的旋向,因此可能会观测到嵌入雨中目标的回波信号。

2. 分布式雷达目标

跨越多个雷达天线波束宽度的目标称为分布式雷达目标(distributed radar target),如飞机上观测地面特征的俯视雷达观察到的目标。分布式目标通常由随机分布的小型目标组成。在这种情形下,不是使用 RCS 度量目标,而是使用反向散射系数 σ^o,它表征每单位面积 RCS 的整体平均值[30]为

$$\sigma^o = \frac{<\sigma>}{A} \qquad (8.109)$$

式中:A 为此场景中雷达的照射面积,此参量测量的一种方法是收集 N 个独立样本,并根据式(8.101)计算平均值,即

$$\sigma^o = \frac{1}{A} \sum_{i=1}^{N} |S_{ij}|^2 \qquad (8.110)$$

采用 Stokes 参数等部分极化技术是一种较好的计算方法。文献[23,30]中采用了 4×4 Mueller 矩阵将发射和接收极化状态对应的 1×4 Stokes 参数矢量关联了起来。Tragl 在文献[25]中使用了 3×3 协方差矩阵,该矩阵与 Mueller 矩阵关联。文献[31]中报道了一种利用 6 个不同的极化状态(线极化间隔 45°旋转)的非相干测量来形成 Mueller 矩阵的方法。

雷达在遥感领域有多种应用,其中之一是为了设计通信系统而测量雨的参数[32]。在降雨期间,工作频率为 2.8GHz 的雷达波束沿着潜在的通信链路进行扫描,测量水平极化和垂直极化的反射率来估计雨滴沿路径的大小分布,从而计算该路径上在任何感兴趣的频率下对应的衰减。

多极化雷达可以提供主极化和交叉极化的反向散射数据,可以大大增强场景的成像[33]。这种雷达也被广泛用于许多安全领域,如武器探测。一些机场扫描仪使用旋转天线辐射装置来构建三维图像,进而定位武器,而多极化雷达恰恰增强了这些图像[34]。雷达感知的其他一些应用还包括地面地形观测[25,28,30]和土壤湿度的估算[35]。

也许最广为人知的多极化雷达就是下一代雷达(Next-generation Radar, NEXRAD),用于生成电视气象预报和在智能手机天气 APP 上显示的气象地图。这些图像是由分布在美国各地的 159 个 S 波段雷达组成的复杂网络合成的,由美国国家气象局来运行。每个 NEXRAD 高分辨率多普勒雷达装置都配备一个直径 8.5m 的反射面天线,该天线在方位角上进行 360°扫描,并逐步增加俯仰角,从而

可以观测到降雨和风。这些极化雷达同时发射水平和垂直极化信号,通过比较 H 和 V 信道返回的相对功率和相位,可以区分大气中的雨、雹、雪和冰[36]。

8.7 辐射计中的极化

在 8.6 节中提及无源遥感也称为辐射测量学,其物理机理就是温度高于绝对零度的所有物体均辐射电磁波,并可能扩展到整个频谱。辐射计就是用于检测此类辐射的接收系统。

8.7.1 辐射计基础

辐射计用于感知一个目标或场景的自然辐射。如果辐射源是所谓的黑体,那么其辐射遵循 4.1 节介绍的黑体定律。如式(4.1)所示,辐射强度随物体温度的升高而增加。同时随着频率的增加,辐射功率密度先是增大的,达到峰值后又开始减小。以太阳为例,温度为 6000K,其辐射的峰值处于频谱的可见光区域内。有趣的是在相同的频率下,人眼睛的感应也最佳。探测天体辐射的仪器是由射电天文学家首创的,他们在天空中搜寻射电源的辐射。射电天文学(radio astronomy)始于 20 世纪 30 年代,是无源遥感技术的第一个应用。

辐射计的输出为天线温度 T_A ,这是一个等效温度。在相同温度下,实际辐射源辐射的噪声等于理想黑体辐射的噪声。根据文献[21],用天线功率方向图函数 $|F(\theta,\varphi)|^2$ 对场景内噪声温度 $T(\theta,\varphi)$ 加权 ,然后在天线周围角域空间中进行积分,可得天线温度为

$$T_A = \frac{1}{\Omega_A}\int_0^\pi\int_0^{2\pi} T(\theta,\varphi)\,|F(\theta,\varphi)|^2\sin\theta\mathrm{d}\theta\mathrm{d}\varphi \tag{8.111}$$

式中: Ω_A 为天线方向图的波束立体角,见式(5.2)。

对于均匀温度 T_0 对应的各向同性场景,天线温度为 $T_A = T_0$ 。对于一个较小的离散源,其立体角 Ω_s 远远小于主波束的立体角,即 $\Omega_s \ll \Omega_A$,这时天线温度为 $T_A = \Omega_s T_0 / \Omega_A$ 。

射电源既有连续辐射的宽谱源,即辐射谱散布在较宽的频带内,也有分子线辐射的谱线源,即辐射谱局限在较窄的带宽内。有关射电源的完整讨论,可参见文献[37]。连续辐射可以是热辐射源,也可以是非热辐射源。热辐射源的频谱类似于黑体辐射,即随频率的平方而增加,且是非极化的。而非热源的辐射(如同步加速器辐射)是线极化的。因此,射电望远镜接收到的辐射是由几种不同的辐射源激励的,通常是部分极化,这在第 4 章讨论过。例如,文献[38]中提到在 3GHz 时,半人马座 A 星系的辐射中有 50% 混杂了太阳照射。窄带的分子线辐射是由能级

之间的量子跃迁引起的,如空间中的中性氢原子基态能级跃迁,产生频率为1420MHz 的辐射,通常可用窄带辐射计来观察。这个辐射会发生多普勒"红移"现象,即频率逐渐减小到 1420MHz 以下,这为宇宙大爆炸理论提供了有力的支持。

如果辐射以热源为主,则辐射的极化程度很小。辐射计收集到的极化信息可以揭示有关辐射源机理的许多信息,因此某些辐射计具有极化测量能力。从简单地确定极化度(见 4.2 节),到完整测量所有的极化状态信息,这些辐射计各不相同。斯托克斯参数广泛用于辐射测量中[39-40],式(3.52)所示相干矩阵也常用于部分极化的测量[41]。

8.7.2 辐射计的应用

除了在 8.7.1 节中作为例证使用的射电天文学应用,辐射计还广泛用于地球遥感。例如,通常工作于毫米波频段的地球观测卫星,可以测量包括海洋和大气层在内的地球表面的温度分布。其优点是可以探测到偏远地区,而不像光学传感器那样受到自然光线和恶劣天气的影响。辐射计能够测量土壤和大气中的水分,用于了解水文循环和全球变化。例如,美国 NASA 的土壤水分主动被动探测(soil moisture active passive,SMAP)就是这样一个轨道观测平台,它使用双极化辐射计和多极化(HH、VV、HV 或 VH)雷达生成全球土壤水分分布图[42]。

辐射计也被用来探测降雨。随着降雨强度的增加,它的损耗也随之增加,这反过来又增加了它的辐射温度。沿着预期通信链路的传播路径(如星地路径),可用辐射计测量噪声温度,而噪声温度又被用来推断该频率下通信链路上的衰减[43]。考虑到晴空吸收和航天器运动的影响,这种方法也可用于修正直接测量的卫星衰减值中的未知数[44]。

辐射计还可用于小目标的感知,如寻找隐藏在人体上的武器,这类金属物体的温度将低于人体组织的温度。

8.8 思考题

1. 推导式(8.8)。
2. 从式(8.35)开始,使用式(8.30a)和式(8.33)推导式(8.36)。
3. (1)用示意图说明在理想导体平面上反射的平行极化电场的反转。绘制过程中要求体现出将场分解成平行和垂直分量,并给出切向电场为零的边界条件。

(2)用示意图说明在理想导体平面上反射的圆极化波旋向的变化。绘制过程中要求体现出幅度相等,相位相差 90°的电场分量,形成一个右旋圆极化波斜入射到表面上。

4. 一平面波以 30° 的掠射角入射到相对介电常数为 15−j0 的无耗地平面：

(1)计算线极化反射系数 $\Gamma_\perp$ 和 $\Gamma_\parallel$，并与图 8.5 比较；

(2)计算圆极化系数 Γ_C 和 Γ_X，并与图 8.6 比较。

5. 在例 8.3 中，若右旋圆极化波入射到接收天线，分析计算双圆极化接收天线信道 1 和信道 2 的输出电压。

6. 假设总电子含量为 10^{18} 个/平方米，计算 3GHz 时星地路径上的法拉第旋转角度。

7. 研究一个使用雷达的遥感应用的实例，写一份关于这个系统的简短报告，重点关注其极化。

8. 研究一个使用辐射计的遥感应用的实例，写一份关于这个系统的简短报告，重点关注其极化。

参考文献

[1] Beckmann,P., The Depolarization of Electromagnetic Waves, Boulder, CO：Golem Press, 1968.

[2] Electrical Characteristics of the Surface of the Earth, Recommendation ITU-R P. 527-2 of the International Telecommunication Union(ITU), Geneva, 1992.

[3] Laster, J. D., and W. L. Stutzman, "Frequency Scaling of Rain Attenuation for Satellite Communication Links," IEEE Trans. Ant. and Prop., Vol. 43, Nov. 1995, pp. 1207-1216.

[4] Bostian, C. W., W. L. Stutzman, and J. M. Gaines, "A Review of Depolarization Modeling for Earth-Space Radio Paths," Radio Science, Vol. 17, Sept. -Oct. 1982, pp. 1231-1241.

[5] Allnutt, J. Satellite-to-Ground Radiowave Propagation, London：Peregrinus, 1989.

[6] Yamada, M., H. Yuki, and K. Inagaki, "Compensation Techniques for Rain Depolarization in Satellite Communications," Radio Science, Vol. 17, Sept. -Oct. 1982, pp. 1220-1230.

[7] Specific Attenuation Model for Rain for Use in Prediction Models, International Telecommunication Union, Recommendation ITU-R P. 838-3, 2005.

[8] Propagation Data and Prediction Methods Required for the Design of Terrestrial Line-of-Sight Systems, International Telecommunication Union, Recommendation ITU-R P. 530-16, 2015.

[9] Stutzman, W. L., and W. K. Dishman, "A Simple Model for the Estimation of Rain Induced Attenuation along Earth-Space Paths at Millimeter Wavelengths," Radio Science, Vol. 17, Nov. -Dec. 1982, pp. 1465-1476.

[10] Propagation Data and Prediction Methods Required for the Design of Earth-Space Telecommunication, International Telecommunication Union, Recommendation ITU-R P. 618-12, 2015.

[11] Stutzman, W. L., and D. L. Runyon, "The Relationship of Rain-Induced Cross Polarization Discrimination to Attenuation for 10 to 30GHz Earth-Space Radio Links," IEEE Trans. Ant. and Prop., Vol. AP-32, July 1984, pp. 705-710.

[12] Bostian, C. W., T. Pratt, and W. L. Stutzman, "Results of a Three-Year 11.6GHz Low-Angle Propagation Experiment Using the SIRIO Satellite," IEEE Trans. Ant. And Prop., Vol. AP-34, Jan. 1986, pp. 58-65.

[13] Characteristics of Precipitation for Propagation Modeling, International Telecommunication Union, Recommendation ITU-R P. 837-6, 2012.

[14] Stutzman, W. L. , "Prediction of Rain Effects on Earth-Space Communication Links Operating in the 10 to 35GHz Frequency Range," Int. J. Satellite Communications, Vol. 7, 1989, pp. 37-45.

[15] Tsolakis, A. , and W. L. Stutzman, "Calculation of Ice Depolarization on Satellite Radio Paths," Radio Science, Vol. 18, Nov. -Dec. 1983, pp. 1287-1293.

[16] Collin, R. E. , Antennas and Radiowave Propagation, New York: McGraw-Hill, 1985, pp. 338-401.

[17] DiFonzo, D. F. , W. S. Trachtman, and A. E. Williams, "Adaptive Polarization Control for Satellite Frequency Reuse Systems," Comsat Tech. Review, Vol. 6, Fall 1976, pp. 253-283.

[18] Ghorbani, A. , and N. J. McEwan, "Propagation Theory in Adaptive Cancellation of Cross Polarization," Int. J. Satellite Communications, Vol. 6, 1988, pp. 41-52.

[19] Chu, T. S. , "Restoring the Orthogonality of Two Polarizations in Radio Communication Systems, I," Bell System Tech. J. , Vol. 50, Nov. 1971, pp. 3063-3069.

[20] Overstreet, W. P. , and C. W. Bostian, "Crosstalk Cancellation on Linearly and Circularly Polarized Communication Satellite Links," Radio Science, Vol. 14, Nov. -Dec. 1979, pp. 1041-1047.

[21] Stutzman, W. L. , and G. A. Thiele, Antenna Theory and Design, Third Edition, New York: John Wiley and Sons, 2013, p. 122.

[22] Ulaby, F. T. , and C. Elachi, Radar Polarimetry for Geoscience Applications, Norwood, MA: Artech House, 1990.

[23] Kong, J. A. (ed.), Polarimetric Remote Sensing-PIER 3-Progress in Electromagnetics Research, New York: Elsevier, 1990.

[24] Mott, H. , Remote Sensing with Polarimetric Radar, Hoboken, NJ: Wiley Interscience, 2007.

[25] Tragl, K. , "Polarimetric Radar Backscattering from Reciprocal Random Targets," IEEE Trans. on Geoscience and Remote Sensing, Vol. 28, Sept. 1990, pp. 856-864.

[26] Mott, H. , Polarization in Antennas and Radar, New York: Wiley & Sons, 1986.

[27] Ruck, G. T. , D. E. Barrick, W. D. Stuart, and C. K. Krichbaum, Radar Cross Section Handbook, New York: Plenum Press, 1970.

[28] McIntosh, R. E. , and J. Mead, "Polarimetric Radar Scans Terrains for 225-GHz Images," Microwaves and RF, Vol. 28, Oct. 1989, pp. 91-102.

[29] Cloude, S. R. , "Polarimetric Techniques in Radar Signal Processing," Microwave J. , Vol. 26, July 1983, pp. 119-127.

[30] Ulaby, F. T. , M. W. Whitt, and K. Sarabandi, "AVNA-Based Polarimetric Scatterometers," IEEE Ant. and Prop. *Magazine*, Vol. 32, Oct. 1990, pp. 6-17.

[31] Mead, J. B. , P. M. Langlois, P. S. Chang, and R. E. McIntosh, "Polarimetric Scattering from Natural Surfaces at 225GHz," IEEE Trans. on Ant. and Prop. , Vol. 39, Sept. 1991, pp. 1405-1411.

[32] Stutzman, W. L. , T. Pratt, C. W. Bostian, and R. E. Porter, "Prediction of Slant Path Rain Propagation Statistics Using Dual-Polarized Radar," IEEE Trans. on Ant. And Prop. , Vol. 38, Sept. 1990, pp. 1384-1390.

[33] Carver, K. R. , C. Elachi, and F. T. Ulaby, "Microwave Remote Sensing from Space," IEEE Proceedings, Vol. 71, June 1985, pp. 970-996.

[34] Li, X. , S. Li, G. Zhao, and H. Sun, "Multi-Polarized Millimeter-Wave Imaging for Concealed Weapon Detection," IEEE Inter. Conf. on Micro. and Millimeter Wave Technology, June 2016.

[35] Yang, G. , U. Sjo. C. Zhao, and J. Wang, "Estimation of Soil Moisture from MultiPolarized SAR Data Over Wheat Coverage Areas," IEEE International Conference on Agro-Geoinfomatics, Aug. 2012.

[36] Lazarus, M. , "Radar Everywhere," IEEE Spectrum, Vol. 52, Feb. 2015, pp. 52-59.

[37] Kraus, J. D. , Radio Astronomy, New York: McGraw-Hill, 1966, Chap. 8.

[38] Gardner, F. F., and J. B. Whiteoak, "Polarization of Radio Sources and Faraday Rotation Effects in the Galaxy," Nature, March 23, 1963, p. 1162.

[39] Weiler, K. W., "The Synthesis Radio Telescope at Westerbork," Astron. Astrophys., Vol. 26, 1973, pp. 403-407.

[40] Cohen, M., "Radio Astronomy Polarization Measurements," Proceedings of the IRE, Vol. 46, Jan. 1958, pp. 172-183.

[41] Ko, H. C., "Coherence Theory of Radio-Astronomical Measurements," IEEE Trans. on Ant. and Prop., Vol. AP-15, Jan. 1967, pp. 10-20.

[42] Spencer, M., K. Wheeler, and S. Chan, "The Planned Soil Moisture Active Passive (SMAP) Mission L-band Radar/Radiometer Instrument," IEEE Geoscience and Remote Sensing Symp., July 2011.

[43] Allnutt, R. M., T. Pratt, W. L. Stutzman, and J. B. Snider, "Use of Radiometers in Atmospheric Attenuation Measurements," IEE Proc. —Microwaves, Antennas, and Prop., Vol. 141, Oct. 1994, pp. 428-432.

[44] Stutzman, W. L., F. Haidara, and P. W. Remaklus, "Correction of Satellite BeaconPropagation Data Using Radiometer Measurements," IEE Proc. —Microwaves, Antennas, and Prop., Vol. 141, Feb. 1994, pp. 62-64.

第9章
包括极化分集的无线通信系统中的极化

9.1 引言

在无线通信的多个领域中,都有关于极化的主题,包括:
(1) 保证最大功率传输的系统设计原则;
(2) 用以增加有效带宽的双极化技术;
(3) 用以提高性能的极化分集技术。

其中第一个主题,最大功率传输的系统设计原则,即要保证系统中有很高的极化匹配效率,这在第6章中进行了讨论;第二个主题,关于双极化的问题在第7章进行了详细讨论;本章研究的重点是第三个主题——极化分集,与无线通信系统极化相关的其他几个影响因素也将一并讨论。

本章从无线通信系统中的极化原理开始,然后详细讨论极化分集的各个方面,重点在于基站和终端(手持和移动便携式设备)中的实际实现。最后介绍利用极化技术的未来先进无线通信系统。

9.2 无线通信中的极化:系统原理

9.2.1 概述

无线通信系统的性能依赖于天线与介质传播之间复杂的相互作用。也就是说,链路质量取决于天线的方向图、极化及电波传播的环境。这似乎是显而易见的,但却常常不受重视,因此可能导致系统设计和部署中的错误。无线电系统的设计从包括所有的传播问题在内的链路计算开始,而选择具有特定方向图和极化的天线,也是此过程的一部分。天线选择不当,会使系统性能下降。

无线通信系统大致可分为视距(line-of-sight, LOS)和非视距(non-line-of-sight,NLOS)两类。LOS 系统在大多数情况下意味着行波沿着从发射机到接收机的直线路径,且沿着这条路径没有物体阻挡。然而地球大气的折射率随地表高度的增加而降低,这种效应导致射线路径的弯曲,产生与直线路径不同且比直线路径更远的有效视距,低频时尤其如此。当然,仅仅因为有一个清晰的 LOS 路径,并不意味着没有传播效应。这里可能会出现两个主要的 LOS 传播问题:第一,可能有一条通过地面反射到达接收机的间接射线。这就造成接收到的信号包括期望的直接路径射线和不需要的间接路径射线,每路信号都有自己的振幅、相位和极化。这些信号在接收端相消叠加,通常会降低信号强度或信号质量。第二个传播效应是发射或接收天线周围物体的散射,甚至多重散射。对于地面反射的间接辐射线,也会产生类似的散射影响。因为地面与卫星之间有清晰的视距路径,并且可以使用高增益天线来降低地面的影响,所以星地链路提供了最佳的传播条件。

为了减少间接辐射和多重散射效应,可以在链路的任意一端或两端使用更高增益的天线来增加方向性,从而减少对地面和散射物体的照射。因为极化依赖于地面和散射体的特性,所以极化选择也很重要,8.3 节对此已经进行了讨论。

正如预期的那样,NLOS 系统传播效应显著,这可能会影响系统性能。在不存在直接 LOS 信号的情况下,接收机必须能够处理间接的和散射的信号。这些影响通常使利用双极化系统来增加容量的措施变得不可能。但是正如将看到的,极化分集对于提高 NLOS 链路的性能则非常有效。

9.2.2　单线极化系统

单极化系统具有清晰的视距路径,因此被广泛应用于许多频段。其中一个应用就是点对点的地面微波系统,它从低频延伸到几千兆赫兹的高频段。其中,在 6~11GHz 频段最受欢迎,这是因为其可用带宽较宽,传播条件良好,且降雨影响小。电力公司和天然气管道公司等公共事务行业负责维护着微波无线网络,微波天线也可以安装在蜂窝电话塔上,以支持回程通信。回程链路将基站连接到移动电话交换机。还有许多无线应用部署在未经许可的频段中,通常在 5GHz 左右的频段,如 Wi-Fi。现代微波链路利用了高级数字调制技术,并且利用毫米波频率来实现更宽的带宽,但它的链路距离受限。

微波链路通常使用窄波束、高增益的天线,这些天线安装在高塔、建筑物或山丘上,这就减少了地面反射和散射效应。多跳网络中大约每隔 50km 就有一个中继站,确保每个跳点不在同一条线上,可以减少信号由一个跳点进入下一跳点接收机时的自干扰。相邻跳点上的极化交替变化也是很有效的,如其中一跳使用垂直线极化,则下一跳要使用水平线极化[1]。设计良好的系统对极化选择不敏感,并且可以使用双极化使系统容量增加一倍。

链路上使用哪种极化,这涉及许多因素。对于广播电台而言,通常有一个发射机和多个接收机,这些接收机可以是固定的、移动的或手持的,并且随机取向。车载广播电台的接收机通常使用垂直极化,所以垂直极化发射效果最好。这对于调幅(AM)广播很有效,因为 AM 广播竖立的发射塔激励的就是垂直极化波。不过如 7.1 节所述,美国的调频(FM)广播和电视发射天线最初用的是水平极化,后来更改为既发射水平极化又发射垂直极化,或者直接发射圆极化,这使得车辆上垂直极化鞭状天线的接收得以改善。手持式接收机对方向也不太敏感,即受线极化倾斜角影响较小。此外,来自接收机附近的人造或自然源的地面噪声,其垂直极化分量往往多于水平极化分量,这就使发射信号中也包括了水平极化分量。

双向地面通信通常采用大约 30MHz 以上频段的垂直极化,当然链路的两端应使用相同的极化。选择垂直极化有两个原因。首先,垂直极化天线通常更容易工程实现,在低频时尤其如此。也就是说,在水平面上有全向方向图的垂直极化天线更容易制造。其次,水平极化的地面反射比垂直极化反射要强(图 8.5),因此对于垂直极化而言,到达接收机的间接波相对较弱。

在无线应用中,通常需要高质量极化的天线。但在某些情况下,实际上还需要避免良好的极化纯度。例如,工作于高杂波环境下的手机,其天线应具有较宽的辐射方向图和较差的极化纯度。这是因为由于多径效应,到达的信号可能来自任何角度,并且可以具有任意的极化。而且,手机还将根据用户手握姿势来改变方向。这些因素意味着当接收天线不是纯粹的线极化时,就不太可能出现较大的极化失配。

对于在部分极化波干扰下工作的链路,设计的目标是最大程度的提高信号与干扰加噪声的功率比。这是一个不断优化的过程,即通过调整接收天线极化使期望信号的极化匹配更好,同时对干扰信号的极化匹配更差,以此来平衡信号与干扰的矛盾关系[2]。这种技术在干扰功率较大的情况下特别有用,如干扰机。

9.2.3 使用圆极化的优势

圆极化在以下两种情况下应用于清晰的视距链路。

第一种情况是,如果系统中存在一个或多个运动终端。对于线极化,当出现极化正交时,就会导致严重的极化失配,圆极化可以避免这种情况。在某些情况下,线极化用于链路的一端,圆极化用于另一端,虽然这时会有 3dB 的极化失配损耗,但是这个损耗是一个已知的常数。

第二种情况是,链路中存在使线极化发生旋转的中间介质,其中一个主要的应用是地球到卫星的通信链路。如 8.4.4 节所述,从卫星发射的线极化波将经历法拉第旋转,从而改变线极化波的倾斜角。这样的旋转会导致链路两端的线极化天线产生很大的极化失配。因此,圆极化经常用于地空链路,尤其是在法拉第旋转影响明显的 UHF 频段。

圆极化也用于低、中地球轨道卫星系统,如全球导航卫星系统(global navigation satellite system,GNSS)。全球定位系统(global positioning system,GPS)是GNSS中一个非常典型的例子,它在L波段很窄的频带内发射右旋圆极化波。因为线极化的实现成本低,所以在一些非关键应用中,接收机使用线极化天线,并接受3dB极化失配损耗。有关GPS天线的讨论可参见文献[3]。实际上,已经有人宣称,在手持GPS接收机中使用线极化天线与使用圆极化的内置天线相比,并没有性能损失[4]。不过大多数GPS接收机都使用右旋圆极化天线,其中圆极化微带贴片天线是当前最流行的选择。由5.3.2节的介绍和图5.4可知,微带天线外形小巧且不昂贵。也许最好的GPS天线是四臂螺旋天线,它的四臂缠绕在陶瓷电介质上,具有较低的反向辐射和良好圆极化特性[3,5]。不过它虽然很小,但剖面并不低。

工作于S波段的卫星数字音频无线电系统(satellite digital audio radio system,SDARS)主要服务于城市区域,提供由地球同步卫星及若干地面中继发送的音频娱乐内容。Sirius-XM是美国的数字音频服务提供系统,与GPS一样,它也是一个右旋圆极化系统[3]。

圆极化的另一个关键优势是适用于杂乱的传播环境。当环境中有平坦的表面(如湖泊、建筑物和内墙)时,圆极化表现得更好。如8.3.2节所述,圆极化波被反射以后旋向反转。因此,经过一次或奇数次反射后到达接收机的间接波,和直接到达接收机的波极化旋向相反。当接收天线与发射天线具有相同的旋向时,相反旋向的间接波得到阻止,从而减少了多径干扰。在9.6GHz的室内环境下进行传播测试,结果表明圆极化系统比线极化系统性能改善多达11dB[6]。此外,圆极化比线极化具有更小的延迟扩展(delay spread)。延迟扩展是指接收机端直接波和间接波之间的相对延迟时间,它会在数字系统中导致自干扰,增加误码率。通过以下几个实验测试,可以对圆极化相对于线极化延迟扩展的缩减量进行量化:918MHz的室外测试[7];1.3GHz和4GHz的室内测试[8];60GHz的室内测试[9];94GHz的室内测试[10]。

5.5.2节中介绍的短柱加载螺旋天线也是一种很好的高增益、宽频带、小型化圆极化天线[11],其广泛应用于许多无线通信领域[12]。它可以使从室内到长距离室外的线极化链路得到改善。

圆极化还用于UHF频段的射频识别读写器中,从而可以读取任意方向的线极化标签[13]。

9.2.4 双极化系统

双极化在通信中有两种应用:频率复用或极化分集。如7.1节所述,频率复用可使通信系统的信息承载能力加倍。一般来说,使用频率复用技术的通信路径必须是视距无阻挡的,如地球-空间链路和点对点微波链路。图7.6(a)就是一个双极化点对点通信链路的例子。在接下来的几节将重点讨论分集技术,尤其是极化分集。

双极化或多极化系统也用于感知系统,如雷达和辐射计,用于收集一个目标或场景的更多信息(见8.6节和8.7节)。

9.3 无线通信中的分集技术

9.3.1 分集原则

一个通信系统如果在非视距传播条件下工作,或者由于散射引入了多径信号,这时就会产生衰落。产生衰落的原因包括:由于距离增加引起的衰减,即所谓的传播损耗;由于物体遮蔽或阻挡了波的路径造成的损耗;由于物体反射造成的多径效应。其中最后一个多径衰落,可以使用分集技术来解决。如果环境随时间变化或终端在移动,那么多径衰落也是时变的。从发射机到接收机之间多个路径上的间接波会有不同的幅度、相位和极化变化,这些多径信号在接收机合成,由于介质或终端移动速度随时间是变化的,因此信号的衰落也是有慢有快。

为了更简单地解释多径效应,考虑两个等幅电磁波相同极化反向传播的简单情形。信号的叠加会形成驻波,每间隔半个波长出现峰值点或零值点。在$\lambda/4$内,合成场可以从零(完全相减)变为最大(完全叠加)。这是一种最坏的情况,此时衰落是非常极端的,而且从零值到最大值的间隔极小。对于实际多径情况,不仅只有两个波,还会有多个波在多个方向传播,并且它们都具有不同的幅度、相位和极化。接收机处不会有完全的零点,但是分贝的深度衰减是常见的。

根据衰落时间特性的不同,可分为快衰落(fast fading)和慢衰落(slow fading)。信号保持相对不变的时间称为相干时间(coherence time),用于度量某参量随时间的变化。在快衰落中,接收信号的变化快于相干时间。快衰落是由终端附近的建筑物或树木等物体的散射造成的。而在慢衰落中,接收信号在相干时间内的变化很小。慢衰落(或长期衰落)是信号的平均衰落或包络,是由山脉等大的物体的多径衰落造成的。关于快衰落和慢衰落信号及其统计特性的详细信息见文献[14, 15]。

通过为信号提供替代信道,可以减轻多径衰落的影响。从理论上讲,信号传播效应往往趋于随机,而且不同的信道上的传播效应是互不相关的。当一个信道正在经历深度衰落时,另一个信道则有可能提供可接受的性能。也就是说,信号通过各自独立的信道到达接收机,可避免多个信道同时遭遇衰落的风险。接收机通过比较所接收到的信号并选择其中最佳信号,或者以某种方式组合信号。图9.1所示为一个基站上相隔 8.5λ 的两个天线接收到的信号,该信号的强度是工作在 842MHz 的移动终端与基站之间距离的函数[16]。图中两条虚线表示分集天线 S1 和 S2 在基站处接收的信号。信号是相同的,只是峰值和零点相互移位。图中实线 是频率分集合成后的信号,注意其中的深度零点都被消除掉了。

当然,实际中并没有完全独立的通道,但是已经发现相关系数为 0.7 或更小的 信道[14]。在实际应用中,分集技术可提供高达 30dB 的信噪比改善。

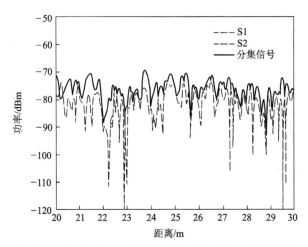

图 9.1   在水平面上使用两个 95°波束宽度的基站平板天线测量空间分集数据
注:虚线为天线 S1 和 S2 接收到的信号,它们间隔 3m。终端工作频率为 84MHz,
并以步行的速度移动。实线是分集合成后的信号。①

9.3.2   分集类型

自从 1931 年由 Beverage 首次提出以来,分集技术得到了广泛的应用[17]。分 集有几种类型或维度,即频率、时间、空间、极化和方向图[14]。频率分集(frequency diversity)系统在两个不同的频率上传输相同的信息。如果频率间隔大于信号的相 干带宽,那么工作频率将不相关,即相互独立。信道所需的频率间隔取决于传播环 境。对于 30MHz 以上的载波频率,城市地区需要 50kHz 以上的频率间隔,郊区需 要 300kHz 以上的频率间隔[14]。

时间分集(time diversity)是通过在不同时间传输相同的信息来实现的。如果 时间间隔大于相干时间,则消息的多个副本将是独立的。一般来说,时间分集在终 端不动的静态情况下是无效的。

---

①   译者注:由于颜色的问题,图中不能区分 S1 和 S2,但这并不影响对文中含义的理解。

空间分集(spatial diversity)使用在空间上分离的天线,图7.2(a)所示为基站上的空间分集天线。因为到达两个分离开的接收天线的信号传播路径不同,所以就可能在接收端产生互不相干的信号。也就是说,从一个发射天线到达两个分集接收天线的直接信号将经过不同的传播路径,到达每个分集天线的间接波也将具有不同的振幅、相位和时间延迟。当间接波与直达波叠加时,每个天线的总信号将具有不同的衰落特性,从而使两路接收信号中总有一路在任何时间都不会深度衰落的可能性大大增加。例如,发射塔上的基站天线在一个狭窄的角度范围内接收多路信号,从而导致所谓的窄角多径。这时需要相对较大的间距来实现有效的分集,一般要10倍以上的波长。基站的空间分集通常采用水平天线分集,因为水平分集比垂直分集更有效。与基站不同,用户终端通常被散射体包围,导致广角多径。这时很小的天线间隔就可以了,一般只要零点几波长。在9.6节将详细介绍分集的有效性。

极化分集(polarization diversity)采用两个通道的正交极化天线。也就是说,接收机使用正交极化的天线接收来自发射机的相同信号。不同极化的信号沿传播路径经历了不同的散射条件,从而在接收机端互不相干。极化分集是本章讨论的重点。和空间分集相比,其最大的优点就是允许天线共置一处。与9.3.1节讨论的用于增加系统有效带宽的双极化技术相比,极化分集及所有形式的分集都是为了提高系统性能。

方向图分集(pattern diversity)也称为角度分集(angle diversity),使用多个不同方向图的接收天线,用方向图函数对每个通路上的多径信号进行加权,从而产生不同的接收信号。这种技术像极化分集一样,允许对每个支路的天线共置一处。

关于各种分集类型的更多细节将在9.6节讨论,并对它们的性能进行比较。

9.3.3 分集合成

所有分集类型都提供传输同一信息的信号的多个副本,这些输出将由分集合成技术(diversity combining technique)处理。合成的方式有4种,即切换合成、选择合成、最大比合成和等增益合成[14,16]。本书在讨论分集合成时假设有 A 和 B 两个分集端口,但实际中也可能有更多的端口。

切换合成(switched combining)是概念上最简单的技术,它在某一时刻只需要监控一个分集端口的信号电平。如果端口 A 连接到接收机,则切换算法会将信号 A 与预设的阈值电平 L 进行比较。只要信号 A 低于电平 L,接收机就会切换到端口 B,而不管来自端口 B 的信号电平如何。如果信号 B 高于电平 L,则接收机保持连接到端口 B。如果信号 B 低于电平 L,则算法会命令切换回端口 A;或者命令保持在端口 B 上,直到信号恢复为止。切换合成的优点是仅需要一个接收机。然而这种本质上的"盲"适应,会受到阈值电平设置和噪声的严重影响。

选择合成(selection combining)需要对端口 A 和端口 B 的连续监测,选择其中较强的信号进行进一步处理。选择分集的明显缺点是每个分集输出必须有一个完整的接收机。

最大比合成(maximum-ratio combining)是最佳的合成技术。各支路信号根据各自支路的信噪比进行加权、合成和求和。这种技术可以获得最大的信噪比,缺点是需要两个接收机和复杂的电路。此外,还要求相位和幅值必须不断更新。

等增益合成(equal-gain combining)类似于最大比合成,只是支路信号的振幅没有不断更新,而是设置为预定的值且保持不变。等增益合并技术在基站中很受欢迎,因为其性能仅略低于最大比合并,然而实现起来更简单。

9.4　基站的极化分集

基站是一种固定不能移动的装置,用于地面无线通信中来连接多个用户终端。一般来说,终端可以是固定的、移动的或便携式的,而基站一般位于终端区域的中心。基站天线一般架在高塔、建筑物或山上以减少多径效应。通过有线连接,或者通过使用回程点对点子系统的无线连接,基站可以接入到更大的网络。基站蜂窝天线通常是平板天线,而回程天线通常为反射面天线,从而可以与基站上的蜂窝天线区分开来。

一个基站也可以广义地理解为一个卫星平台和多个作为终端的地面站之间的通信。在诸如 Wi-Fi 之类的短距离通信中,基站又被称为接入点或无线接入点。接入点连接到路由器,路由器又连接到有线网络。本书中只关注服务于蜂窝通信系统的多个移动终端的基站。

最有效的基站分集方案是空间分集、极化分集和角度分集,传统的基站大多使用空间分集。极化和角度分集提供了最紧凑的结构配置,对这些分集方案的全面比较参见 9.6 节。对于蜂窝通信,许多终端是可倾斜到任何角度的手持收发机,这使应用的天平倾向于极化分集。因为可以在基站接收端产生正交双极化信号,然后接收机处理这两个极化的信号,最终得到最佳信号。

图 7.2 为具有空间和极化分集天线配置的基站。如 7.1 节所述,图 7.2(a)中的塔顶有 3 个面,每个面都覆盖一个 120°角扇区。每个面外部的两个天线需要分开约 10λ 或更远的距离[18],用于实现空间分集。关于基站天线各种应用的详细信息见文献[19]。

极化分集提供了一个更紧凑的基站天线系统,此外它需要的电缆更少,这是塔站负荷的一个重要考虑因素。极化分集利用共置一处的正交极化天线,可以证明斜 45°正交线极化天线性能优于垂直和水平正交线极化天线[20]。这样做的好处是两种极化的方向图几乎相同,但用垂直或水平极化的天线就比较难实现。如

图9.2所示,典型的极化分集天线是由若干对正交极化的天线单元堆叠成的一个垂直的线性阵列,垂直方向添加单元会缩小俯仰面的波束宽度。这些阵元的选择还要满足方位面的覆盖要求,如一个120°的波束宽度。

图9.2中,+45°阵元的输出被合成,−45°阵元的输出也同样被合成。所以,在基站上有两个正交极化的接收端口以实现分集。其中一个极化还用于向终端发射信号,双工器可以将发射和接收信号分离。

用于分集的双极化基站天线,对极化纯度的要求通常不像用于频率复用的双极化天线那样高。分集双极化天线XPD的指导数值大约为23dB,而频率复用的双极化天线的XPI指定为30dB或更大。有关XPD和XPI的定义和说明,请参见7.3节。在实际系统中,XPI和XPD可能未必如式(7.20)给出那样互等,因为该公式仅适用于对称系统。有关于基站天线极化的细节参见文献[13]。

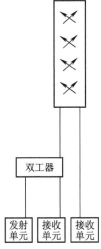

图9.2　使用45°斜线极化的极化分集天线

9.5　终端的极化分集

天线分集技术已经在基站中使用了很多年,但在终端中一直没有采用。不过,现在也越来越多地用于终端中。例如,天线分集对NLOS路径有效,同时也对终端或其工作环境时变的情形有效,如移动的终端。一些汽车装有用于FM接收的空间分集天线,通常是一些可以安装在玻璃上的天线类型。又如,极化分集已被证明可以改善高频长距离电离层链路上的接收机性能[21]。除此之外,最广为人知的例子可能是智能手机,它使用分集接收天线来对抗多径衰落。一种流行且简单的手机空间分集配置是将主天线放在电话底部,将分集天线放在顶部,以提供最大可能的间距。

射频识别系统中已证明在标签上使用极化分集技术上可以获得优越的性能[22],这种标签在相互分离的介质层上印刷的两个线极化偶极子,且极化正交。双极化技术可使数据容量增倍,或者通过分集来降低极化灵敏度。

如9.3.2节所述,终端通常被许多物体包围,从而形成了丰富的多径环境。因为终端多为广角多径,而基站则多为窄角多径,所以终端上不需要基站空间分集那样宽的天线间隔。但是终端(如手持设备)的空间限制了可用天线位置和数量。在这些情况下,极化分集更有吸引力。

室内无线链路面临特殊的挑战,包括广角多径和非视线路径。在915MHz频率下的测量结果表明,空间分集和极化分集都能有效地对抗衰落[23]。在

1800MHz 的室内非视线链路测量中,无论终端附近有没有人的影响,无论采用垂直和水平双极化天线,还是采用±45°双极化天线,极化分集都能提高链路的性能[24]。研究还表明,无线局域网(WLAN)或蓝牙等在室内工作的双圆极化链路可以有效地减少多径效应[25]。

9.6 节将讨论基站和终端中使用的分集类型的有效性,包括对它们的性能进行量化。

9.6 极化分集与其他分集类型的性能比较

工程实践中,常见的 3 种分集形式是空间分集、极化分集和角度分集。那么,哪一个性能最好呢?本节研究了基站和终端的分集技术,在可控的条件下进行一系列综合实验来量化和比较这些分集性技术的性能,并对结果进行讨论。实验还说明了分集天线在实际中的应用。

9.6.1 基站分集技术比较

图 9.3 所示为一套基站实验设备[16],其工作频率为 842MHz,移动终端发射,基站作为接收机。一整套基站分集设备被安装在弗吉尼亚理工大学校园一处离地面 30m 高的屋顶上,各种分集天线配置的细节如下。

(1)空间分集(天线 S1 和 S2):两个天线是扇形波束天线,在方位面上都有 95°波束宽度。两个天线的间距约为 3m,即为 842MHz 信号波长的 8.5 倍。

(2)角度分集(天线 A):图 9.3 中的角度分集天线 A 形成 A1、A2、A3 和 A4 四个波束,每个波束的宽度为 30°。

(3)极化分集(天线 P):极化分集天线是正交倾斜±45°双极化天线,且有 90°的方位面波束宽度。

当确定天线特性时,应该使它们在每个分集中的部署尽可能相似,从而进行公平的比较。图 9.3 中所有天线都有 15°垂直波束宽度。空间分集和极化分集天线在水平面上的波束宽度分别为 95°和 90°,也是基本相同。

量化分集系统性能需要定义一些指标。信号表现为一个随机过程,一般用累积分布函数(cumulative distribution function,CDF)的统计量来量化。图 9.4 所示为一个 CDF 图。图中,纵坐标值表示信号等于或超过以 dB 表示的横坐标电平的概率;两条虚线 S1 和 S2 是实验中讨论的极化分集天线两种极化(P1 和 P2)各自的 CDF,注意这两条曲线几乎重合;实线为两个信号分集合成后的 CDF。由图 9.4 可知,对于分集合成后的曲线,信号电平在时间上有 10%概率等于或超过-5dB 功率电平,有 1%概率等于或超过-12dB 功率电平。

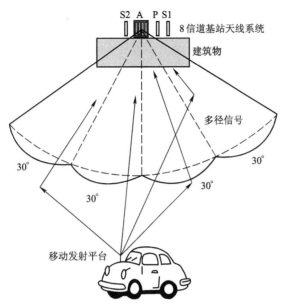

图 9.3　具有空间 S、角度(A) 和极化(P) 3 种分集天线子系统的实验基站示意图

注:在实验中,天线同时接收到一个以 842MHz 频率发射的终端信号,对几种分集方法进行比较。

对天线分集所带来的改善效果,采用分集增益(diversity gain)量化,这可以通过示例很好地解释。图 9.4 中,在 10% 的概率下,使用分集天线比使用单天线,信号增强 5dB,即分集增益为 5dB;而在 1% 的概率下,分集增益为 9dB。总之,在比较分集技术时,可以采用分集增益作为性能指标。

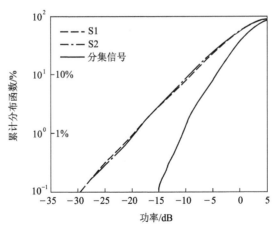

图 9.4　图 9.3 所示实验装置极化分集部件的累积分布函数

注:虚线 S1 和 S2 是极化分集天线各自极化的 CDF

假设发射单元以 1m/s 的步行速度移动,同时采集数据。基站通过 3 个分集天线系统同时接收到达波,并给出 8 个输出信号。这时用各位置上的终端来测量,该终端采用半波长偶极子天线,具有以下 3 个方向。

（1）垂直(V)；

（2）水平且垂直于运动方向(H⁺)；

（3）水平并平行于运动方向(H‖)。

实验中,所有的终端移动都在户外,且沿着 60~130m 的直线移动。然后对基站和终端之间的不同距离进行了数次数据采集。表 9.1 给出了应用分集合成,计算分集增益的数据处理结果。表 9.1 中,在 665m~2.7km(0.4~1.7 英里)之间采样 3 个点,然后记录两种概率等级下、三种终端天线朝向的数据[16]。由这个数据集可以看出,当基站和终端之间的距离为 665m 时,对于 1% 的 CDF,3 种分集方案的分集增益在所有终端天线方向上相对接近。在距离 935m 处,无论终端天线方向如何,空间分集配置的分集增益都比极化或角度分集略高。

表 9.1　使用图 9.3 所示的基站分集接收天线和
842MHz 的移动发射终端来测量分集增益

终端极化	CDF	665m			935m			2670m		
		S	P	A	S	P	A	S	P	A
V	10%	5.2	4.5	3.6	4.8	4.6	3.1	5.5	4.7	1.5
	1%	8.9	8.4	8.7	8.9	8.2	7.8	10.2	8.5	6.3
H⁺	10%	5.2	3.8	2.5	5.1	5.2	2.2	5.5	5.1	0.9
	1%	9.7	6.6	8.3	9.8	10.1	6.1	10.7	9.7	4.6
H‖	10%	5.7	5.1	3.6	5.1	4.5	3.0	5.7	5.1	1.7
	1%	10.9	8.9	9.0	9.3	8.5	7.6	10.0	9.4	6.6

在 2.7km 处,无论终端天线方向如何,空间分集的分集增益略好于极化分集,但比角度分集要优好几分贝。由此可以得出一般性结论:基站的极化分集与空间分集具有相似的性能;角度分集其分集增益最低,但仍然有效。类似的结果在文献[20]中也有论述。

9.6.2　终端分集技术比较

由于空间限制及天线与设备的耦合,终端上的分集比基站分集更难实现,尤其是手持设备的分集。原著作者在弗吉尼亚理工大学开展了一项综合性的实验活动,在受控条件下检查的终端分集特性[16,26]。离地面 1.5m 高的电动轨道使带有分集天线的接收机沿直线移动,处于相同高度的远程发射机产生预期的 2.05GHz 信号及频率略有偏移的干扰信号。空间分集天线是平行放置的垂直半波偶极子,

194

其间距为 0.1~0.5λ。极化分集天线经过精心配置,使其垂直和水平极化具有相同的全向方向图,并且垂直分开放置。角度分集方向图由间距 0.25 倍波长的两个平行放置的垂直偶极子产生。90°正交混合网络提供两个输出,分别对应于反向的单向波束。

测量在几个不同环境中进行:①城市和郊区的视距链路;②城市和农村的非视距链路;③城市峡谷的非视距链路,即建筑物之间的区域;④室内条件;⑤户外到室内的条件。从许多测量中可以得出一些一般性结论:对于空间分集,当天线间距接近 0.1λ 时,有 1% 的概率(99% 的可靠性)实现 7~10dB 的分集增益。在相同条件下,极化和角度分集增益为 6~11dB。有关实验过程和结果的更多详细信息,请参见文献[26]。

在有或无操作人员的头部靠近天线的情况下,使用 0.25 倍波长间隔的空间分集天线重复测量。发现由于附近有人操作时,分集增益平均下降了 2dB。

在存在强度与预期信号相同的独立物理干扰源的情况下,再进行类似的实验,频率也为 2.05GHz。除了比较空间、极化和角度分集,还添加了干扰信号。这里同时使用一个四元接收阵列和波束赋形软件算法,该算法在干扰源方向形成了一个零点,而在期望的信号方向上形成一个最大值。这种智能天线(smart antenna)或自适应天线(adaptive antenna)的平均信噪比从波束赋形前的约 0 提高到了赋形后的 30~40dB。有关实验过程和结果的更多详细信息,可参见文献[16]。用人工操作接收机的操作员进行的实验,得到了相似的结果。

9.7　无线系统中极化应用的发展方向

9.6 节中提到的智能天线技术将在未来的无线系统中扮演更重要的角色[27]。智能天线是一种天线阵列,可以形成指向所需终端的定向主波束,同时可以在干扰源方向上形成方向图零点。动态调整波束的极化状态也是未来研究的重点。通过控制阵列单元的激励(权重)可以实现波束控制和零点形成,最常见的是使用数字波束形成器来实现[19]。Litva 和 Lo 详细讨论了用于无线通信的数字波束形成技术[28]。

另一个未来应该积极探索的领域是将工作频率扩展到毫米波许可频段,包括已经授权的 28GHz、37GHz 和 39GHz 左右,以及 57~71GHz 的未授权频段。这些频段中的较低频率对于室外路径很有用,但是 60GHz 左右的频段最适合室内应用,因为大气中的氧气会造成高损耗。虽然毫米波频段的传播限制大大缩短了有效距离(短至 100m),但与传统的频率低于 1GHz 的蜂窝电话频段相比,可用带宽非常大,可支持许多宽带应用。另外,60GHz 频段的短距离传播还具有低干扰和低意外截获概率的优点。

除了使用毫米波频率,还有其他更传统方法可以增加通信容量,其中包括减小蜂窝小区的尺寸,以及将基站天线方向图的扇区分割成更窄的角扇区。

提高无线通信性能和容量的最受欢迎的方法可能还是使用多输入-多输出(Multiple-input/Multiple-output,MIMO)的通信方式,它是智能天线技术的扩展。在市区等存在散射的传播环境中,需要更大的通信容量,所以 MIMO 使用多个天线来提高数据速率。通常,天线可以在空间上分开或具有不同的极化。当前 MIMO 已在 Wi-Fi 和 LTE 中使用,并也将在未来的无线系统中采用,尤其是 5G 蜂窝网络。MIMO 系统的基站和终端都将使用高度定向的波束[29],当前的 LTE 智能手机使用了 2×2 MIMO,第二组天线可以用于 MIMO 也可用于分集。一些智能手机已经具有 4×4 MIMO,当前的 Wi-Fi 路由器使用 4×4 MIMO,8×8 MIMO 的 Wi-Fi 路由器也即将面世。

MIMO 的工作原理是,多对收发天线对在多次散射情况下呈现不同的传播路径。这也是分集的一种形式,因为同一信号经不同路径后形成的多个接收信号并不完全相关。利用多径条件改善性能也是 MIMO 成功实现的实际所需。接收机将多个输出分集合成成单独的数据流。MIMO 在发射端使用 M 个天线,在接收端使用 N 个天线,即所谓的 $M \times N$ MIMO。接收天线的数量必须大于或等于发射天线的数量($N \geqslant M$)①。每增加一对收发天线,就增加了可处理的数据量。理想情况下,容量随冗余天线对的数目线性增加。

传统的 MIMO 在每一端使用 2 个、4 个或 8 个天线,未来的系统将在毫米波波段使用数百个或更多的天线,每个阵元的物理尺寸都很小。这种大规模的 MIMO 技术将进一步提高数据速率和性能。当前大规模 MIMO 通常部署 64 个或更多的天线,未来还需要利用波束赋形来增加分组,以支持更高数据速率无线系统。此外,正交极化也可以用来实现 MIMO。

9.8 小结

作为全章的小结,下面列出了与无线系统极化相关的一些关键事实。

(1)在基站或终端可以使用多种分集方案,其中空间分集、极化分集和角度分集最为常用(见 9.3 节)。

(2)通过测量室外和室内环境的分集增益,上述 3 种分集技术都提供了类似的性能改善(见 9.6 节)。

(3)相比于其他两种分集方式,极化分集实现方案最为紧凑。

(4)未来的无线系统将采用:①通过波束赋形和极化调整来适应不同终端条

① 译者注:原文误为大于(>)。

件的智能天线;②部署高阶 MIMO,包括大规模 MIMO。

9.9　思考题

在图 9.4 所示实验中,在 0.1%概率下的分集增益是多少?

参考文献

[1] Doble,J.,Introduction to Radio Propagation for Fixed and Mobile Communications,Norwood,MA:Artech House,1996,p. 49.

[2] Stapor,D.,"Optimal Receive Antenna Polarization in the Presence of Interference and Noise," IEEE Trans. on Ant. and Prop.,Vol. 43,May 1995,pp. 473-477.

[3] Nagy,L. L.,"Automobile Antennas," Chapter 39 in Antenna Engineering Handbook,Fourth Edition,J. L. Volakis(ed.),New York:McGraw-Hill,2007.

[4] Pathak,V.,S. Thornwall,M. Krier,S. Rowson,G. Poilasane,and L. Desclos,"Mobile Handset System Performance Comparison of a Linearly Polarized GPS Internal Antenna with a Circularly Polarized Antenna," Proc. of IEEE Ant. and Prop. Soc. Symp.,June 2003,pp. 666-669.

[5] Licul,S.,J. Marks,and W. L. Stutzman,"Method and Apparatus for Quadrifilar Antenna with Open Circuit Element Terminations," U. S. Patent 7,999,755,Aug. 16,2011.

[6] Kajiwara,A.,"Line-of-Sight Indoor Radio Communication Using Circular Polarized Waves," IEEE Trans. Vehicular Tech.,Vol. 44,Aug. 1995,pp. 497-493.

[7] Rappaport,T. S.,J. C. Liberti,K. L. Blackard,and B. Tuch,"The Effects of Antenna Gains and Polarization on Multipath Delay Spread and Path Loss at 918MHz on Cross-Campus Radio Links," IEEE 42nd Trans. Vehicular Tech.,Vol. 1,May 1992,pp. 550-553.

[8] Rappaport,T. S.,and D. Hawbaker,"Wide-Band Microwave Propagation Parameters Using Circular and Linear Polarized Antennas for Indoor Wireless Channels," IEEE Trans. on Comm.,Vol. 40,Feb. 1992,pp. 240-245.

[9] Manabe,T.,Y. Miura,and T. Ihara,"Effects of Antenna Diversity and Polarization on Indoor Multipath Propagation Characteristics," IEEE J. on Selected Areas in Comm.,Vol. 14,April 1996,pp. 441-448.

[10] Kajiwara,A.,"Effects of Polarization,Antenna Directivity,and Room Size on Delay Spread in LOC Indoor Radio Channel," IEEE 46th Trans. Vehicular Tech.,Feb. 1997,pp. 169-175.

[11] Barts,R. M. and W. L. Stutzman,"A Reduced Size Helical Antenna," Proc. of IEEE Ant. and Prop. Soc. Symp.,July 1997,pp. 1588-1591.

[12] Barts,R. M. and W. L. Stutzman,"Stub Loaded Helix Antenna," U. S. Patent 5,986,621,Nov. 16,1997.

[13] Chen,Z.,and K. - M. Luk,Antennas for Base Stations in Wireless Communications,New York:McGraw-Hill,2009.

[14] Lee,W. C. Y.,Mobile Communications Design Fundamentals,Second edition,New York:Wiley,1993.

[15] Rappaport,T. S.,Wireless Communications:Principles and Practice,Piscataway,NJ:IEEE Press,1996,pp. 167-176.

[16] Dietrich,C. B. ,W. L. Stutzman,B. - K. Kim,and K. Dietze,"Smart Antennas in Wireless Communications: Base-Station Diversity and Handset Beamforming," IEEE Antennas and Propagation Magazine,Vol. 42,Oct. 2000,pp. 142-151.

[17] Beverage,H. H. ,and H. O,Peterson,"Diversity Receiving System of RCA Communications,Inc. ,for Radio Telegraphy," Proc. of IRE,Vol. 19,April 1931,pp. 531-561.

[18] Fujimoto,K. (ed.),Mobile Antenna Systems Handbook,Third Edition,Norwood,MA:Artech House,2008, p. 167.

[19] Stutzman,W. L. ,and G. A. Thiele,Antenna Theory and Design,Third Edition,New York:Wiley,2013.

[20] Beckman,C. ,and U. Wahlberg,"Antenna Systems for Polarization Diversity," Microwave J. ,Vol. 40,May 1997,pp. 330-334.

[21] Bergada,P. ,R. Alsin-Pages,and M. Hervas,"Polarization Diversity in a Long-Haul Transequatorial HF Link From Antarctica to Spain,"Radio Science,Vol. 52,Jan. 2017,pp. 105-117.

[22] Preradovic,S. ,"Printed 3D Stacked Chipless RFID Tag with Spectral and Polarization Encoding," Microwave Journal,Vol. 59,April 2016,pp. 122-132.

[23] Lemieux,J. - F. ,and M. El-Tanny,"Experimental Evaluation of Space/Frequency/ Polarization Diversity in the Indoor Wireless Channel,"IEEE Trans. Vehicular Tech. ,Vol. 40,Aug. 1993,pp. 569-574.

[24] Narayanan,R. ,K. Atanassov,V. Stoilikovic,and G. Kadambi,"Polarization Diversity Measurements and A-nalysis for Antenna Configurations at 1800MHz," IEEE Trans. Ant. and Prop. ,Vol. 52,July 2004,pp. 1795-1810.

[25] Neelakanta,P. ,W. Preedalumpabut,and S. Morgera,"Making a Robust Indoor Microwave Wireless Kink:A Novel Scheme of Polarization-Sense Diversity,"Microwave J. ,Vol. 47,Aug. 2004,pp. 84-98.

[26] Dietrich,C. ,K. Dietze,J. R. Nealy,and W. Stutzman,"Spatial,Polarization,and Pattern Diversity for Wireless Handheld Terminals,"IEEE Trans. Ant. and Prop. ,Vol. 49,Sept. 2001,pp. 1271-1281.

[27] Dietrich,C. ,R. Barts,W. Stutzman,and W. A. Davis,"Trends in Antennas for Wireless Communications," Microwave J. ,Vol. 46,Jan. 2003,pp. 22-44.

[28] Litva,J. ,and T. Lo,Digital Beamforming in Wireless Communications," Norwood,MA:Artech House,1996.

[29] Rappaport, T. , S. Sun, R. Mayzus, H. Zhao, et al. , " Millimeter Wave Mobile Communications for 5G Cellular:It Will Work!," IEEE Access,Vol. 1,2013,pp. 335-349.

第10章
极化测量

10.1 引言

在大多数情况下,现代仿真软件可以相当准确地预测器件的极化特性。然而在许多应用中,至少需要对一些有代表性的设计进行实验验证。在高标准的要求下,需要一套完整的测量装置。本章将讨论测量电磁波或天线等器件极化形态的原理与技术。由第2章和第3章内容可知,要完全确定某一电磁波或天线的极化状态,至少需要两个参数。对电磁波而言,还有两个额外的参量也常被关注:波的强度和极化程度(针对部分极化波)。为了评估电磁波的极化,可以用专门确定极化的接收机来测量;为了评估天线的极化,被测天线可以工作在发射或接收状态。在传统的测量场景中,旋转被测天线测量其响应,这个响应是旋转角度、频率和源信号极化的函数。

本章讨论电磁波和天线极化的测量,将以天线作为测试对象进行阐述。但涉及的大多数技术都可直接用来表征一般器件的极化,或者用来表征来自任意源的入射波的极化。在10.4节将介绍部分极化波测量的特殊情况。

精确的天线测量需要专门的设施和仪器。这个设施可以很简单,就是在一处足够大的场地上,使用高塔或建筑物来抬高待测天线或电磁波源,从而减少地面影响。这种场景称为远场(far-field range)测量,即待测天线位于源的远场。在这个范围内应该有一个从源到待测天线的无障碍路径,且附近几乎没有可以从源向待测天线散射的结构。此外,到达待测天线的波应尽可能近似为平面波,即在待测天线存在的整个范围内,波相位和振幅几乎是均匀的。辐射源通常是天线,其波束宽度刚好能满足近似平面波条件,且又足够窄以减少对周围环境的照射。另外,源天线应具有高质量的极化,通常是XPD至少30dB的线极化天线。测试时,信号源产生辐射功率,接收机或数据收集系统接收并处理来自被测天线的数据,网络分析仪可以同时完成这两项功能。

测试设备也可以放在室内,这样就具有全天候运行和安全性的优势。其原理和使用的仪器与室外远场测试相同,但是室内场景的墙壁和地板会引起反射,必须加以控制或避免。传统方法是使用电波暗室,它是一个墙壁上覆盖着吸收材料的房间。为了获得所需的远场距离,房间尽可能大。尤其是在低频情况下,这就极大地增加了成本。不过通过使用其他测试方法可以避免这种情况,如采用可以大大减小尺寸范围的紧缩场(compact range)测量。这是使用大型反射面天线的近场作为辐射源,对待测天线产生几乎均匀的照射。除此之外,还有近场(near-field range)测量,它的场地范围很小。近场测量使用探针系统对待测天线的近场进行采样,然后对数据进行处理以获得远场方向图和极化等参数。实践中,这些基本的测试方法还有许多变体,并且有几种已经商用。有关天线辐射场的详细信息,请读者参考文献 [1,2]。有关吸波材料的特性,可参见文献[8]。

在本章中,将讨论极化测量中所使用的仪器和设备,以及如何测量天线的各种特性,包括方向图、极化、增益、阻抗和带宽等。值得一提的是,在大多数情况下,天线满足互易性,因此无论是在发射模式还是接收模式下,都可以来测量被测天线,但是,通常都是在接收模式下来讨论天线测量。

10.2　包含极化的天线方向图测量原理

10.2.1　天线方向图测量技术

如第 5 章所述,天线方向图是发射时天线周围辐射场的角分布,或者接收时天线角响应的分布图。为了全面表征天线性能,方向图数据应来源于天线周围的所有方向,且天线在每个方向上的极化状态应该已知。但是,通常只需要部分方向图及其极化状态的部分信息,即只需要正交极化状态下被测天线旋转角对源天线的响应函数,正交极化状态指被测天线标称的主极化和交叉极化两个状态。这样,一般至少要在两个主平面上来测量天线方向图,分别称为主极化方向图和交叉极化方向图(见5.2.2 节)。如图 10.1 所示,天线方向图的测量,可以使被测天线保持固定并工作在发射状态,同时在天线的远场区以固定距离移动接收探头。极化信息可以由正交双极化探头得到,或者也可以用探头在正交极化方向上两次测量方向图得到。

图 10.1 所示的基本测量方法并不节省空间,取而代之的是图 10.5 所示的传统远场方向图测量方法,即在远距离源天线的照射下,使用转台来旋转待测试天线,同时进行测量。图 10.1 中显示的被测天线工作在接收状态,但发射和接收可以互换。被测的方向图是天线旋转时的方向图,方向图的切面确定了相应的极化分量,这将在10.2.2节中讨论。

一些现代的天线测量方法又回归了图 10.1 所示的移动探头的理念,但是被测

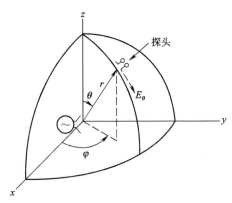

图 10.1　方向图的测量示意图

注:在被测天线辐射的远场中,沿球形表面移动接收探头来测量。

天线到探头的距离大大减小,即近场测量。这时探头位于测试天线的近场区,通过采集并处理振幅和相位样本来确定天线的远场方向图和极化等特性[9-11]。这种方法的基本配置是图 10.2 所示的平面近场(planar near-field)测量,平面扫描仪器仅在辐射的前半球提供准确的数据,因此最适用于具有低后向辐射的窄波束天线,宽波束天线则要用到能覆盖圆柱或球形表面的扫描设备。为了更快地对近场进行采样,可以使用具有多个固定探头的配置。一种流行的配置是将探头沿着圆弧放置,并且将被测天线置于原点。每次在不同切面测量方向图时,将待测天线绕其中轴旋转。在近场测量中,可以使用双极化探头同时收集正交极化数据。目前,近场测量应用已经商业化[12-13]。

　　图 10.3 所示的紧缩场测量,其尺度小于远场,但大于近场。测试时,由反射面形成平行的场,只要被测天线比反射面小得多,就可以在其上产生均匀的相位分布和部分均匀的振幅分布。此外,可以再引入一个副反射面并对两个反射器进行整形,从而形成"双反"紧缩场,这可以改善振幅分布。

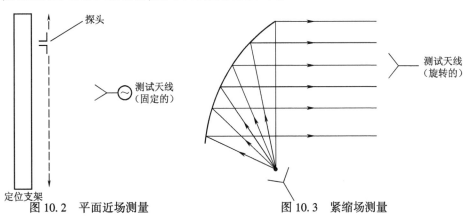

图 10.2　平面近场测量　　　　　　　　图 10.3　紧缩场测量

室内远场测量的墙壁一般都贴上吸波材料以减少反射。近场测量和紧缩场测量的墙壁也使用吸波材料,但是室内反射可比远场测量要求降低。图 10.4 所示为原著作者构思设计的美国弗吉尼亚理工大学测试暗室,它是远场和近场的组合。图 10.4 中的视图来自远场模式下放置源天线的位置。整个腔室是锥形的,这使得吸收体的反射路径更短,从而在被测天线所在的静区形成平滑的总场,即直接入射场加上反射场。图片中心转台组件的位置即是静区,暗室箱形部分的横截面为 3.4m×3.4m,长为 3.5m;锥形部分的长度为 4.4m,总长度为 7.9m。所有内表面都贴有吸波材料。当工作于近场模式时,会用到后墙壁上的探头定位系统;而当工作于远场模式下时,探头移到一边。

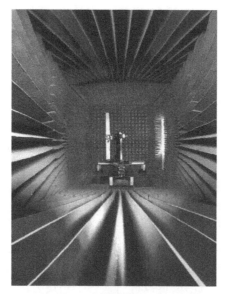

图 10.4　远场/近场组合暗室

注:图中的视角来自远场测量中下放置源天线的位置,即腔室锥形部分的顶点。

被测天线显示在前景的定位器上,后壁上是用于近场测量的探头组件。

除方向图数据之外,通常还需要极化信息,或者有时仅需要波的极化状态。表 10.1 总结了几种测量极化的方法。其中方法 1 为辐射方向图法,已经在 5.2.2 节中进行了讨论,本节将进行扩展;方法 2 为极化方向图法,也将在本节详细讨论;方法 3 为幅度相位法,以及方法 4 为多分量法,都可测量完整的极化状态信息,将在 10.3 节讨论。

方法 1 仅限于天线测量,其余方法都适用于入射波极化测量,但也可用于天线测量。本节其余部分将详细介绍方法 1 和方法 2,10.2.2 节将阐述方法 3 和方法 4,它们提供了完整的极化信息。

表 10.1 极化测量方法

方　　法	测 量 参 数
1. 辐射方向图法	
a 主极化和交叉极化	被测天线相对于源天线的主极化和交叉极化方向图
b 线极化旋转	测量线极化源快速旋转时的辐射方向图
2. 极化方向图法	线极化源旋转的同时,测量固定被测天线的响应
3. 幅-相法	
a 正交线极化分量及其相对相位	E_2/E_1,δ
b 正交圆极化分量及其相对相位	E_{L0}/E_{R0},δ'
4. 多分量法	
a 极化方向图+旋向	极化方向图信息（$|R|$,τ）和旋向,旋向通过轴比 R 的符号判断
b 六分量法	E_1,E_2,E_3,E_4,E_{L0},E_{R0}

10.2.2　主极化和交叉极化辐射方向图

一个天线的极化特性通常由一系列辐射方向图确定,这就是表 10.1 中的方法 1。一般至少要测量主平面上的方向图,有时也测量一些中间平面。如 5.2.2 节所述,测量时需要两个源天线,它们对测试天线而言,分别对应于主极化和交叉极化。主极化定义为预期的极化或参考极化[14],交叉极化与主极化正交(见 3.8 节)。当然,对于圆极化以外的所有极化,其主极化和交叉极化都取决于指定的参考极化(主极化状态)。对于除主极化和交叉极化之外的观察角,还需要更具体的定义。路德维希指出了这一点,并引入了 3 个定义[15-16],其中第三个定义最常用。它是使用式(5.9)和式(5.10),再结合图 5.3 从数学上给出的定义。该定义与测量直接相关,在本书中也采用它。

如图 10.5 所示,使用线极化偶极子天线来演示的基本的主极化和交叉极化方向图测量。线极化偶极子源天线被发射机激励,并照射连接到接收机的被测天线。重要的是要记住,要测量的方向图是天线旋转时的方向图。对于远场测量,被测天线应位于源的远区,该距离至少为

$$r_{ff} = \frac{2D^2}{\lambda} \tag{10.1}$$

式中:λ 为辐射波的波长;D 为天线的最大尺寸。

图 10.5 中使用的偶极子的极化特性如图 2.6 所示,其中发射偶极子上的电流为 I,其在远场球面上激励的辐射场强度矢量也被标识。偶极子天线会产生一个

电场,该电场与投影到周围球面上的偶极子线平行。图 2.6 中包含 z 轴的任何平面都包含了偶极子,也包含了电场矢量 E,这就是 E 面。磁场矢量 H 必须垂直于电场,这意味着式(3.18)表示的坡印亭矢量的指向从球面原点出发,呈放射状。H 面磁场平行于 xOy 平面并与球面相切。

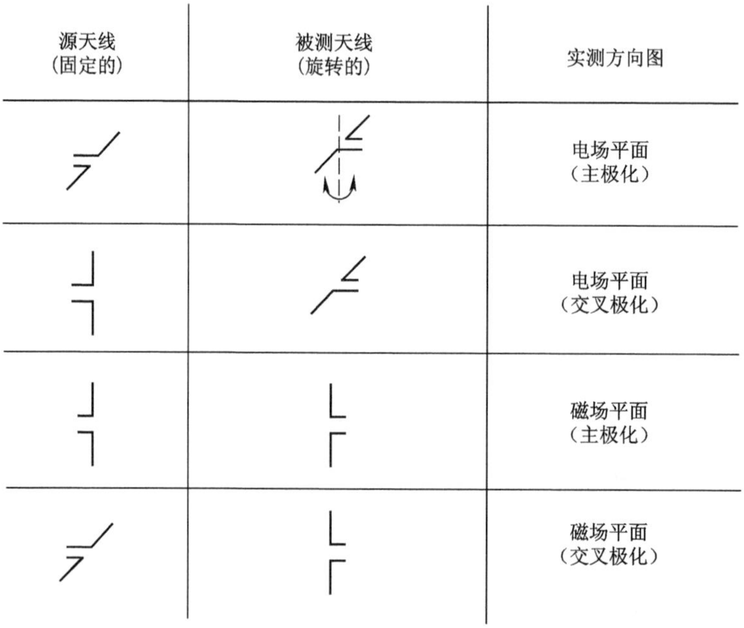

图 10.5　主极化和交叉极化方向图测量示意图
注:本例中测试天线以接收模式工作,且绕其轴旋转。

　　第 5 章详细讨论了天线极化问题,这里回顾几个要点。偶极子天线的 E 面和 H 面主极化辐射方向图分别如图 2.6(b)和图 2.6(c)所示。交叉极化方向图取决于偶极子的结构细节,但在所有的点上,通常会从主极化方向图的峰值下降 20dB 或更多。口径天线可以产生比主极化方向图峰值低 40dB 的交叉极化电平。图 5.6(e)所示为典型的高性能反射面天线的交叉极化方向图。

　　通过天线轴线的多个平面剖面上测得的完整极化状态,称为极化分布。然而通常仅通过在主平面上测量主极化和交叉极化方向图来量化极化状态。

10.2.3　极化方向图测量

　　如表 10.1 中方法 2 所述,天线的极化方向图是被测天线在绕其旋转的线极化平面波照射下的幅度响应[14]。如图 10.6 所示,极化方向图用极坐标曲线记录,它是照射线极化波的方向和天线参考方向之间相对角度的函数。实际上,用被测天线作为椭圆极化的发射天线,而接收天线作为线极化的探头,则更容易解释极化方向图,这是因为天线的互易性。来自被测天线的入射波瞬时电场矢量的末端轨迹位于极化椭圆上(图 10.6 中虚线),并且以波的频率旋转。换言之,电场矢量每秒绕椭圆旋转 f 次。线极化探头的响应(图 10.6 中实线),即输出电压的有效值,与电场峰值在方向角为 α 的线极化探头定向线上的投影成正比。这也是图 10.6 中从切点 T 投影到椭圆上的距离 OP。线极化探头旋转时,P 点的轨迹比极化椭圆"胖"一些。曲线的确切形状可以使用第 6 章中的方法来推导,请参见本章的思考题 10。当然对于圆极化天线,图 10.6 中的两条曲线都是圆形的。

注意,当缩放到相同大小时,极化方向图的最大值和最小值与相应极化椭圆的最大值和最小值相同。因此,虽然实测的极化方向图没有给出理想的极化椭圆,但确实显示出天线极化轴比的幅度。从图 10.6 可以明显看出,椭圆的倾斜角也已确定。因此,由测量得到的极化方向图中可以获得极化椭圆轴比的大小和倾角($|R|$ 和 τ),但无法得到极化椭圆的旋向。

旋向可以通过其他方法来测量。例如,当被测天线辐射时,两个标称的圆极化天线(除了旋向,其他均相同)可以用作接收天线。具有最大输出的圆极化天线的旋向就是被测天线的旋向。

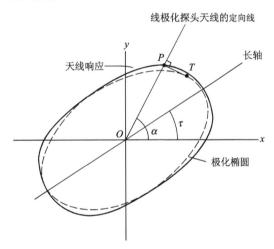

图 10.6　典型椭圆极化被测天线的极化方向图(实线)
注:它是对入射角为 α 的线极化波的响应。被测天线极化状态对应的极化椭圆为虚线。

在许多情况下,极化方向图法是一种测量天线极化的实用方法。如果被测天线近似为圆极化,则轴比接近于 1,并且测量结果对线极化探头的极化纯度不敏感。如果被测天线是精确的圆极化,则倾斜角是无关紧要的。对于近似线极化的被测天线,轴比测量的精度取决于线极化探头的质量,该探头的轴比必须远大于被测天线的轴比。

IEEE 还有关于术语"天线极化方向图"的第二种定义,即当某一个天线发射时,电场矢量在天线辐射球面上的空间分布[14],图 2.6 就是一个示例。但是,前面讨论的定义和本书中使用的定义都是常规第一种定义。

10.2.4　旋转线极化和双线极化测量法

如果被测天线不接近线极化,则旋转线极化(或旋转源)法可提供一种快速测量技术,用于测量轴比幅度随方向角的变化。在线极化探头天线(通常是发射天线)绕旋转轴高速旋转的同时,将被测天线像常规方向图测量时那样绕方位轴慢速转动的。线极化源天线的旋转速度控制在源天线旋转半圈时,被测天线主方向图还没有发生明显变化,即在这个过程中被测天线是在缓慢转动的。图 10.7(a)为一个用旋转线极化法测试螺旋天线的例子。叠加在正常天线方向图上的这种快速的变化代表探头天线两倍的旋转速度。对于线性数值的方向图,每个方向图角度对应的被测天线轴比是相邻极大值和极小值之比,或者是两个极大值的平均值和它们之间极小值之比。对于图 10.7 所示的对数(dB)方向图,相邻极大值和极小值之差给出该角度下的轴比,不过用这种方法无法获得天线的旋向。从理论上讲,如果可以准确地知道与方向图上各点相对应的探头方向信息,就可以得到倾斜角,但实际上通常不这样操作[6]。

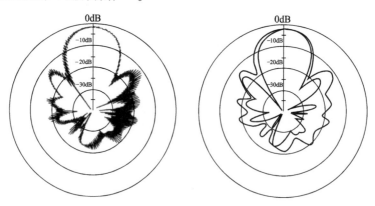

图 10.7　X 波段的螺旋天线的轴比测量值与方向图角的函数关系
(a)线极化旋转法,轴比 $|R|$ 是每个角度的相邻最大值和最小值之间的 dB 差;
(b)双线极化方向图法,轴比 $|R|$ 是两个方向图在每个角度之间的 dB 差,
图形取于包含长轴和短轴的平面中。

一种相关的方法是双线极化方向图法(dual-linear pattern method)。在这种方法中,每个平面剖面(固定角度 φ)对应两个方向图。这些方向图对应在线极化探头源天线的正交方向,使它们与被测天线极化椭圆的长轴和短轴对齐。因此,需要

假设这些轴在方向图上不发生变化。图 10.7(b) 中,采用双线极化方向图法,测试了与图 10.7(a) 中相同天线的方向图。当然,在整个测量期间,增益和其他设备设置必须保持恒定。由于必须定位长轴和短轴方向,且需要较长的测量时间,因此双线极化方向图法比旋转线性方法要慢一些。

如果线极化源天线特性不理想,这些方法测得的轴比精度就会降低。图 10.8 所示为轴比测量的误差范围。当源天线或波的轴比 $|R_w|$ 确定时,它是被测天线轴比 $|R_a|$ 的函数(见本章思考题 12)。此外,由于依赖于测量系统对功率微小差异的测量能力,因此被测天线轴比较小时精度会降低。

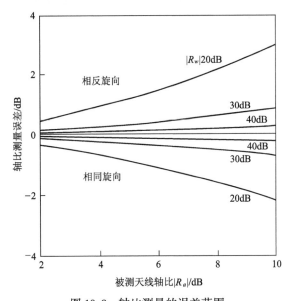

图 10.8 轴比测量的误差范围

注:当几个源天线或波的轴比 $|R_w|$ 确定时,它是被测天线轴比 $|R_a|$ 的函数。

10.3 完全极化状态的测量

为了测量天线或电磁波的极化状态,必须确定表示极化状态的参数。第 3 章介绍了多种极化状态表示的参数,表 3.1 总结了每种表示方法所需的参量。从表 3.1 中可以看出,至少需要两个独立的参数才能完全确定一种极化状态。有些表示方法可以直接对应于某种测量方法。例如,极化方向图法可以直接测得倾斜角 τ,还可以根据式(3.10)由实测轴比求得椭圆度角 ε。这些结果使极化方向图测量法与使用参数 (ε, τ) 的极化椭圆表示法相匹配。如果同时测量波强度,则需要 3 个独立的参数。式(3.42)所示斯托克斯参数表示即为包含波强度信息的 3 个独立参数的情形。此外,如果波是部分极化的,需要 4 个独立的参数,详见第 4 章。

表 10.1 中的方法 3 和方法 4 可以完全确定极化状态信息,本节将讨论这些方法。

10.3.1　幅相法

接收系统通过测量两个正交线极化天线的幅值和相位数据,可以满足两个独立参数完全确定极化状态的要求,这就是表 10.1 中的方法 3a。同时测量幅度和相位数据使瞬时极化状态的确定成为可能,从而可以在方向图的剖面上快速测量完整的极化状态,并表示为角度的函数。振幅和相位是用极化计测量的(polarimeter),它是一种处理测量数据并提供极化态的接收系统。许多应用需要进行瞬态极化测量,如在雷达中,必须在到达雷达脉冲的时间间隔内对目标回波进行采样。文献[17]中,Allen 和 Tompkins 描述了一种用于保持接收链中频(IF)点的振幅和相位精度的硬件配置。

图 10.9 显示了一种幅度-相位极化计的简单模型,该系统可以获得入射平面波垂直于偶极子天线平面的相对幅度和相位。偶极子是相同的,通常是半波偶极子天线,因此它们不会引入幅度偏差。探头天线不是只有一种形式,也可以使用喇叭等其他天线,只要它们都和源对准即可。更好的方法是使用单个双极化喇叭,如四脊喇叭天线[18]。

图 10.9 所示的测量系统可以得到相对振幅和 y 分量相对于 x 分量的相位,进而求出极化表示的参数 (γ, δ),即

$$\gamma = \arctan \frac{E_2}{E_1} \tag{10.2}$$

$$\delta = \mathrm{phase}(E_y) - \mathrm{phase}(E_x)$$

3.6 节介绍的极化比也可以直接由该测量系统得出

$$\rho_L = |\rho_L| \angle \delta = \frac{E_2}{E_1} \angle \delta \tag{10.3}$$

幸运的是这里仅需要相对相位,因为绝对相位很难精确测量。

可以对接收机的输出进行处理,以便立即了解所测量的极化信息。一种好方法是在视频显示器上显示极化态,图 3.2 就是一个极化计显示格式的示例,其中突出显示了实际的极化状态椭圆。

幅-相法也可用于圆极化天线。在这种情况下,由式(3.64)可知需要测量 E_{LO}、E_{RO}(或 $E_{RO}/E_{LO} = |\rho_C|$)和相对相位 δ',相应的接收机也是圆极化极化计。可以通过这些圆极化量来确定基于线极化分量的极化状态参数,这一点可以通

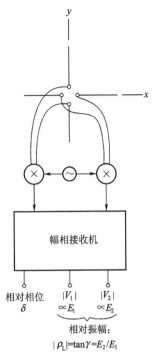

图 10.9　用于测量入射波正交线极化分量的相对幅度和相位的极化计模型

过如何获得(ε, τ)表示来说明。轴比值从式(2.40)得到

$$R = \frac{\dfrac{E_{R0}}{E_{L0}} + 1}{\dfrac{E_{R0}}{E_{L0}} - 1} = \frac{|\rho_C| + 1}{|\rho_C| - 1} \qquad (10.4)$$

轴比的符号带有旋向信息,即"+"对应于右旋,而"–"对应于左旋。当且$E_{R0} = E_{L0}$时,由式(10.4)可知,R趋于无穷大,对应于线极化。此外,当$E_{L0} > E_{R0}$(左旋圆极化分量比右旋圆极化分量强)时,R为负,这当然对应于左旋的椭圆极化。同样,当$E_{R0} > E_{L0}$时,R为正,表示右旋的椭圆极化。

倾角由式(2.39)可得

$$\tau = \frac{\delta'}{2} \qquad (10.5)$$

椭圆度角由式(2.27)可得

$$\varepsilon = \mathrm{arccot}(-R) \qquad (10.6)$$

因此,在使用圆极化天线进行相对幅度和相位测量时,得到(ε, τ)就可以确定波的完整极化状态。

如图 10.10 所示,也可以使用带有圆极化天线的极化计来确定波的线极化分量。线极化分量的相量表示满足式(3.67),则

$$
\begin{cases}
E_x = E_1 = E_H = \dfrac{E_L + E_R}{\sqrt{2}} \\[3mm]
E_y = E_2 e^{j\delta} = E_V = \dfrac{j(E_L - E_R)}{\sqrt{2}}
\end{cases}
\tag{10.7}
$$

图 10.10 中,除法运算通过一个理想的功率分配器完成:将输入功率等分,意味着从输入到输出的电压变化为 $1/\sqrt{2}$。实际中,功分器和 90° 移相器可以用单个正交混合网络来实现,如图 10.10 中虚线框所示。然后,输出正交线极化状态信息的处理如图 10.9 所示。这种实现有一个有趣的特征,即根据式(10.5)可知,旋转其中一个圆极化天线,会使每个线极化状态响应输出的倾斜角是该圆极化天线旋转角的 1/2。

图 10.9 所示的基于线极化分量测量的极化计也可以配置成测量圆极化分量。这通常比图 10.10 中使用圆极化天线的极化计更好,因为线极化天线比圆极化天线更容易实现高极化纯度。本章思考题 19 介绍了这种结构,根据式(3.67)测得的线极化相量可以求得圆极化相量为

$$
\begin{cases}
E_L = \dfrac{E_H - jE_V}{\sqrt{2}} \\[3mm]
E_R = \dfrac{E_H + jE_V}{\sqrt{2}}
\end{cases}
\tag{10.8}
$$

同样,根据式(10.4)~式(10.6)处理测量的圆极化相量 E_L 和 E_R,可以求得 $(|\rho_c|,\delta')$ 或 (ε,τ) 等极化椭圆参数。

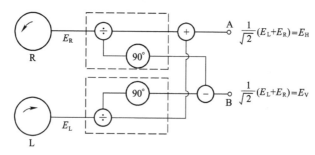

图 10.10　使用圆极化天线测量线极化相量分量的极化计框图
注:假设天线的幅度和相位响应相等,虚线框中所示为正交混合网络组件。

当然,极化计中的两个天线极化特性并不理想,也就是说,不是理想的双线极化或双圆极化天线。这对于宽带测量系统来说尤其如此,因为极化纯度在宽频带

上可能无法保持稳定,特别是使用圆极化天线时。不理想的极化状态响应可以使用极化调整网络(polarization adjustment network,PAN)在硬件上进行补偿[5],一种实现方法是在双通道幅相系统的每个通道(RF 或 IF)中插入衰减器和移相器。这里的双通道指标称的水平极化和垂直极化通道,或者左旋圆极化和右旋圆极化通道。这种极化补偿还可以通过基于多分量法的后处理软件进行。

另一种方法是使用极化分量幅度、相位的可变极化源天线法[19]。在此方法中,输入主极化与交叉极化端口(连接到源的两个端口之间可以切换)和源天线的双线极化终端之间有一个调零网络。当激励源在交叉极化端口时,对调零网络进行幅度和相位调整,使被测天线接收到的信号为零,从而产生交叉极化条件。然后将激励源切换到主极化端口产生主极化信号。

最后强调,理论上只要任意两个不相同极化状态的天线,就可以用其输出的复数电压制作极化计[20]。当然,要测量精度好,还是要用两个正交状态天线来测量。

10.3.2 多振幅分量法

10.3.1 节讨论的技术中所需的相位信息会极大地增加测量的复杂性,一个幅-接收机比单一的幅度接收机更昂贵,也更复杂。此外,相位很难精确测量,导致极化值测量的准确性问题。正是因为这个原因,多振幅分量法很有吸引力。考虑来自未知极化发射天线的入射波,通常需要使用 4 个具有相同增益的接收天线来测量 4 个幅度值,进而确定波的极化。比较这 4 个测量值可得出 3 个相对功率值[21-23]。之前介绍了庞加莱球的图形法可以用来确定未知的极化状态[21,23],而在本节将介绍基于幅度测量值确定未知极化状态的简单数学公式。这些方法即为表 10.1 中的方法 4。

方法 4a 实际上是极化方向图法加上一套辅助测量装置。在 10.2.3 节,证明了极化方向图方法可以得到极化椭圆的轴比 $|R|$ 和倾斜角 τ,唯一剩余的未知物理量就是旋向。通过使用两个相反旋向的圆极化天线可以确定被测天线或波的旋向。假设这两个圆极化天线除旋向之外的性能都相同,那么入射波的旋向将与最大输出相关联:

$$\text{sgn}(R) = \begin{cases} +, & |E_R| > |E_L| \\ -, & |E_R| < |E_L| \end{cases} \quad (10.9)①$$

式中:$|E_L|$ 和 $|E_R|$ 分别为使用左旋圆极化和右旋圆极化天线测得的幅度值。

---

① 译者注:原公式有误,第二行误写为$|E_L|<|E_R|$。

测试的结果很直观：被测波的旋向就是接收信号最大的接收天线的旋向。这时所得到的旋向信息和 $|R|$、τ 完全确定了极化状态。该方法可以通过庞加莱球实现形象化。椭圆度角 ε 可根据式（10.6）用 $|R|$ 求得，除了其符号。因此，角度对（$2\tau,2\varepsilon$）将相应的极化状态映射到图 3.4 和图 3.5 所示庞加莱球上的一个或两个位置，这两个位置对应于 ε 可能的两个符号：一个在上半球（+），一个在下半球（−）。式（10.9）确定了 R 的符号，消除了这种歧义，然后式（10.6）的结果就是唯一值。注意，式（10.4）与式（10.9）一致，如当 $|E_R| = E_{R0} > |E_L| = E_{L0}$ 时，式（10.4）给出正 R 值，这与式（10.9）一致。

如图 10.11 所示，也可以根据表 10.1 中方法 4b 列出的 6 个幅度测量值来确定波的极化状态，电场值是对所示 6 种极化天线的幅度响应。这里假设所有天线具有相同的增益，并且在每种情况下波都是垂直入射的。根据 3 组振幅值定义以下比值。

垂直与水平线极化分量之比为

$$|\rho_L| = \frac{E_2}{E_1} \qquad\qquad (10.10a)$$

135°与 45°线极化分量之比为

$$|\rho_D| = \frac{E_4}{E_3} \qquad\qquad (10.10b)$$

右旋圆极化分量与左旋圆极化分量之比为

$$|\rho_C| = \frac{E_{R0}}{E_{L0}} \qquad\qquad (10.10c)$$

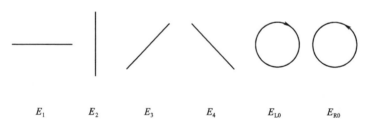

$\qquad E_1 \qquad\quad E_2 \qquad\quad E_3 \qquad\quad E_4 \qquad\quad E_{L0} \qquad\quad E_{R0}$

图 10.11　采用多分量法测量的 6 个极化分量

注：其组成为：1—水平；2—垂直；3—45°斜线极化；4—135°斜线极化；5—左旋圆极化；6—右旋圆极化。

每一对测量值都给出了入射波的总功率：

$$E_1^2 + E_2^2 = E_3^2 + E_4^2 = E_{L0}^2 + E_{R0}^2 \qquad\qquad (10.11)$$

为简单起见，此处省略了式（3.22）中的特性阻抗。根据测得的功率定义以下中间量，即

$$\begin{cases} Y_L = \dfrac{1 - \dfrac{E_2{}^2}{E_1{}^2}}{1 + \dfrac{E_2{}^2}{E_1{}^2}} = \dfrac{1 - |\rho_L|^2}{1 + |\rho_L|^2} \\[4mm] Y_D = \dfrac{1 - \dfrac{E_4{}^2}{E_3{}^2}}{1 + \dfrac{E_4{}^2}{E_3{}^2}} = \dfrac{1 - |\rho_D|^2}{1 + |\rho_D|^2} \end{cases} \tag{10.12}$$

由式(10.12)可得(见本章思考题 11 题)

$$Y_L = \cos\gamma \tag{10.13a}$$
$$Y_D = \sin(2\gamma)\cos\delta \tag{10.13b}$$

求对应的比值为

$$\frac{Y_D}{Y_L} = \frac{\sin(2\gamma)\cos\delta}{\cos\gamma} = \tan(2\gamma)\cos\delta = \tan(2\tau) \tag{10.14}$$

其中最后一项来自式(3.2),则:

$$\tau = \frac{1}{2}\arctan\frac{Y_D}{Y_L} \tag{10.15}$$

通过 $|\rho_C|$ 由式(10.4)求得轴比 R,然后根据式(10.6)求得 ε。这样,就根据图 10.11 所示的多分量法得到了用参数 (ε,τ) 表示的极化状态。

在多分量法中,还可以找到入射波的其他完全极化状态表示方法。

首先,圆极化的极化比表示需要参数 ρ_C 和 δ'。这里 $|\rho_C|$ 的量值通过测量的圆极化分量代入式(10.10c)得到;而由式(2.39)和式(10.15)可得 $\delta' = 2\tau$。因此,根据表达式 $\rho_C = |\rho_C|e^{j\delta'}$,即可确定圆极化的极化比表示。

其次,极化椭圆表示的参数 (γ,δ) 可由式(10.13a)及以下公式计算:

$$\begin{cases} \gamma = \dfrac{1}{2}\arccos Y_L \\[2mm] |\delta| = \arccos\left(\dfrac{Y_D}{\sin(2\gamma)}\right) \\[2mm] \operatorname{sgn}(\delta) = \begin{cases} +, & E_{L0} > E_{R0} \\ -, & E_{L0} < E_{R0} \end{cases} \end{cases} \tag{10.16}$$

极化的旋向由 $\operatorname{sgn}(\delta)$ 给出,且等于圆极化幅度较大分量的旋向。

此外,根据式(10.10a)和式(10.16),可以得到 $|\rho_L|$ 和 δ,这对应于线极化的复数极化比表示,参见式(3.54)。

总而言之,本节介绍了如何基于图 10.11 中的 6 个测量振幅值来形成几个完

213

整极化状态的表示。这些方法依赖于高质量极化天线的使用,由此可形成式(10.10)表示的3个相对参量。

10.3.3 大天线极化的测量

物理尺寸较大的天线可能很难测试,因为它们可能不适合现有的测试设备。直径等于多倍波长的电大尺寸天线的测试也存在困难,因为需要用近似的平面波来照射被测天线,所以在常规的远场天线测试中,式(10.1)中要求的测试距离(不小于 $2D^2/\lambda$)实际数值很大,很难实现。还因为要消除到达被测天线的多径波,这需要大的室内空间和大量吸波材料,所以室内测试的成本将非常昂贵。而室外测试由于地面反射会遭受多径干扰,并且存在频率使用许可和天气问题。一些专用的室内场地可以容纳大型天线,如位于美国丹佛的洛克希德·马丁航天系统公司的近场测试系统。26m×26m 平面扫描架是世界上扫描面积最大的射频扫描设备。该设备在 1978 年与 NIST 的 Allen Newell 共同开发,以验证平面近场扫描是精确测量电大口径天线最有效的方法。它安装在一栋大型建筑物的天花板上以提供对称的重力条件,从而可以在一个杯状结构中测量网状反射面。在 60GHz 时的测试表明,轴比的测量精度可优于 0.2dB。该测试场还可以测量 400MHz~183GHz 天线的特性,增益超过 60dB。

在天线测试时,必要的远测试距离可以使用卫星或宇宙射电源获得。宇宙射电源存在两个困难:首先,需要配置辐射测量接收机;其次,来自宇宙射电源的信号可能是随机极化或部分极化,因此不适合高精度极化测量。与宇宙射电源相比,基于卫星的辐射源有时很难在需要的频率上找到卫星源。

如果从卫星发送了适当的信号,如在可接收的频段上发射窄带信标信号,那么卫星是直接极化测量的极佳信号源。在理想情况下,电波到达地球终端站点的被测天线处,应是纯粹的线极化或圆极化。但是,通常卫星信号本身不是纯极化的,并且中间介质可能会导致去极化。所以对于圆极化和线极化系统,都可以通过一些技术来校正极化不纯的辐射波[24-25],这些方法依赖于辅助天线对卫星到达波的极化测量。辅助天线比被测天线小得多,并且极化纯度更高。对于线极化天线,可以放宽这一限制[26]。需要校正时,可以使用类似于图 8.11(c)的自适应极化网络来测量波的极化状态,即通过旋转两个极化器角度 θ_1 和 θ_2 来调整该网络,从而在 OMT 的一个端口上产生零点,这时另一个端口将与来波匹配,就可以唯一地求解电磁波极化状态[25]。此方法可以同时用于辅助天线和被测天线:由辅助天线确定波的极化,用于求解被测天线的特性。然后从校正后的卫星上测量辐射方向图,从而得到有效的纯极化照射。

对于卫星地面站等双圆极化系统,双极化地面站与信源(卫星)来波的轴比可通过文献[27]确定。通过旋转每个天线,测量两个接收天线的主极化和交叉极化通道之间的最大和最小隔离。这 4 个测量值用于计算电波和两个接收天线的轴比。此外,可以通过一个双极化地面站来完成相位的测量。

10.4 部分极化波的测量

在本章的前面几节中讨论了完全极化波的测量,可以看到至少需要两个独立的参数才能完全表示完全极化波的状态。如果还包含波的强度,就需要 3 个参数。测量部分极化波需要一个附加的独立参数,即极化程度。这些原理指导我们在本节中对部分极化波测量的讨论。

通过测量来表示部分极化波,最容易的方法是以入射波方向为轴,旋转线极化接收天线。当接收天线平行于波的完全极化部分极化椭圆的主轴时响应最大,对应功率输出记为 $P_{\parallel}$。接收天线正交方向的输出功率 $P_{\perp}$ 是最小响应,那么线极化程度表示为[28]:

$$d_{L} = \frac{P_{LP}}{P_{T}} = \frac{|P_{\parallel} - P_{\perp}|}{P_{\parallel} + P_{\perp}} \qquad (10.17)$$

式中:P_T 为部分极化波的总功率,它包括波的完全极化和非极化部分的功率和。由式(6.2)可知,$P_T = S_{av} A_e$。注意,术语极化程度有时用于表示完全极化波中的线极化程度[6,29]。式(10.17)中的分子表示部分极化波中线极化部分的功率。如果波是非极化的,那么 $P_{\parallel} = P_{\perp}$,然后根据式(10.17)可得 $d_L = 0$。如果波被完全极化且为圆极化,那么 $P_{\parallel} = P_{\perp}$ 且 $d_L = 0$。如果是部分极化波,且极化部分为圆极化,那么 $P_{\parallel} = P_{\perp}$ 且 $d_L = 0$,此时 $P_{\parallel}$ 和 $P_{\perp}$ 都包含相等的非极化波功率,也包含相等的极化波功率。

测量两个相同但旋向相反的圆极化天线的输出功率 P_L 和 P_R,存在类似的关系。它们可以确定的圆极化程度[28]为

$$d_{C} = \frac{P_{CP}}{P_{T}} = \frac{|P_{L} - P_{R}|}{P_{L} + P_{R}} \qquad (10.18)$$

同样,分母是波的总功率。分子给出圆极化部分的功率。如果波是非极化的,那么 $P_L = P_R$ 并且可由式(10.18)得到 $d_C = 0$。如果波被完全极化且为线极化,或者是部分极化波的极化部分为线极化,那么 $P_L = P_R, d_C = 0$。

线极化程度和圆极化程度的测量给出确定极化程度所需的全部信息。基于式(4.13)和式(4.14)可以得到表示线极化程度的以下关系:

$$d_{L} = \sqrt{s_1^2 + s_2^2} = d\cos(2\varepsilon) \qquad (10.19)$$

对于线极化情形,$\varepsilon = 0$,由式(3.48)得出等式等于 1;对于圆极化情形,$\varepsilon = 45°$,等式为零,证明它确实只代表了波的极化分量的线性部分。

根据式(4.13),圆极化程度为

$$d_C = s_3 = d\sin(2\varepsilon) \tag{10.20}$$

对于其极化部分仅有圆极化分量的波,$\varepsilon = 45°$,等式简化为 $d_C = d$;参见式(3.49)。对于具有线极化部分的波,$\varepsilon = 0$,则 $d_C = 0$。

综合式(10.19)和式(10.20),可得

$$d = \sqrt{d_L^2 + d_C^2} \tag{10.21}$$

这里以线极化程度和圆极化程度为参数,给出了任意波的极化程度。对于完全极化部分为纯线或纯圆极化的部分极化波,$d = d_L$ 或 $d = d_C$。对于完全极化波 $d = 1$,式(10.21)可简化为

$$1 = d_L^2 + d_C^2 \tag{10.22}$$

任意波的斯托克斯参数可以通过功率测量直接确定,为此使用了 3 对天线。所有天线有效口径相同,天线的极化分别为:水平和垂直(x 和 y)线极化;+45°和 −45°(x' 和 y')线极化;左旋和右旋圆极化(L 和 R)。

首先,考虑水平和垂直极化天线,或者相当于将一个线极化天线旋转到水平和垂直两个位置,接收的实测功率为

$$\begin{cases} P_x = P_\| = A_e \langle S_x(t) \rangle \\ P_y = P_\perp = A_e \langle S_y(t) \rangle \end{cases} \tag{10.23}$$

根据式(4.5)和式(10.23)可得

$$s_1 = \frac{S_1}{S_{av}} = \frac{\langle S_x(t) \rangle - \langle S_y(t) \rangle}{\langle S_x(t) \rangle + \langle S_y(t) \rangle} = \frac{P_x - P_y}{P_x + P_y} \tag{10.24}$$

其次,由于 s_1 参数给出了在水平极化和垂直极化中的功率比,s_2 和 s_3 分别给出了±45°线极化和圆极化中的功率比;请参见表 3.2[28],则

$$s_2 = \frac{P_{x'} - P_{y'}}{P_x + P_y} \tag{10.25}$$

$$s_3 = \frac{P_L - P_R}{P_x + P_y} \tag{10.26}$$

可以从 3 种方式获得波的总功率:

$$P_T = P_x + P_y = P_{x'} + P_{y'} = P_L + P_R \tag{10.27}$$

这种方法使用了 6 个测量值,故存在冗余,这提供了一种通过式(10.27)来验证结果的方法。然而测量的参数可以减少到只有 4 个,如 x、x'、L 和 R。这时,Stokes 参数为[28]

$$\begin{cases} s_1 = \dfrac{2P_x - P_L - P_R}{P_L + P_R} \\[3mm] s_2 = \dfrac{2P_{x'} - P_L - P_R}{P_L + P_R} \\[3mm] s_3 = \dfrac{P_L - P_R}{P_L + P_R} \end{cases} \tag{10.28}$$

另一种测量方法是测量 E_x 和 E_y 的幅度和相位,然后通过式(4.5)来计算[30]。但是,这需要进行相位测量。

10.5 天线增益的测量

天线的增益是指在输入功率相等的条件下,实际天线与参考天线在给定方向上的辐射强度之比。这里的参考天线指理想无方向性天线[14]:

$$G(\theta, \varphi) = \frac{U(\theta, \varphi)}{U_{\text{iso}}} \qquad (10.29)$$

式中:$U(\theta, \varphi) = \dfrac{|E(\theta, \varphi)|^2}{2\eta} r^2$,表示距离 r 处的功率密度与 r^2 的乘积;$U_{\text{iso}} = \dfrac{P}{4\pi}$;

$P = \dfrac{1}{e_r} \displaystyle\int_0^{2\pi} \int_0^{\pi} U(\theta, \varphi) \sin\theta \mathrm{d}\theta \mathrm{d}\varphi$,表示从发射机传输到天线的功率;$e_r$ 为辐射效率($0 \leqslant e_r \leqslant 1$),表示天线的损耗。

增益表达式的另一种更有用的形式为

$$G(\theta, \varphi) = e_r \frac{4\pi |F(\theta, \varphi)|^2}{\Omega_A} \qquad (10.30)$$

式中:$\Omega_A = \displaystyle\int_0^{2\pi} \int_0^{\pi} F(\theta, \varphi) \sin\theta \mathrm{d}\theta \mathrm{d}\varphi$,表示其中波束立体角(见式(5.2));

$F(\theta, \varphi)$ 为辐射方向图用最大值归一化,$E(\theta, \varphi) = \dfrac{E_0}{r} F(\theta, \varphi)$ 。

增益实际上指功率增益,它量化了天线辐射的功率密度($\mathrm{W/m}^2$),或者辐射强度 (W/Ω_A) 与将相同功率均匀分布在辐射球面上的功率密度大多少。增益 $G(\theta, \varphi)$ 是天线周围角度的函数,G 峰值 通常简称为增益。在天线技术参数中,如果只给了一个增益值,那么可以确定这就是指最大增益。因此,当 G 不带角度参数使用时,通常认为就是最大增益,对应于 $|F(\theta, \varphi)| = 1$。所以,最大增益可以表示为

$$G = e_r \frac{4\pi}{\Omega_A} \qquad (10.31)$$

波束立体角 Ω_A 是对辐射功率密度受角度范围的限制程度的度量。如式(10.31)所示,增益与波束立体角成反比。也就是说,天线的方向性越强,其辐射方向图越窄(Ω_A 越小),增益越大。

利用时间参数稳定(长期稳定性能好)的仪器,进行多次辐射方向图切割可以计算出增益。例如,给定多个 φ_n 值,可以给出 $F(\theta, \varphi_n)$ 的随 θ 变化的切割,然后可以通过数值积分获得波束立体角,并使用式(10.30)计算增益。天线测试设备

附带的许多软件包都可以执行此计算,以求出近似的增益值。

最常见的增益测量方法是增益比较法(gain comparison),或者称为增益转移法(gain transfer)。这是一种相对测量方法,需要参照在其工作频率范围内具有已知增益 G_s 的标准增益天线。则待测天线(antenna under test,AUT)的增益为

$$G_t(\text{dB}) = P_t(\text{dBm}) - P_s(\text{dBm}) + G_s(\text{dB}) \qquad (10.32)$$

式中:$G_t(\text{dB})$ 为待测天线的最大增益(dB);$G_s(\text{dB})$ 为标准增益天线的已知最大增益(dB);$P_t(\text{dBm})$ 为待测天线接收的功率(dBm);$P_s(\text{dBm})$ 为标准增益天线接收的功率(dBm)。

式(10.32)在文献[2]中进行了推导,这里直接引用。其中,$P_t(\text{dBm})$ - $P_s(\text{dBm})$ 表示待测天线的接收功率相对于标准增益天线的接收功率的增加。假如 $P_t(\text{dBm}) = P_s(\text{dBm})$,则 $G_t(\text{dB}) = G_s(\text{dB})$,待测天线的增益就等于标准增益天线的增益。

图 10.12 所示为某一增益测量装置。固定功率输出的发射机连接到适当的定向源天线,使其方向图峰值指向接收天线位置。用待测天线在接收位置测量接收功率,然后用标准增益天线代替。在两种情况下,接收天线都对准发射源,源天线和接收天线之间的距离不变,仪器的损耗或增益也不变。

图 10.12　基于标准增益天线的已知增益 G_s,使用增益比较方法测量被测天线 的增益 G_t

在实际工程中,可以使用校准的可变衰减器来消除功率电平测量的误差。对衰减器进行调整,使两个接收天线产生相同的功率电平,这时衰减数值的差就是增益值,称为射频替代法(RF substitution)。通常发射机和接收机的作用是相反的,可变衰减器在发射侧调整,以保持接收功率恒定。

截至目前,在讨论增益时还没有提到极化。对于图 10.12 中的理想情况,假设所有的天线极化都匹配,阻抗也匹配。失配损耗不包括在天线增益的定义中,而是单独考虑。但是,有时会相对于理想的极化状态给出增益值,如纯线极化或纯圆极化。圆极化天线的增益测量不如线极化天线简单明了,下面将对此予以特别关注。

10.5.1　线极化天线增益的测量

有多种类型的线极化天线都可以实现高质量线极化,即接近理想的线极化,这

在第 5 章中已进行了讨论。因此,测量时只要天线在极化方向对准,就可以根据图 10.12 配置实现准确测量。例如,3 个天线都是线极化,而且主轴都位于水平面。

10.5.2　圆极化天线增益的测量

如果有高质量的圆极化源天线和圆极化标准增益天线,就可以使用图 10.12 的增益比较法。但是与线极化天线相比,圆极化天线要实现良好的极化纯度要困难得多。也就是说,圆极化标准增益天线并不常见。因此实际中,常采用高质量的线极化天线测量近似圆极化天线(更确切地说是椭圆极化天线)的增益。这是通过两个正交线极化天线,或者在两个正交方向上使用同一个线极化天线来完成。这里假设测量了被测天线在垂直线极化和水平线极化情况下的增益,也就是说,使用图 10.12 中的装置对源天线在垂直和水平方向上进行两次测量。除被测天线之外,辅助测试天线均应具有良好的线极化纯度。这样测得的增益 G_{tv} 和 G_{th} 是部分增益,这些部分增益相加就可以得出总增益[5]为

$$G_t = 10\lg(G_{tv} + G_{th})(dBic) \qquad (10.33)$$

注意,该方程中的部分增益是功率比而不是分贝,这称为部分增益法(partial gain method)。该方程适用于任意两个相互正交的方向,因为椭圆极化波中的功率是任意两个正交分量的和。圆极化天线实际上是在某个瞬时完成这个求和的,因此式(10.33)中的增益是相对于理想圆极化天线的。单位 dBic 用于度量相对于圆极化理想无方向性天线的增益。

[例 10.1]　使用部分增益法计算增益。

考虑图 10.13 所示的双线极化方向图。被测天线是如图 5.11(b)所示的背腔螺旋天线,工作频率为 1054MHz。图 10.13 中也给出了线极化标准增益喇叭方向图。在制造商给出的频率-增益曲线图上,1054MHz 对应的增益为 14.15dB。垂直极化和水平极化的方向图对应的峰值功率电平分别为 16.1dB 和 13.25dB,这两个值都低于标准增益方向图在 $\theta = 0°$ 方向的功率电平。因此部分增益为

$$G_{tv} = 14.15 - 16.1 = -1.95(dB)$$

$$G_{th} = 14.15 - 13.25 = 0.9(dB)$$

将分贝值转换成功率比,有

$$G_{tv} = 10^{-1.95/10} = 0.64$$

$$G_{th} = 10^{0.9/10} = 1.23$$

根据式(10.33)可得被测天线的最终增益值为

$$G_t = 10\lg(0.64 + 1.23) = 2.71(dBic)$$

注意,例子中低增益圆极化被测天线的部分增益也可能出现负的分贝值。

如果线极化标准增益天线的轴比为 40dB 或更高,就不会导致被测天线增益

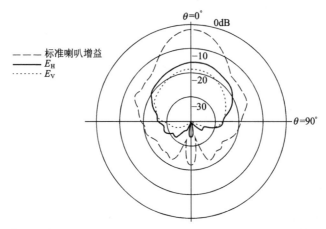

图 10.13　使用垂直极化和水平极化源天线测量 1054MHz 背腔式螺旋天线的方向图
注:图中还显示了用标准增益喇叭代替被测天线的方向图,并在例 10.1 中用于计算增益。

值的误差。假设线极化标准增益天线的极化纯度很高,但是如果源天线的极化纯度不高,则会降低增益测量的精度。源天线造成的增益误差随着其轴比的减小而增加,增益误差作为源天线轴比的函数绘制在图 10.14 中,这可参阅本章思考题13。这里已经认为被测天线是理想的圆极化,标准增益天线也是理想的线极化。当被测天线轴比不理想时,增益测量误差会稍有增加。图 10.14 中给出了最坏可能的增益测量的误差极限。当标准增益天线的轴比不大时(不接近纯 LP)的误差可参见文献[31]。

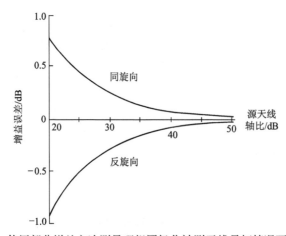

图 10.14　使用部分增益方法测量理想圆极化被测天线最坏情况下增益误差,
横坐标给出的是标称线极化源天线的轴比值

10.5.3　绝对增益的测量

到目前为止,讨论的增益测量是相对测量,其依赖于已知增益的天线。绝对增益的测量不依赖于任何所使用天线的已知增益。三天线法(three-antenna method)通过测量3个天线的全部3种组合的接收功率,来求解每个天线的增益[5]。

10.6　手机及其他小型设备的测量

手持设备的独特之处在于:高方向性和高极化纯度并非设计的目标,实际应用中也不需要。这是因为正常使用的手持设备几乎可以沿任何方向放置,并且希望在所有方向都有良好的性能。因此,天线波束应该非常宽。同样,极化也不应该是纯粹的,如手机为垂直线极化天线,则其可能成为水平极化基站天线的交叉极化。另一个因素是手持设备通常工作于高杂波环境中,无论如何都会使天线辐射去极化。这些实际情况减小了此类天线设计的难度,因为小型化的设备通常具有电小尺寸的天线,这自然会产生较宽的方向图和较低的极化纯度。

随着无线设备变得越来越小,集成度越来越高,天线不再是一个单独的分立部件,而是整个设备的一部分。这就需要进行整体测量,即测量是在配备天线的设备上进行的。在开发阶段,阻抗、增益、方向图和极化等传统的天线性能是在天线和设备分离的情况下测量的,通常称为无源测量(passive measurements)。当天线安装在设备上之后,也可以单独对天线进行测量,但这需要附加一根电缆,可能会影响测试结果。因此,测量结果在很大程度上依赖于设备整体的性能,而不仅仅是天线,可称为有源测量(active measurements),是本节讨论的重点。

无线设备的有源测量又称为 OTA(over the air)性能测试,可从美国蜂窝通信与互联网协会(CTIA)获得 OTA 测试的认证测量程序[32]。这里,定义并介绍几个OTA 测试中的关键参量,有关详细信息请参见文献[33]。

第一个参量是等效各向同性辐射功率(effective isotropic radiated power,EIRP),即从理想无方向性天线发射多少功率(W 或 dBm)时,才能在手机天线方向图峰值方向上获得相同的功率密度[2]。EIRP 表示天线增益与天线从发射机接收到的功率的乘积,即 $EIRP = P \times G$。EIRP 也可以是天线周围角度的函数,在本节中将用到。

小型无线设备更常用的物理量是总辐射功率(total radiated power, TRP),表示设备在发射时,相对于相同输入功率的理想无方向性天线,设备在各方向辐射的总功率。通过仿真或测量得到整个设备周围的 EIRP,然后在两个正交极化方向上对其积分,可求得 TRP:

$$TRP = \frac{1}{4\pi} \int_0^{2\pi} \int_0^{\pi} \left[EIRP_\theta(\theta,\varphi) + EIRP_\varphi(\theta,\varphi) \right] \sin\theta d\theta d\varphi \qquad (10.34)$$

式中：$EIRP_\theta$ 和 $EIRP_\varphi$ 分别为 θ 和 φ 极化方向上的 EIRP。当然，测量通常是在离散角度值上进行的，所以积分就变成了求和。

用于表示无线设备的第二个测量参量是总各向同性灵敏度(total isotropic sensitivity, TIS)，它表示接收设备在其周围所有空间获得的可接收的平均性能(满足一定的帧误码率或比特误码率)时，基站发射的最低功率电平。当然，灵敏度值越低越好，因为这表示接收机可以检测到更弱的信号。假设所有到达角是均匀分布的时候，通过接收设备的平均灵敏度可以求得某个角度的入射波[34]。以瓦特为单位的等效各向同性灵敏度(equivalent isotropic sensitivity, EIS)是为了参考理想无方向性天线，测量由天线增益简化而来的 TIS，并用于求解 TIS。

$$TIS = \frac{4\pi}{\int_0^{2\pi} \int_0^{\pi} \left[\frac{1}{EIS_\theta(\theta,\varphi)} + \frac{1}{EIS_\varphi(\theta,\varphi)} \right] \sin\theta d\theta d\varphi} \qquad (10.35)$$

同样，两个极化都包括在内。积分内的项表示的是 EIS 的倒数值，从而给出积分中低灵敏度分量的权重，获得较低的 TIS 或更好的性能。总之，在满足性能要求的前提下，TRP 和 TIS 一起在距基站最大范围内提供了设备有效性的度量。OTA 参量可在电磁波混响室(reverberation chamber)或电磁波暗室(anechoic chamber)中测量，可以对到达待测设备的许多角度重复进行测量。暗室可以将反射降低到较低水平，而混响室则会产生具有多个到达角的多径分量，类似于终端设备在建筑物内部工作的场景。常见的混响室包括一间具有金属墙壁的房间和一个模式搅拌器，后者通常具备可运动的金属叶片，可以引入反射。

10.7　思考题

1. 以极坐标形式画出旋转的线极化探头天线对沿 x 轴入射的线极化波的角度-电压响应(图 10.6)。

2. 假设左旋圆极化波照射与水平方向夹角为 α 线极化接收天线，证明圆极化波的线极化分量的相位的变化和旋转角一一对应。

3. 证明：如果将图 10.10 所示极化计中的一个圆极化天线旋转角度 φ，那么相应线极化响应的极化状态将旋转 $\varphi/2$。

4. 证明：如式(10.11)所示，波的总功率等于任意正交分量的强之和，即
$$E_{L0}^2 + E_{R0}^2 = E_1^2 + E_2^2$$

5. 求解下列每组参数对应的 ε 和 τ，并判别波的极化状态。

(1) $E_1 = 1$, $E_2 = 1$, $E_3 = \dfrac{1}{\sqrt{2}}$, $E_4 = \dfrac{1}{\sqrt{2}}$, $E_{L0} = \dfrac{1}{\sqrt{2}}$, $E_{R0} = \dfrac{1}{\sqrt{2}}$;

(2) $E_1 = 1/\sqrt{2}$, $E_2 = 1/\sqrt{2}$, $E_3 = 1$, $E_4 = 0$, $E_{L0} = 1/\sqrt{2}$, $E_{R0} = 1/\sqrt{2}$;

(3) $E_1 = 0$, $E_2 = 1$, $E_3 = 1/\sqrt{2}$, $E_4 = 1/\sqrt{2}$, $E_{L0} = 1/\sqrt{2}$, $E_{R0} = 1/\sqrt{2}$;

(4) $|\rho_L| = 0.668$, $|\rho_D| = 0.450$, $|\rho_C| = 0.466$;

(5) $E_1 = 1/\sqrt{2}$, $E_2 = 1/\sqrt{2}$, $E_3 = 1/\sqrt{2}$, $E_4 = 1/\sqrt{2}$, $E_{L0} = 0$, $E_{R0} = 1$。

6. 重复思考题 5,求解每组极化状态对应的 γ 和 δ。

7. 用线极化标准增益天线测量椭圆极化被测天线的增益。首先测垂直极化,然后测水平极化,设测得的部分增益分别为 9dB 和 8dB。

(1) 求出被测天线的相对圆极化增益。

(2) 说明被测天线轴比大小的可能值。

8. 使用式(10.17)和式(10.18)证明式(10.21)。

9. 式(10.24)~式(10.26)中给出的 Stokes 参数项是用实测功率表示的,用极化效率重新表述这些公式。

10. 一个线极化探头天线,如偶极子,绕平行于入射椭圆极化波传播方向的轴旋转。

(1) 写出偶极子输出电压幅度随偶极子定向角 α 的变化函数的表达式,见图 10.6。假设 $\tau_w = 0°$。

(2) 画出天线对圆极化波响应的极坐标图。

(3) 对轴比 3dB 的椭圆极化波重复(2)。

11. 利用式(6.68)确定合适的电场分量,且由式(3.41)得到波的极化表达式,然后推导式(10.13)。

12. 在 10.2 节中讨论,当使用轴比大小为 $|R_w|$ 非理想旋转线极化天线测量轴比大小为 $|R_a|$ 的被测天线时,求轴比误差,如图 10.8 所示。

(1) 已知实测轴比,推导如下计算轴比 $|R_m|$ 的公式:

$$|R_m| = \left| \frac{|R_a||R_w| \pm 1}{|R_a| \pm |R_w|} \right|$$

式中:正号或负号分别表示相同或相反的旋向。

(2) 计算轴比为 20dB 的源天线和轴比为 2dB 的被测天线的轴比误差极限,即测量的轴比除以被测天线的轴比。结果用 dB 表示。

13. 在 10.5.2 节中介绍的用于测量轴比为 $|R_a|$ 的被测天线增益的部分增益方法会有增益误差,这个误差可以由轴比为 $|R_w|$ 的非理想线极化源天线来推导。

(1) 推导出分数增益误差公式,即测量增益与实际增益之比为

$$\text{Error} = \frac{(|R_a||R_w| \pm 1)^2 + (|R_a| \pm |R_w|)^2}{(|R_a|^2 + 1)(|R_w|^2 + 1)}$$

式中:正号或负号分别表示相同或相反的旋向。

（2）对于纯圆极化的被测天线计算源天线轴比分别为 20dB、30dB 和 40dB 时的测量增益误差极限,并和图 10.14 作比较。

参考文献

［1］Rodriguez,V. ,"Basic Rules for Indoor Anechoic Chamber Design," IEEE Ant. And Prop. Mag. ,Vol. 58, Dec. 2016,pp. 82-93.

［2］Stutzman,W. L. ,and G. A. Thiele,Antenna Theory and Design,Third Edition,Hoboken,NJ:Wiley,2013.

［3］Evans,G. E. ,Antenna Measurement Techniques,Norwood,MA:Artech House,1990.

［4］Parini,C. ,S. Gregson,J. McCormick,and D. van Rensburg,Theory and Practice of Modern Antenna Range Measurements,Herts,UK:IET,2014.

［5］IEEE Standard Test Procedures for Antennas,IEEE Standard 149-1979,IEEE,1979.

［6］Hollis,J. S. ,T. Lyon,and L. Clayton(eds.),Microwave Antenna Measurements,ScientificAtlanta,1970. A-vailable from MI-Technologies.

［7］Arai,H. ,Measurement of Mobile Antenna Systems,Norwood,MA:Artech House,2001.

［8］Hemming,L. H. ,Electromagnetic Anechoic Chambers:A Fundamental Design and Specification Guide,New York:IEEE Press,2002.

［9］Slater,D. ,Near-Field Antenna Measurements,Norwood,MA:Artech House,1991.

［10］Hansen,J. E. (ed.),Spherical Near-Field Antenna Measurements, London:IET and Peter Peregrinus Ltd. ,1988.

［11］Gregson,S. ,J. McCormick,and C. Parini,Principles of Planar Near-Field Antenna Measurements,Herts, UK:IET,2007.

［12］Microwave Vision Group,www. mvg-world. com.

［13］NSI-MI Technologies,www. nsi-mi. com.

［14］IEEE Standard Definitions of Terms for Antennas,IEEE Standard145-2013,2013.

［15］Ludwig,A. C. ,"The Definition of Cross Polarization,"IEEE Trans. on Ant. and Prop. ,Vol. AP-21,Jan. 1973,pp. 116-119.

［16］Jacobson,J. ,"On the Cross Polarization of Asymmetric Reflector Antennas for Satellite Applications," IEEE Trans. on Ant. and Prop. ,Vol. AP-25,March 1977,pp. 276-283.

［17］Allen,P. J. ,and R. D. Tompkins,"An Instantaneous Microwave Polarimeter," Proc. IRE,Vol. 47,July 1979,pp. 1231-1237.

［18］Volakis,J. (ed.),Antenna Engineering Handbook,Fourth Edition,New York:McGrawHill,2007,Ch. 14, p. 62.

［19］Bodnar,D. G. ,"Polarization Characteristics of a Monopulse Tracking Feed,Microwaves,Vol. 27,Dec. ,1984, pp. 123-136.

［20］Lee,S-W,E. Okubo,and H. Ling, "Polarization Determination Utilizing Two Arbitrarily Polarized Antennas," IEEE Trans. on Ant. and Prop. ,Vol. 36,May 1988,pp. 720-723.

［21］Deschamps,G. A. ,"Geometrical Representation of the Polarization of a Plane Wave,Proc. IRE,Vol. 39,May 1951,pp. 540-544.

［22］Clayton,L. ,and S. Hollis, "Antenna Polarization Analysis by Amplitude Measurement of Multiple Components," Microwave Journal, Vol. 8, Jan. 1965, pp. 35-41.

[23] Knittel, G. H. , "The Polarization Sphere as a Graphical Aid in Determining the Polarization of an Antenna by Amplitude Measurements Only," IEEE Trans. on Ant. and Prop. , Vol. AP-15, March 1967, pp. 217-221.

[24] DiFonzo, D. F. , "The Measurement of Earth Station Depolarization Using Satellite Signal Sources," COMSAT Laboratories Tech. Memo CL-42-75, 1975.

[25] Keen, K. M. , and A. K. Brown, "Techniques for Measurement of the Cross-Polarization Radiation Patterns of Linearly Polarized, Polarization-Diversity Satellite GroundStation Antennas," Proc. of IEE, Part H, Vol. 129, June 1982, pp. 103-108.

[26] Keen, K. M. , "Ground Station Antenna Crosspolarisation Measurements with an Imperfectly Polarized Ancillary Antenna," Electronics Letters, Vol. 18, 14 Oct. 1982, pp. 924-926.

[27] Stutzman, W. L. , and W. P. Overstreet, "Axial Ratio Measurements of Dual Circularly Polarized Antennas," Microwave J. , Vol. 24, Oct. 1981, pp. 75-78.

[28] Kraus, J. D. , Radio Astronomy, New York: McGraw-Hill, 1966.

[29] Beckmann, P. , The Depolarization of Electromagnetic Waves, Boulder, CO: Golem Press, 1968, p. 30.

[30] Ishimaru, A. , Electromagnetic Wave Propagation, Radiation, and Scattering, Engelwood, NJ: Prentice-Hall, 1991, p. 510.

[31] Parekh, S. , "The Measurement Column-Uncertainties in Gain Measurements of a CircularlyPolarized Test Antenna," IEEE Ant. and Prop. Magazine, Vol. 32, April 1990, pp. 41-44.

[32] www. ctia. org/initiatives/certification.

[33] Zhang, Z. , Antenna Design for Mobile Devices, Singapore: Wiley, 2011, pp. 215-226.

[34] Hussain, A. , P. – S. Kildal, and A. Glazunov, "Interpreting the Total Isotropic Sensitivity and Diversity Gain of LTE-enabled Wireless Devices from Over the Air Throughput Measurements in Reverberation Chambers," IEEE Access, Vol. 3, 2015, pp. 131-145.

附录A
频　段

A.1　无线电频段

频段简称	频率范围
极低频（ELF）	3~30Hz
超低频（SLF）	30~300Hz
特低频（ULF）	300Hz~3kHz
甚低频（VLF）	3~30kHz
低频（LF）	30~300kHz
中频（MF）	300kHz~3MHz
高频（HF）	3~30MHz
甚高频（VHF）	30~300MHz
特高频（UHF）	300MHz~3GHz
超高频（SHF）	3~30GHz
极高频（EHF）	30~300GHz

A.2　微波频段

波段代号	频率范围/GHz
L	1~2
S	2~4
C	4~8
X	8~12
Ku	12~18
K	18~27
Ka	27~40

附录B
常用的数学关系

B.1 单位矢量表示

$$\hat{x} = \hat{r}\sin\theta\cos\varphi + \hat{\theta}\cos\theta\cos\varphi - \hat{\varphi}\sin\varphi \tag{B.1}$$

$$\hat{y} = \hat{r}\sin\theta\sin\varphi + \hat{\theta}\cos\theta\sin\varphi + \hat{\varphi}\cos\varphi \tag{B.2}$$

$$\hat{z} = \hat{r}\cos\theta - \hat{\theta}\sin\theta \tag{B.3}$$

$$\hat{r} = \hat{x}\sin\theta\cos\varphi + \hat{y}\sin\theta\sin\varphi + \hat{z}\cos\theta \tag{B.4}$$

$$\hat{\theta} = \hat{x}\cos\theta\cos\varphi + \hat{y}\cos\theta\sin\varphi - \hat{z}\sin\theta \tag{B.5}$$

$$\hat{\varphi} = -\hat{x}\sin\varphi + \hat{y}\cos\varphi \tag{B.6}$$

B.2 三角函数关系

$$e^{\pm j\alpha} = \cos\alpha \pm j\sin\alpha \tag{B.7a}$$

$$\cos\alpha = \frac{e^{j\alpha} + e^{-j\alpha}}{2} \tag{B.7b}$$

$$\sin\alpha = \frac{e^{j\alpha} - e^{-j\alpha}}{2j} \tag{B.7c}$$

$$\sin(\alpha \pm \beta) = \sin\alpha\cos\beta \mp \cos\alpha\sin\beta \tag{B.8}$$

$$\cos(\alpha \pm \beta) = \cos\alpha\cos\beta \mp \sin\alpha\sin\beta \tag{B.9}$$

$$\sin\left(\frac{\pi}{2} \pm \alpha\right) = \cos\alpha \tag{B.10}$$

$$\cos\left(\frac{\pi}{2} \pm \alpha\right) = \mp \sin\alpha \tag{B.11}$$

$$\sin(\pi \pm \alpha) = \mp \sin\alpha \quad \cos(\pi \pm \alpha) = -\cos\alpha \tag{B.12}$$

$$\sin\alpha\cos\beta = \frac{1}{2}[\sin(\alpha + \beta) + \sin(\alpha - \beta)] \qquad (B.13)$$

$$\cos\alpha\sin\beta = \frac{1}{2}[\sin(\alpha + \beta) - \sin(\alpha - \beta)] \qquad (B.14)$$

$$\cos\alpha\cos\beta = \frac{1}{2}[\cos(\alpha + \beta) + \cos(\alpha - \beta)] \qquad (B.15)$$

$$\sin\alpha\sin\beta = -\frac{1}{2}[\cos(\alpha + \beta) - \cos(\alpha - \beta)] \qquad (B.16)$$

$$\sin\alpha + \sin\beta = 2\sin\frac{\alpha + \beta}{2}\cos\frac{\alpha - \beta}{2} \qquad (B.17)$$

$$\cos\alpha + \cos\beta = 2\cos\frac{\alpha + \beta}{2}\cos\frac{\alpha - \beta}{2} \qquad (B.18)$$

$$\cos\alpha - \cos\beta = -2\sin\frac{\alpha + \beta}{2}\sin\frac{\alpha - \beta}{2} \qquad (B.19)$$

$$\sin\alpha = 2\sin\frac{\alpha}{2}\cos\frac{\alpha}{2} \qquad (B.20)$$

$$\sin2\alpha = 2\sin\alpha\cos\alpha \qquad (B.21)$$

$$\cos\alpha = 2\cos^2\frac{\alpha}{2} - 1 = 1 - 2\sin^2\frac{\alpha}{2} \qquad (B.22)$$

$$\cos2\alpha = 2\cos^2\alpha - 1 = \cos^2\alpha - \sin^2\alpha = 1 - 2\sin^2\alpha \qquad (B.23)$$

$$\cos^2\alpha + \sin^2\alpha = 1 \qquad (B.24)$$

$$\cot\alpha = \frac{1}{\tan\alpha} = \frac{\cos\alpha}{\sin\alpha} \qquad (B.25)$$

$$\text{arccot}x = \frac{\pi}{2} - \arctan x \qquad (B.26)$$

$$1 + \tan^2\alpha = \sec^2\alpha \qquad (B.27)$$

附录C
符号列表[①]

符号	中文说明	单 位
a_{co}	天线的主极化端口,标称与 a_{cr} 正交	
a_{cr}	天线交叉极化端口,标称与 a_{co} 正交	
A	衰减	
B	相对带宽	
B_p	百分比带宽	
B_r	比值带宽	
BW	带宽	赫兹(Hz)
co	主极化波状态(与 cr 正交)	
CPR	交叉极化比	
CPR_L	线极化的 CPR	
CPR_C	圆极化的 CPR	
CPR(dB)	对数表示交叉极化比	分贝(dB)
CP 或 C	圆极化,圆极化的	
cr	交叉极化波状态(与 co 正交)	
[C]	路径耦合矩阵	
d	极化程度	
d_C	部分极化波圆极化程度	
d_L	部分极化波线极化程度	
$D_{\perp\perp}$ $D_{\perp\parallel}$ $D_{\parallel\perp}$ $D_{\parallel\parallel}$	极化系数	

---

① 译者注:原文有误,(1)表中 V、V_{ij} 的单位为 V,误写为 V/m;(2)相位常数 β 的单位为 rad/m,误写为 deg/m。

(续)

符号	中文说明	单 位
E	相量形式的电场强度矢量	伏特/米(V/m)
$E(t)$	瞬时值形式的电场强度矢量	伏特/米(V/m)
E^d	从去极化介质出射的电场	伏特/米(V/m)
E^i	入射电场	伏特/米(V/m)
E^r	反射电场	伏特/米(V/m)
E^r	接收电场	伏特/米(V/m)
E_w	波 w 矢量电场强度相量	伏特/米(V/m)
E_{co},E_{cr}	主极化和交叉极化电场分量	伏特/米(V/m)
E_x,E_y	x 和 y 方向线极化分量的复数值	伏特/米(V/m)
E_1,E_2	x 和 y 方向线极化分量的幅度(实数值)	伏特/米(V/m)
E_3,E_4	45°斜线极化分量幅度	伏特/米(V/m)
E_L,E_R	圆极化分量(复数值)	伏特/米(V/m)
E_{L0},E_{R0}	圆极化分量幅度(实数值)	伏特/米(V/m)
$E_\parallel,E_\perp$	平行于/垂直于入射平面的电场分量	伏特/米(V/m)
EP	椭圆极化	
e	归一化极化矢量,也称为极化矢量	
e_r	辐射效率($0\leqslant e_r\leqslant 1$)	
f	频率	赫兹(Hz)
f_U,f_C,f_L	工作频带的高、中、低频	赫兹(Hz)
H	相量形式的磁场矢量	安培/米(A/m)
$H(t)$	瞬时值形式的磁场矢量	安培/米(A/m)
HP 或 H	水平极化	
HPBW	天线方向图半功率波束宽度	度(°)
h	天线的矢量有效长度	米(m)
I	隔离度(=XPI)	
INT	干扰功率	瓦特(W)
L	路径长度	米(m)

符 号	中文说明	单 位
L	下标表示左旋	
L_{eff}	雨中有效路径长度	米（m）
L_p	极化损耗	
LP 或 L	线极化	
LH 或 L	左旋	
LHCP	左旋圆极化	
LHEP	左旋椭圆极化	
p	极化效率，也称为极化失配因子	
p_c	完全极化波的极化效率	
p_{co}	波的主极化分量的极化效率	
p_{cr}	波的交叉极化分量的极化效率	
P	天线的功率输出	瓦特（W）
P_r	天线接收的功率	瓦特（W）
P_t	测试天线接收的功率	瓦特（W）
P_s	标准增益天线接收的功率	瓦特（W）
PEC	理想电导体	
q	去极化因子，也称为差分传播因子	
q	阻抗失配系数	
RH 或 R	右旋	
RHCP	右旋圆极化	
RHEP	右旋椭圆极化	
R	轴比	
$R(dB)$	轴比	分贝（dB）
R_{co}	波主极化分量的轴比	
R_{cr}	波交叉极化分量的轴比	
RCS	雷达散射截面	
$\mathbf{R}$	旋转矩阵	

符号	中文说明	单 位
S	单色波的时间平均波印亭矢量，即功率密度	
S_0, S_1, S_2, S_3	斯托克斯参数	瓦特/平方米（W/m²）
S_{av}	准单色波、部分极化波的时平均波印亭矢量。在相干时间上求时间平均	瓦特/平方米（W/m²）
S_{max}	最大辐射功率密度	瓦特/平方米（W/m²）
Δt	相干时间	秒（s）
T	电磁波的周期=1/f	秒（s）
TEC	总电子含量	电子/平方米（electrons/m²）
V	复电压	伏特（V）
V_{ij}	发射机信道 j 激励时，接收机信道 i 的复电压	伏特（V）
v(w,a)	极化状态为 w 的波入射在极化状态为 a 的天线上的产生的归一化复电压	
VP 或 V	垂直极化	
w	波的极化状态	
w_o	与波态 w 严格正交的波极化状态	
w_x	从标称交叉极化到波态 w 的波极化状态	
XPD	交叉极化鉴别	
XPD（dB）	交叉极化鉴别	分贝（dB）
XPI	交叉极化隔离	
XPI（dB）	交叉极化隔离度	分贝（dB）
α	衰减常数	奈培/米（nepers/m）
β	相位常数	弧度/米（rad/m）
γ	极化角	度 （°）
$\Gamma_{||||}, \Gamma_{||\perp}$ $\Gamma_{\perp||}, \Gamma_{\perp\perp}$	反射系数	
δ	电场的相角	度（°）
ε	极化椭圆的椭圆度角	度（°）
ε	倾斜角	度（°）
ε	介电常数	度（°）

符号	中文说明	单 位
η	本征阻抗	欧姆[Ω]
θ	球面的极角	度(°)
θ	入射角	度(°)
θ	雨滴倾斜角	度(°)
ρ_L	线极化的极化率	
ρ_C	圆极化的极化率	
σ	电导率	西门子/米 （S/m）
σ	雷达散射截面	平方米（m^2）
τ	线极化和极化椭圆的倾斜角	度(°)
$\Delta\tau_{co}, \Delta\tau_{cr}$	相对倾斜角 $\Delta\tau_{co} = \tau_{co} - \tau_w, \Delta\tau_{cr} = \tau_{cr} - \tau_w$	度(°)
$\Delta\tau$	法拉第旋转角	度(°)
φ	平面极角	度(°)
ψ	掠射角	度(°)
Ω_A	波束立体角	立体弧度(sr)

内 容 简 介

本书全面细致地介绍了电磁波的极化特征及其应用。全书共10章,分为两个部分。第一部分(第1~4章)主要介绍电磁波极化的基本原理和数学公式;第二部分(第5~10章)主要介绍这些基本原理在电磁系统中的应用,包括波的极化、天线的极化、天线和波的相互作用、双极化系统、去极化介质、无线通信中的极化、极化分集和极化测量等内容。书中还提供了大量的实例和习题,便于读者进一步思考、学习、研究和掌握。

本书可作为天线、电波传播、通信、雷达、辐射计等领域工程师的研究、学习和参考用书,也可作为高等院校相关专业本科生和研究生研修学习的参考用书。